北京理工大学"双一流"建设精品出版工程

Quantitative Chemical Analysis
(3rd Edition)

定量化学分析
（第3版）

齐美玲 ◎ 主编

北京理工大学出版社
BEIJING INSTITUTE OF TECHNOLOGY PRESS

内 容 提 要

《定量化学分析》(第3版)是在第2版的基础上经全面梳理和修订完成的。全书包括9章内容：绪论、定量分析中的误差和数据处理、滴定分析法概论、酸碱滴定法、络合滴定法、氧化还原滴定法、沉淀滴定法、重量分析法、定量分析中常用的分离方法等。本书基于理论与实践相结合的原则，在介绍分析方法及原理后，都给出了相关的例题、思考题和习题，有助于读者深入理解和掌握相关方法的原理及其应用。附录列出了本书各章节中涉及的常用数据和相关英文术语，供读者学习中查阅和应用。

本书可作为高等院校应用化学、化学工程、医药工程、生物化工、材料化学等相关专业的分析化学课程的教材，也可作为其他专业师生及各领域分析测试工作者的参考书。

图书在版编目（CIP）数据

定量化学分析 / 齐美玲主编 . - - 3 版 . - - 北京：
北京理工大学出版社，2022.12
ISBN 978 - 7 - 5763 - 1948 - 4

Ⅰ . ①定… Ⅱ . ①齐… Ⅲ . ①定量分析－高等学校－
教材 Ⅳ . ①O655

中国版本图书馆 CIP 数据核字（2022）第 240356 号

出版发行 / 北京理工大学出版社有限责任公司
社　　　址 / 北京市海淀区中关村南大街 5 号
邮　　　编 / 100081
电　　　话 / （010）68914775（总编室）
　　　　　　（010）82562903（教材售后服务热线）
　　　　　　（010）68944723（其他图书服务热线）
网　　　址 / http://www.bitpress.com.cn
经　　　销 / 全国各地新华书店
印　　　刷 / 三河市华骏印务包装有限公司
开　　　本 / 787 毫米 × 1092 毫米　1/16
印　　　张 / 16.25　　　　　　　　　　　　　责任编辑 / 王玲玲
字　　　数 / 379 千字　　　　　　　　　　　　文案编辑 / 王玲玲
版　　　次 / 2022 年 12 月第 3 版　2022 年 12 月第 1 次印刷　责任校对 / 刘亚男
定　　　价 / 39.00 元　　　　　　　　　　　　责任印制 / 李志强

第 3 版前言

本版教材是在《定量化学分析》(第 2 版)应用于 5 年教学实践的基础上重新修订完成的。本书第 2 版被评为兵工高校精品教材和北京理工大学精品教材。本次修订在继续保持教材原有特色的基础上,对上版内容进行了全面的梳理,并增加了部分章节的内容和习题。

定量化学分析是各领域样品分析测定的重要专业基础。由于近些年出版的分析化学教材明显地压缩了定量化学分析的内容,使读者对部分内容的理解存在一定的困难。为了使读者全面地掌握定量化学分析的基本方法、原理和应用,本书对各章内容都做了较为全面、系统的介绍,以满足不同专业学生或相关分析工作者在学习或工作上的需求。

本书的出版得到了北京理工大学"十四五"(2022)规划教材建设经费的支持,编者在此表示衷心的感谢。

本书在编写过程中参考了国内外出版的一些优秀教材和专著,编者在此向有关作者表示诚挚的谢意。

由于编者水平有限,本书难免存在一些疏漏和不足之处,敬请读者批评指正。

编　者

第 2 版前言

本教材是在 2009 年出版的《定量化学分析》应用于 9 年教学实践的基础上重新修订完成的。本次修订在继续保持教材已有特色的基础上，根据编者 9 年教学实践经验的积累和应用，补充、更新和完善了部分章节的内容、例题和习题。

近些年出版的分析化学教材都明显地压缩了定量化学分析的内容，使读者对部分内容的理解有一定的困难。定量化学分析是相关分析测试的必备基础，为了使学生全面掌握定量化学分析的基础理论和基本知识，为后继课程的学习或分析工作打下基础，本书对各章内容都做了较全面、系统的叙述，以满足不同专业学生或相关分析工作者的学习或工作需要。本版教材全书由齐美玲修订并整理定稿。

本教材出版得到了北京理工大学"十三五"（2017）规划教材建设计划经费的支持，编者对此表示衷心的感谢。

本教材在编写过程中参考了国内外出版的一些优秀教材和专著，编者在此向有关作者表示诚挚的谢意。

由于编者水平有限，书中难免存在一些疏漏和不足，敬请读者批评指正。

编 者

目　　录

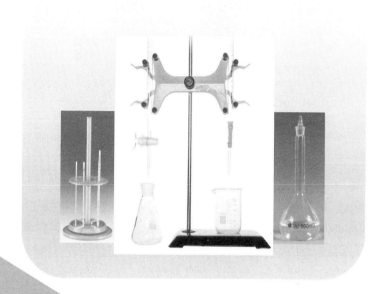

第1章 绪 论

第 1 章 绪 论

1.1 分析化学发展简史

分析化学有着悠久的历史。在科学史上，分析化学曾是研究化学的开路先锋，对元素的发现、原子量的测定、化学基本定律的确立、矿产资源的勘察利用等都做出了重要贡献。但是，直至 19 世纪末，分析化学尚无独立的理论体系，没有成为一门科学。进入 20 世纪后，分析化学经历了三次大变革。

第一次变革在 20 世纪初到 30 年代。由于物理化学中溶液理论的发展，结合分析化学的需要，形成了酸碱、络合、沉淀溶解、氧化还原等"四大平衡"理论，对分析反应过程中各种平衡的状态、各成分的浓度变化和发生反应的完全程度有较高的预见性，使分析化学由一门技术逐渐发展成为一门科学。第二次变革约在 20 世纪 40—60 年代，在物理学和电子学的推动下，发展了以光谱分析、极谱分析为代表的仪器分析法，同时丰富了这些分析方法自身的理论体系，这些都使分析化学的研究体系和内容得以进一步扩展。20 世纪 70 年代末直至现在，分析化学进入第三次变革，以计算机应用为代表的高新技术迅速发展，为分析化学提供了高灵敏度、高选择性、高通量、自动化、智能化等新的手段；同时，材料科学、环境科学、生命科学等综合性科学的发展，又给分析化学提出各种各样的难题，要求在确定物质组成和含量的基础上，提供物质更全面的信息：从常量到微量及微粒分析，从组成到形态分析，从总体到微区表面分布及逐层分析，从宏观组分到微观结构分析，从静态到快速反应追踪分析，从破坏试样到无损分析，从离线到在线、原位、实时分析，等等。分析化学广泛吸取了当代科学技术的最新成就，丰富了本身的内容，并在国民经济的各个领域中发挥重要作用，已成为当代富有活力的学科之一。

1.2 分析化学的特点、任务和作用

分析化学是研究物质的组成、含量、结构和形态等化学信息的分析方法及有关理论的科学，是化学学科的一个重要分支。它所要解决的基本问题是：物质中含有哪些组分，这些组分在物质中是如何存在的，以及各个组分的相对含量是多少。显然，要解决这些问题，不仅要研究物质的分析方法，还要研究有关的理论。

分析化学具有以下突出的特点：

（1）突出"量"的概念。分析化学中的数据不是单纯的数字，例如 0.1 g、0.10 g、0.100 g 和 0.100 0 g 等在分析化学中具有不同的含义。分析化学中数据的位数、数据的取舍、分析结果的可信程度等都不能由人的主观愿望所决定，要学会用分析化学中量的概念来说明和分析问题。

（2）试样分析是一个获取信息、降低系统不确定性的过程。这要求操作过程必须合理规范、方法适当、获取的信息量大且准确。用单纯一个数字来表示分析结果是无意义的，必须同时给出采用的方法、误差及可信度。

（3）实验性强。只有通过实验操作的专业训练并掌握正确操作技能，才能提高动手能力、分析问题和解决问题的能力，提高分析测定结果的准确性。

（4）综合性强。随着近年分析化学新技术的不断出现和发展，分析化学与相关学科（例如生物学、电学、光学、计算科学等）的交叉越来越广泛。这就要求分析化学工作者应具有良好的专业素质和进取精神。

分析化学在国民经济各领域的科学技术等方面应用广泛，人们常把分析化学比喻为生产、科研的"眼睛"，它在实现我国工业、农业、国防和科学技术现代化的进程中发挥着不可或缺的作用。在农业生产方面，对土壤成分、性质的测定，化肥、农药及作物生长过程的研究；在工业生产方面，从资源勘探、开发、工业原料选择、工业流程控制、新产品试制、成品检验以至"三废"的处理和利用；在国防、公安方面，武器装备的生产和研制，案件的侦察破案等，都需要分析化学的相关方法和技术。在科学技术的发展和应用方面，分析化学的作用已超出化学领域，在生命科学、材料科学、能源科学、环境科学、医疗卫生、物理学、生物学等许多领域，都需要借助分析化学方法了解或掌握物质的组成、含量、结构及其他信息。

1.3　分析方法的分类

根据测定原理、分析任务（目的）、分析对象、试样用量、被测组分含量或分析方法所起作用的不同，可将分析方法进行以下分类。

1. 根据分析方法的测定原理分类

根据分析方法的测定原理，分析方法可以分为化学分析和仪器分析。

化学分析（chemical analysis）是以物质的化学反应为基础的分析方法。化学分析法历史悠久，是分析化学的重要基础。根据分析化学反应的现象和特征来鉴定物质的化学成分称为化学定性分析。化学定量分析又分为重量分析（gravimetric analysis）与滴定分析（titrimetric analysis）（又称为容量分析（volumetric analysis））。化学分析法所用仪器简单，结果准确，因而应用范围广泛。但也有一定的局限性，例如灵敏度较低，一般只适用于常量组分和半微量组分的分析。

仪器分析（instrumental analysis）是使用专门仪器、以物质的物理或物理化学性质为基础的分析方法。根据物质的某种物理性质，例如相对密度、相变温度、折射率、旋光度及光谱特征等，不经化学反应，直接进行定性、定量、结构和形态分析的方法称为物理分析法，例如光谱分析法等。根据物质在化学变化中的某种物理性质，进行定性分析或定量分析的方法称为物理化学分析法，例如电位分析法等。仪器分析法具有灵敏、快速、准确的特点，发展很快，应用很广。主要包括电化学分析法、光谱分析法、质谱分析法、色谱分析法、放射化学分析法等。

2. 根据分析任务分类

根据分析任务，分析方法可以分为定性分析、定量分析、结构分析和形态分析等。

3

定性分析（qualitative analysis）的任务是鉴定试样由哪些元素、离子、基团或化合物组成；定量分析（quantitative analysis）的任务是测定试样中某个、某些或全部组分的含量；结构分析的任务是研究物质的分子结构或晶体结构；形态分析是研究物质的价态、晶态、结合态等性质。

当试样的成分已知时，可以直接进行定量分析；否则需先进行定性分析，确定试样成分后进行定量分析。对于新发现的化合物，需首先进行结构分析，以确定分子结构。

3. 根据分析对象分类

根据分析对象，分析方法可以分为无机分析和有机分析。

无机分析的对象是无机物，由于组成无机物的元素多种多样，因此在无机分析中要求鉴定试样是由哪些元素、离子、原子团或化合物组成，以及各组分的相对含量。无机分析又可分为无机定性分析和无机定量分析。

有机分析的对象是有机物，虽然组成有机物的元素种类并不多，主要是碳、氢、氧、氮、硫及卤素等，但有机物的化学结构却很复杂，化合物的种类有数百万之多。因此，不仅需要元素分析，更重要的是进行官能团分析及结构分析。有机分析也可分为有机定性分析和有机定量分析。

按照被分析的对象或者试样，还可将分析方法进一步分类。例如分析对象为食物，则称为食品分析，还有水分析、岩石分析、钢铁分析等。此外，根据研究的领域，还可将分析方法分类为药物分析、环境分析和临床分析等。

4. 根据试样用量分类

根据试样用量，分析方法可以分为常量分析、半微量分析、微量分析和超微量分析等。根据试样用量的分类方法见表1—1。无机定性分析一般为半微量分析；化学定量分析一般为常量分析；进行微量分析及超微量分析时，通常采用仪器分析方法。

表1—1　各种分析方法的试样用量

分析方法	试样质量/mg	试液体积/mL
常量分析法	>100	>10
半微量分析法	10～100	10～1
微量分析法	0.1～10	1～0.01
超微量分析法	<0.1	<0.01

5. 根据试样中被测组分的含量分类

根据试样中被测组分的含量，分析方法可以分为常量组分分析、微量组分分析和痕量组分分析等。

可将试样的组分分为常量组分（质量分数>1%）、微量组分（质量分数为0.01%～1%）及痕量组分（质量分数<0.01%）。这些组分的分析分别称为常量组分分析、微量组分分析和痕量组分分析。要注意这种分类法与试样用量分类法不同，两种概念不要混淆。例如，痕量成分的测定有时取样千克以上。

6. 根据分析方法所起的作用分类

根据分析方法所起的作用分类，分析方法可以分为例行分析和仲裁分析。

例行分析是指一般实验室在日常生产或工作中的分析，又称为常规分析。例如，工厂质量检验室的日常分析工作即是例行分析。仲裁分析是指不同单位对分析结果有争议时，要求某仲裁单位（例如一定级别的检验所、法定检验部门等）用法定方法进行裁判的分析。

1.4　定量分析的一般步骤

定量化学分析（以下简称定量分析）中的试样是多种多样的，对分析的要求（如准确度、分析项目、完成速度等）也各不相同。定量分析大致包括取样、试样的制备、分析测定及分析结果的数据处理和表达等步骤。

1. 取样

定量分析的试样种类有固体、液体和气体；均匀试样、不均匀试样等。试样的采集和制备是指先从大批物料中采取最初试样（原始试样），然后再制备成供分析用的最终试样（分析试样）。分析试样要能反映原始试样的真实性，能代表原始试样的组成，即分析试样应具有高度的代表性，否则分析结果无意义。有时由于提供了无代表性的试样，给实际工作带来难以估计的后果。因此，在进行分析前，首先要保证所取试样具有代表性。

对组成较为均匀的金属、水样、液态和气态物质等取样比较简单；对组成不均匀的物料，例如矿石、煤炭、土壤等，需按照相关行业要求进行取样。一般情况下，应由有经验的工作人员取样和制备分析试样。在实验课中的分析试样都是已制备好的，学生很少遇到取样和制样这个问题，但是必须知道取样和制样的重要性，以及如何才能得到具有代表性的试样。不同类型的分析对象（固体、液体、气体等）的取样方法各有不同，对于具体分析对象，应以各行业标准和要求为准。下面分别简单介绍固体、液体、气体试样等的一般取样方法。

对于固体试样取样，为了取得能代表固体物料总体平均组成的样本，必须解决三个问题：确定取样单元、取样量和取样方法。

（1）取样单元。根据物料的性状确定取样单元。有的物料是不均匀的固体，例如植物、生物组织或其他含有组成不同的块或颗粒等。有的物料是组成基本一致的均匀物料，例如成批的化工原料、化学试剂等。前者可把运输过程中的自然单元，例如每卡车（车皮、船）或每捆、每包物料作为取样单元；后者可根据具体情况，以每一个批号的产品或同一批号产品中各个大包装看作取样单元。

（2）取样量。确定取样量首先要确定大批物料中选取多少取样单元（或称取样点），取样单元数可以依据相关公式计算获得。

（3）取样方法。对于组成分布比较均匀的物料，各取样单元基本一致，此时可用随机取样法取样。所谓随机取样，就是使总体物料的每一部分都有相等的被取样的机会。对于组分不均匀的物料，需采用分层取样法，即将取样过程分成几个层次，首先在各取样单元之间选取，而后再按随机取样法在各单元内取样。

对不均匀的固体物料，按前述方法取样后，其总量会比较多，组成也不均匀。因此在取样过程中还必须经过适当处理，使之数量缩减为组成均匀、颗粒细小、能代表整批物料的分析试样。试样的处理包括粉碎、过筛、混合和缩分等步骤。

为减少试样量，常采用四分法处理（图1—1）。将样品放在钢板或光面纸上混合混匀，先堆成锥形，然后稍压平成圆盘状，通过中心将样品四等分，弃去两个对角部分，把剩余的两份再粉碎，继续用四分法缩分，直至符合分析要求为止。分析试样应贮存在具有磨口玻璃塞的广口瓶中，贴好标签，注明试样的名称、来源和采样日期等。

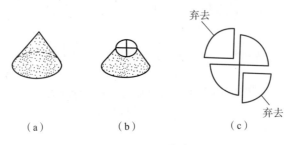

（a） （b） （c）

图 1—1 四分法

（a）堆成锥形；（b）稍压平并通过中心分四等份；（c）弃去对角的两份

对于液态样品，例如装在大容器里的液体物料，只需在贮器的不同深度取样后混合均匀，即可作为分析试样。对于分装在小容器里的液体物料，应从每个容器里取样，然后混匀作为分析试样。

采集水样时，应根据具体情况采取不同的方法。当采集水管中的水样时，取样前需将水龙头先放水 10～15 min，然后再用干净试剂瓶收集水样至满瓶即可。当采集江、河、池、湖中的水样时，首先要根据分析目的及水系的具体情况选择好采样地点，用采样器在不同深度各取几份水样，混合均匀后作为分析试样。

对于气体试样的采取，也需根据具体情况采用相应的办法。例如大气污染物的测定，采取大气样品通常选择距地面 50～180 cm 高度处采样，使与人呼吸的空气相同；对于烟道气、废气中某些污染物的分析，可将气体样品采入空瓶或大型注射器中。

需注意的是，在采取液体或气体试样时，必须先将容器及通路洗净，再用要采取的液体或气体清洗数次，然后取样，以免混入杂质。

2. 试样的制备

试样制备的目的是使试样适合选定的分析方法，消除可能的干扰。根据试样的性质，试样制备可能包括干燥、粉碎、研磨、溶解、过滤、提取、分离和富集（浓缩）等步骤。此外，应该进行空白实验或回收实验等来确定试样制备过程中可能带来的误差。

在试样粉碎过程中，应注意避免混入杂质，过筛时不能弃去未通过筛孔的粗颗粒试样，而应磨细后使其通过筛孔，也就是说，过筛时全部试样都要通过筛孔，以保证所得试样能代表整个物料的平均组成。

3. 分析测定

一个分析试样的分析结果都是由"测定"来完成的。试样测定前必须对所用仪器（或测量系统）进行校准。实际上，实验室使用的计量器具和仪器都必须定时经过权威机构或法定方法的校验。所使用的具体分析方法必须通过相关法规或规程的验证（validation），以确保分析结果的准确性。定量分析方法的验证主要包括准确度、精密度、检出限、定量限、线性范围和耐用性等项目。

4. 分析结果的数据处理和表达

分析结果不只是简单的测定数据，它必须包括平均值、标准偏差（或相对标准偏差）、测量次数和总体平均值的置信区间等（详见第 2 章）。最后，还要将分析结果写成书面报告并给出结论。

虽然分析过程一般包括上述四个步骤，但并不是每个试样的分析都要有这些过程，在分析中应根据实际情况综合考虑。

1.5 本课程的基本任务和要求

分析化学是高等学校化学、化工、药学、材料、环境、生命科学等专业及其他相关专业的一门必修基础课。课程内容主要涉及分析方法的基础理论、分析测定过程及影响因素、基本实验操作技能、数据分析处理及创新意识和能力培养等。

本课程的基本任务和要求如下：

① 树立明确的"量"的概念。

② 掌握各种定量化学分析方法的测定原理及应用。

③ 掌握各种定量分析方法的有关计算，初步具备应用数理统计方法对测定结果进行评价的能力。

④ 掌握分析化学实验的基本操作技能，培养严格、认真、实事求是的工作作风和科技工作者应有的基本素养。

⑤ 培养观察问题、分析问题和解决问题的能力，为学习后续课程和今后从事相关工作等打下良好的基础。

⑥ 初步具备选择适宜的分析方法、拟定实验方案的能力。

思 考 题

1. 分析化学的作用、任务和特点主要有哪些？

2. 分析方法是如何分类的？

3. 定量分析过程一般包括哪些步骤？

4. 本课程的基本任务和要求有哪些？

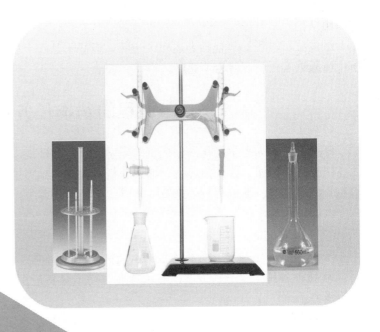

第 2 章　定量分析中的误差和数据处理

第2章　定量分析中的误差和数据处理

定量分析的任务是准确测定试样中各组分的含量。不准确的分析结果将导致生产上的损失、资源的浪费和科学上的错误结论。无论采用哪种分析方法，由于受分析方法、分析仪器、试剂和分析工作者等主观和客观条件的影响，测定结果不可能与真实含量完全一致。即使采用最可靠的分析方法、最精密的仪器、由最熟练的分析人员在相同的条件下对同一试样进行多次重复测定（称为平行测定），各平行测定数据也不可能完全相同，而是在一定的范围内波动。分析过程中的误差是客观存在、不可避免的，因此，分析工作者不仅要对试样中的被测组分进行测定，还要对所得的测试数据进行正确、合理的取舍，以保证原始测定数据的可靠性，同时还应该对测定结果的准确性做出评价。若发现问题，应及时查出产生误差的原因，并采取相应措施减少误差，提高测定结果的准确性。

2.1　分析测试中的误差和偏差

一、误差与准确度

分析结果的准确度（accuracy）是指测定值 x 与真值 μ 接近的程度，两者的差值越小，则分析结果准确度越高。准确度的高低用误差来衡量。误差可分为绝对误差和相对误差两种。

1. 绝对误差（E）

绝对误差（E）是测定值（x）与真值（μ）之差。绝对误差 E 为

$$E = x - \mu \tag{2—1}$$

绝对误差以测定值的单位为单位，误差可正可负。正误差表示测定值大于真值，负误差表示测定值小于真值。误差的绝对值越小，测定值越接近于真值，准确度就越高。

2. 相对误差（RE）

相对误差为绝对误差 E 与真值 μ 的比值。相对误差反映了误差在测定结果中所占的比例，可正可负。相对误差的计算式为

$$RE = \frac{E}{\mu} \times 100\% \tag{2—2}$$

例如：分析天平称量两份试样的质量各为 1.638 0 g 和 0.163 7 g，真实质量分别为 1.638 1 g 和 0.163 8 g，则两份样品称量的绝对误差分别为

$$E_1 = 1.638\ 0 - 1.638\ 1 = -0.000\ 1\ (g)$$
$$E_2 = 0.163\ 7 - 0.163\ 8 = -0.000\ 1\ (g)$$

两份样品称量的相对误差分别为

9

$$RE_1 = \frac{-0.000\,1}{1.638\,1} \times 100\% = -0.006\%$$

$$RE_2 = \frac{-0.000\,1}{0.163\,8} \times 100\% = -0.06\%$$

由此可见，绝对误差相等，相对误差不一定相同。上例中第一个称量结果的相对误差为第二个称量结果相对误差的1/10。也就是说，绝对误差相同时，试样质量大，则相对误差小，测定准确度高。因此，用相对误差来表示测定结果的准确度更为客观。绝对误差和相对误差都有正值和负值。正值表示分析结果偏高，负值表示分析结果偏低。

任何一个量的真值 μ 是客观存在但常常是未知的，这时就难以用 E 和 RE 来评价测定结果的准确度。因此，人们常利用标准方法或可靠的分析方法，甚至将多种方法结合起来，对试样进行反复多次的测定，以得到尽可能准确的分析结果，称为"标准值"。标准值虽然仍具有一定的误差，但相比一般方法测得结果的误差小得多，可视为相对真值。实际工作中常用相对真值代替真值来验证分析方法的准确度。

二、偏差与精密度

在实际的分析工作中，对某试样的分析测定通常要在相同的条件下做多次平行测定，然后取平均值作为分析结果。

平行测定的各测定值（实验值）之间互相接近的程度，称为精密度（precision）。各测量值间越接近，精密度越高；反之，则精密度越低。精密度可用偏差、相对平均偏差、标准偏差、相对标准偏差等表示，计算方法详见本章2.3节分析结果的数据处理。

三、准确度与精密度的关系

如前所述，准确度是指测定值与真值接近的程度；精密度是平行测定值之间彼此接近的程度。那么，准确度和精密度之间有什么关系？分析测定中需要怎样的分析结果呢？我们用下面的例子来说明。

图2-1表示甲、乙、丙、丁四人对同一试样进行分析测定的结果。由图可见，甲所得结果的准确度和精密度都比较高，结果可靠；乙的精密度虽好，但准确度不高；丙的准确度和精密度都不高；丁的几个数据彼此相差甚远，平均值和真值虽然比较接近，这仅仅是由于大的正负误差相互抵消使得测定结果与真值正好接近而得，因而结果不可靠。

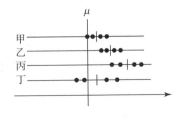

图2-1　不同工作者分析同一试样的结果
· 表示个别测定；
| 表示平均值

由上分析可得：① 精密度好，不一定准确度就高。② 准确度高，一定需要精密度好。精密度差，说明所得分析结果不可靠，这就失去了衡量准确度的前提。因此，精密度好是保证准确度高的先决条件。

总之，准确度是表示分析结果的正确性，精密度是表示分析结果的重复性和重现性。对于一个理想的分析结果，既要求精密度好，又要求准确度高。在实际的分析工作中，首先要求有良好的精密度，因为只有精密度好，才有可能得到准确的测定结果。有时即使准确度不太高，但是如果能找到产生误差的原因，减小或消除误差，或对误差加以校正，也可能得到准确的结果。所以，精密度高是获得准确结果的前提和保证。

2.2　误差的分类及其产生的原因

在定量分析中，通常根据误差产生的原因和性质将误差分为两大类，包括系统误差（又称可测误差）和偶然误差（又称随机误差）。误差性质、产生原因和减免方法见表 2—1。

表 2—1　测量误差性质、产生原因及其减免方法

项目	系　统　误　差	偶　然　误　差
性质	在测定过程中，重复测定时，系统误差会重复出现，其大小、正负都不变。对测定结果的影响较为恒定	是由测量过程中多种因素的随机变动引起的。多次重复测定时，其大小、正负随机变化，它出现的概率呈正态分布；正负偏差出现的概率大致相同，大偏差出现的次数少，小偏差出现的次数多
产生原因	由测定过程中的固定因素引起，如： ① 方法有缺陷——重量分析中沉淀的溶解度较大；滴定分析反应不完全；滴定终点与理论终点不一致等 ② 仪器未校准——如天平砝码、玻璃量器等未校准 ③ 试剂纯度不够——如水中有干扰杂质、试剂纯度不够或试剂吸水、失水、吸附二氧化碳等 ④ 操作者个人恒定误差——如滴定管读数时恒定偏差；滴定终点时对指示剂色度的观察偏差	由测定过程中多种因素的随机波动引起，如： 环境温度、湿度、压力的波动； 电源不稳、电压波动； 仪器噪声、本底波动； 操作者判断波动
减免方法	① 采用标准方法检验原分析方法，确定方法误差并加以校正 ② 校准仪器，采用校正值 ③ 做空白实验、对照实验，校正试剂的影响 ④ 严格训练，提高操作水平	对同一试样做多次平行测定并对结果进行统计处理。校正系统误差以得到接近真值的平均结果，并给出置信度和置信区间 常规分析中测量次数有限，一般以平均值报告结果

一、系统误差

系统误差是由测定过程中某些固定因素产生的误差，对测定结果的影响比较恒定。在同样条件下进行多次测定会重复出现，且大小、正负比较恒定。也就是说，系统误差具有重复性和单向性两个特征。因此，系统误差可以测定得到，也称为可测误差。系统误差的产生主要有以下几个原因。

1. 方法误差

方法误差是由分析方法本身产生的误差。例如，重量分析中沉淀的溶解，使沉淀物在沉淀的形成、洗涤过程中有一定的损失，给分析结果带来负误差；由于共沉淀现象引入杂质，以及称量时沉淀吸潮会引起正误差；滴定分析反应进行不完全、滴定终点和化学计量点不相

符，以及发生副反应等都会引起系统误差。

2. 仪器和试剂引入的误差

这种误差是由于仪器未校准、不准确或试剂含有杂质等引起的。例如，砝码的真实质量与其标示质量不符；容量仪器刻度和体积不准确；所用试剂和蒸馏水中含有干扰杂质等，都会带来误差。

3. 操作误差

这种误差是由于操作人员主观原因或习惯造成的。例如，对滴定终点颜色辨别的差异，有人偏深，有人偏浅；对滴定管的读数偏高或偏低等。

虽然系统误差可能随外界条件变化而变化，例如重量分析中沉淀灼烧后易吸水，称量误差不仅随沉淀重量增加而增加，还与称量时间、空气的温度和湿度有关，但在一定条件下它比较恒定，可以测定，因而可以进行校正。系统误差只影响分析结果的准确度。

二、偶然误差

偶然误差也称随机误差，是由某些难以控制的偶然因素引起的。例如，测定条件（环境温度、湿度和气压等）的微小波动；仪器性能的微小变化；分析人员实验操作的微小差异等。由于偶然误差的大小和正负难以预测，所以又称为不定误差。正因为这类误差的随机性，当对某试样进行多次平行测定时，即使在消除系统误差的影响之后，所得结果也不可能完全一致。偶然误差影响分析结果的精密度，使多次平行测定数据之间存在一定的差异。偶然误差因难以控制，所以难以避免且不能进行校正。偶然误差不能完全消除，但通过多次平行测定，取平均值的方法可以减少偶然误差对测量结果的影响。

从表面上看，偶然误差似乎没有什么规律性，但事实上偶然性中包含着必然性。经过大量的实践发现，当测定的次数很多时，偶然误差出现的概率服从正态分布（Gauss 分布）。但需注意的是，因实际分析测定中平行测定次数有限（一般为 3～6 次），有限次测量数据误差的分布并不完全符合正态分布，而是服从 t 分布。

1. 偶然误差的正态分布

偶然误差是由于客观存在的偶然因素的影响而产生的误差。正是由于各种微小的偶然因素的综合作用，使得偶然误差随机出现，大小不等，有正有负。当消除了系统误差且平行次数足够多时，偶然误差的大小呈正态分布（normal distribution）。

正态分布的规律如下：

（1）绝对值相等的正误差和负误差出现的概率相同，因而大量等精度测量中各个误差的代数和有趋于零的趋势；

（2）绝对值小的误差出现的概率大，绝对值大的误差出现的概率小，绝对值很大的误差出现的概率非常小，也即偶然误差有一定的实际极限。

在统计学中，将随机变量 x 取值的全体称为总体。从总体中随机抽取一组测量值 x_1、x_2、…、x_n，称为样本。μ 为正态分布的总体平均值，表示样本值的集中趋势。在消除了系统误差的条件下，μ 就是真值。σ 是正态分布的总体标准偏差，表示样本的离散程度。因此，正态分布函数可以用两个基本参数来表示，记 $N(\mu, \sigma^2)$ 为正态分布函数，即

$$y = f(x) = \frac{1}{\sigma\sqrt{2\pi}} e^{-\frac{1}{2}\left(\frac{x-\mu}{\sigma}\right)^2} \tag{2-3}$$

式（2—3）中，y 为测量值出现的频率（概率密度），正态分布曲线下与横坐标之间所包括的总面积代表所有测量值出现的概率总和，其值等于 1。如图 2—2 曲线 2 所示，在某一范围（$x_1 - x_2$）内，测量值出现的概率以阴影部分面积与总面积的比值表示。此外，σ 小的数据分布更集中，测量的精密度高；反之，σ 大的数据分布分散，测量的精密度低。

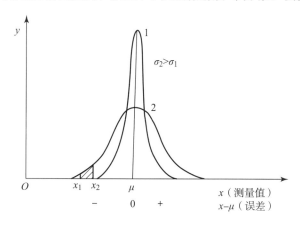

图 2—2　测量值及其误差的正态分布曲线

为了便于研究，可以通过参数代换将真值为 μ 和标准偏差为 σ 的正态分布转化成标准正态分布。数学上将 $\mu=0$、$\sigma=1$ 的正态分布称为标准正态分布，记为 $N(0, 1)$。令

$$u=\frac{x-\mu}{\sigma} \tag{2—4}$$

则式（2—3）又可写成

$$y=\phi(u)=\frac{1}{\sqrt{2\pi}}e^{-u^2/2} \tag{2—5}$$

式中，u 是以标准偏差作为单位的误差值，称为标准正态变量。式（2—5）即为标准正态分布函数式。标准正态分布曲线如图 2—3 所示。正态分布曲线与横轴间所包围的总面积，就是正态分布函数在（$-\infty$，$+\infty$）区间的积分值。它代表各种大小的误差出现概率的总和，其值等于 1。

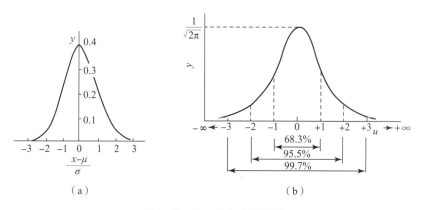

图 2—3　标准正态分布曲线

研究误差正态分布的目的是计算出误差在某区域内出现的概率。可根据式（2—6）计算

出任一区间 $[u_1, u_2]$ 的面积，即

$$\int_{u_1}^{u_2} y \mathrm{d}u = \frac{1}{\sqrt{2\pi}} \int_{u_1}^{u_2} \mathrm{e}^{-u^2/2} \mathrm{d}u \qquad (2-6)$$

根据式（2—6）可以计算出，分析结果落在 $\mu \pm \sigma$ 的概率为 68.3%；落在 $\mu \pm 2\sigma$ 的概率为 95.5%；落在 $\mu \pm 3\sigma$ 的概率为 99.7%。误差超过 $\pm 3\sigma$ 的分析结果出现的概率为 0.3%。一般认为偶然误差正常出现的范围在 $[-3\sigma, +3\sigma]$ 之内。因为绝对值超过 3σ 的大误差出现的概率不到 0.3%，所以可以认为实际上出现的可能性很小。

2. 有限次测量数据的误差分布——t 分布

正态分布是建立在无限次测定的基础上的，而实际分析中只可能对样品进行有限次测定，并且通常只是少数几次。显然有限次测定数据的误差分布规律不可能完全服从正态分布。为此，英国统计学家、化学家戈塞特（W. S. Gosset）对标准正态分布进行了修正，提出了有限次测定数据的误差分布规律——t 分布。在 t 分布中引入了参数 t，其定义式为

$$t = \frac{x - \mu}{s} \qquad (2-7)$$

可见 t 与标准正态分布中参数 u 的区别仅在于用有限次测定的标准偏差 s 代替了总体标准偏差 σ。t 分布曲线如图 2—4 所示。由图可见，t 分布曲线形状与自由度 f 有关。随着 f 减小，t 分布曲线变低并且展宽；随着 f 增大，t 分布曲线变高并且变窄。当 $f > 20$ 时，两者很接近。当 $f = \infty$ 时，t 分布曲线与标准正态分布曲线完全重合。因此，可以把标准正态分布看成 t 分布的极限状态。因为自由度 f 与测定次数 n 有关（$f = n-1$），所以 f 对 t 分布的影响实质上也就是测定次数 n 对 t 分布的影响。t 分布的积分表（又称 t 值表）见表 2—2，列出了一定置信度下，不同测定次数对应的 t 值。表中每个 t 值对应的概率都是双侧值，即直线 $t = -t_{\text{表}}$ 与 $t = t_{\text{表}}$ 之间所包括曲线下的面积。

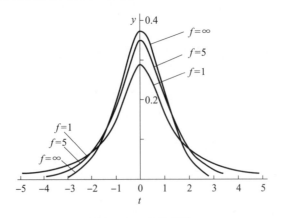

图 2—4 t 分布曲线

除系统误差和偶然误差外，在分析中还会遇到由于过失或差错造成的"过失误差"。例如，加错试剂、试液溅失、读错刻度、记录错误等。这些都属于不应有的过失，只要加强责任感，工作中认真细致，严格遵守操作规程，过失是完全可以避免的。一旦某测定数据出现较大的误差，经数据统计检验确定是可疑值时，在计算平均值时应舍弃该数据。

表 2－2 不同测定次数和不同置信度的 t 值

测定次数	置 信 度 P		
	90%	95%	99%
2	6.314	12.706	63.657
3	2.920	4.303	9.925
4	2.353	3.182	5.841
5	2.132	2.776	4.604
6	2.015	2.571	4.032
7	1.943	2.447	3.707
8	1.895	2.365	3.500
9	1.860	2.306	3.355
10	1.833	2.262	3.250
11	1.812	2.228	3.169
21	1.725	2.086	2.846
∞	1.645	1.960	2.576

2.3 分析结果的数据处理

　　偶然误差的分布规律是进行测定数据处理的理论基础。但正态分布基于无限次测定结果的误差，针对的是所考察对象的总体。而实际工作中只能进行有限次测定，它是从总体中随机抽出的一部分（称为样本）。样本中所含测定数据的数目称为样本的容量，用 n 表示。分析数据处理的任务是以统计方法处理有限次分析测定数据，使其能合理地推断总体的特性。即对总体的情况做出科学判断。

　　在无限次测定中，总体平均值 μ 是数据集中的趋势，总体标准偏差 σ 是数据离散程度的表征。在有限次的测定中，μ 和 σ 都是未知的，下面将讨论如何通过有限次测定结果对 μ 和 σ 进行估计。

一、数据集中趋势的表示方法——对 μ 的估计

1. 平均值

算术平均值 $\bar{x}$ 的计算式为

$$\bar{x} = \frac{x_1 + x_2 + \cdots + x_n}{n} = \frac{1}{n}\sum_{i=1}^{n} x_i$$

平均值 $\bar{x}$ 是总体平均值 μ 的最佳估计值。对有限次测定，其测定值向 $\bar{x}$ 集中。当 $n \to \infty$ 时，$\bar{x} \to \mu$，即 $\lim \bar{x} = \mu$。算术平均值在实际分析测定数据处理中应用最多。

2. 中位数

将一组测定值按大小顺序排列，位于中间项的数值即为中位数。当 n 为奇数时，中间项

即为中位数；当 n 为偶数时，中间项有两个，中位数是这两个数的平均值。中位数的优点是计算方法简单，不受离群值大小的影响，但用它表示数据的集中趋势不如平均值客观。通常只有当平行测定次数较少而又有较大的离群值时，才用中位数代表分析结果。

3. 众数

众数是一组数据中出现次数最多的数值。众数侧重对各数据出现的频率的考察，其大小只与这组数据中的部分数据有关，不受极端值的影响。众数不具唯一性，一组数据中可能会有一个、多个或没有众数。

由上可见，平均值、中位数和众数都是描述一组数据集中趋势的量，但各有侧重。平均值反映了一组数据的平均大小，代表了一组数据的"平均水平"；中位数像一条分界线，将数据分成上下两部分，代表了一组数据的"中等水平"；众数反映了出现次数最多的数据，代表了一组数据的"多数水平"。当数据分布接近正态分布时，它的均值、中位数和众数相等。当数据分布偏离正态分布时，这三个数据就明显不同，如图 2-5 所示。实际分析测定中，多数测量数据分布都是不对称的。

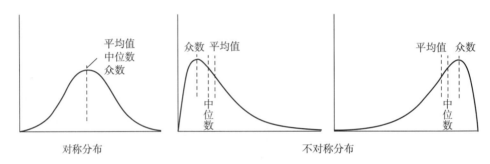

图 2-5　平均值、中位数和众数与数据分布的关系示意图

二、数据分散程度的表示方法——对 σ 的估计

1. 极差 R 和相对极差 R_r

极差指一组平行测定数据中最大值（x_{max}）和最小值（x_{min}）之差，即

$$R = x_{max} - x_{min}$$

极差计算简单，但缺点是只利用了测定数据中的最大值和最小值，没有充分利用其他测定数据所提供的信息，因而不能很好地反映测定的实际情况。所以一般不用极差来表示数据的精密度。

极差在平均值中所占的比例称为相对极差 R_r，即

$$R_r = \frac{R}{\bar{x}} \times 100\%$$

2. 平均偏差 $\bar{d}$ 和相对平均偏差 $\bar{d}_r$

平均偏差是各测定值与平均值的偏差绝对值的平均值。计算平均偏差 $\bar{d}$ 时，应先计算出每个测定值与平均值的偏差，即

$$d_i = x_i - \bar{x}$$

然后计算平均偏差

$$\overline{d} = \frac{1}{n}\sum_{i=1}^{n}|d_i| = \frac{1}{n}\sum_{i=1}^{n}|x_i - \overline{x}| \tag{2-8}$$

平均偏差在平均值中所占的比例称为相对平均偏差，即

$$\overline{d}_r = \frac{\overline{d}}{\overline{x}} \times 100\% \tag{2-9}$$

3. 标准偏差 s 和相对标准偏差 RSD

标准偏差（s）是所有测量数据偏差的平方和除以自由度再开方。数学表达式为

$$s = \sqrt{\frac{\sum_{i=1}^{n}(x_i - \overline{x})^2}{n-1}} = \sqrt{\frac{\sum_{i=1}^{n}d_i^2}{n-1}} \tag{2-10}$$

式中，$n-1$ 为自由度。在统计学中，自由度指样本中可以自由变动的变量的个数。当有约束条件时，自由度减少。式（2-10）中，自由度 $n-1$ 表示计算一组数据分散程度的独立的偏差数比测定次数少 1。例如，当 $n=1$ 时，数据无分散程度可言，即自由度为 0；当 $n=2$ 时，尽管有 2 个偏差数据，但由于数据偏差的代数和为零，独立的偏差只有 1 个，即自由度为 1。

标准偏差在平均值中所占的比例称为相对标准偏差 RSD，即

$$\text{RSD} = \frac{s}{\overline{x}} \times 100\% \tag{2-11}$$

例 2-1　现有甲、乙两组数据，计算每组测定数据的平均偏差、标准偏差。

甲：-0.1，0.3，-0.2，0.3，-0.3

乙：0，-0.4，0.5，0.1，-0.2

解：

$$\overline{d}_{甲} = \frac{1}{n}\sum_{i=1}^{n}|d_i| = \frac{0.1+0.3+0.2+0.3+0.3}{5} = 0.3$$

$$\overline{d}_{乙} = \frac{1}{n}\sum_{i=1}^{n}|d_i| = \frac{0+0.4+0.5+0.1+0.2}{5} = 0.3$$

$$s_{甲} = \sqrt{\frac{\sum d_i^2}{n-1}} = \sqrt{\frac{0.1^2+0.3^2+0.2^2+0.3^2+0.3^2}{5-1}} = 0.3$$

$$s_{乙} = \sqrt{\frac{\sum d_i^2}{n-1}} = \sqrt{\frac{0+0.4^2+0.5^2+0.1^2+0.2^2}{5-1}} = 0.4$$

由例 2-1 给出的偏差数据可以明显看出乙组比甲组数据更为分散，但计算得到的两组数据的平均偏差却相等。因而平均偏差并没有客观反映出这两组数据的实际精密度。与平均偏差不同的是，计算得到的两组数据的标准偏差 $s_{甲} < s_{乙}$，表明甲组数据的精密度比乙组数据的精密度好，与实际数据反映的结果相符。标准偏差的计算是先将各测定值的偏差进行平方后求和，这样较大的偏差能更显著地反映出来。因此，标准偏差相比平均偏差能更客观地评价数据的精密度（即分散程度），实际应用最多。

4. 平均值的标准偏差

若对同一试样进行 m 组、每组 n 次的平行测定（n 次测定的标准偏差为 s），得到 m 个平均值 $\overline{x}_1$、$\overline{x}_2$、$\cdots$、$\overline{x}_m$。由于偶然误差的存在，m 个平均值不可能完全一致。这些平均值

的波动情况也服从正态分布。将 m 个平均值重新作为一组数据，则它们的精密度可以用平均值的标准偏差 $s_{\bar{x}}$ 来表示。显然，与单组测定相比，多组测得的各平均值的波动性更小，即多组测得的平均值的精密度比单组测定值的精密度更高。统计学已证明，多组平均值的标准偏差 $s_{\bar{x}}$ 与单组测定值的标准偏差 s 的关系为

$$s_{\bar{x}} = \frac{s}{\sqrt{n}} \tag{2-12}$$

即平均值的标准偏差与测定次数 n 的平方根成反比，增加测定次数，$s_{\bar{x}}$ 减小。图 2-6 表示 $s_{\bar{x}}/s$ 与测定次数 n 的关系。从曲线可以看出，当 $n<5$ 时，$s_{\bar{x}}/s$ 随 n 增加而减小很快；当 $n>5$ 时，$s_{\bar{x}}/s$ 减小较慢，变化不大。因而在实际定量分析测定中，一般平行测定 3~5 次即可满足常规分析要求；要求较高时，可平行测定 5~9 次。过多增加测定次数会大大增加分析成本和时间，同时对提高测定结

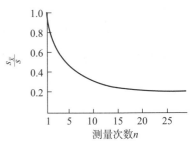

图 2-6 平均值的标准偏差
与测定次数的关系

果的精密度成效甚微。由式（2-12），根据单组 n 次测定得到的标准偏差 s 可以计算平均值的标准偏差 $s_{\bar{x}}$。实际分析测定中很少采用对同一试样进行 m 组、每组 n 次的平行测定，而多是进行单组 n 次测定。

三、分析结果的报告

多次平行测定得到的测定值（x_1、x_2、…、x_n）的平均值 $\bar{x}$ 是总体平均值 μ 的最佳估计值，它反映了数据的集中趋势；标准偏差 s 表示各测定值对 $\bar{x}$ 的偏离，实际测定中用 s 作 σ 的估计值，用 $s_{\bar{x}}$ 作 $\sigma_{\bar{x}}$ 的估计值，它们反映了数据的分散程度。

在报告分析结果时，要反映数据的集中趋势和分散程度，常分别用平均值 $\bar{x}$（表示集中趋势）、相对平均偏差或相对标准偏差（表示分散性）表示，同时需标明测定次数 n。

例 2-2 标定某标准溶液的浓度（$mol \cdot L^{-1}$），平行测定 4 份的结果分别为 0.204 1、0.204 9、0.203 9 和 0.204 3。试计算测定结果的平均值、平均偏差、相对平均偏差、标准偏差及相对标准偏差。

解：

$$\bar{x} = \frac{1}{n}\sum_{i=1}^{n} x_i = \frac{0.204\ 1 + 0.204\ 9 + 0.203\ 9 + 0.204\ 3}{4} = 0.204\ 3\ (mol \cdot L^{-1})$$

$$\bar{d} = \frac{1}{n}\sum_{i=1}^{n} |d_i| = \frac{0.000\ 2 + 0.000\ 6 + 0.000\ 4 + 0}{4} = 0.000\ 3\ (mol \cdot L^{-1})$$

$$\bar{d}_r = \frac{\bar{d}}{\bar{x}} \times 100\% = \frac{0.000\ 3}{0.204\ 3} \times 100\% = 0.15\%$$

$$s = \sqrt{\frac{\sum d_i^2}{n-1}} = \sqrt{\frac{0.000\ 2^2 + 0.000\ 6^2 + 0.000\ 4^2 + 0}{4-1}} = 0.000\ 4\ (mol \cdot L^{-1})$$

$$\text{RSD} = \frac{s}{\bar{x}} \times 100\% = \frac{0.000\ 4}{0.204\ 3} \times 100\% = 0.2\%$$

四、置信度和总体平均值的置信区间

经统计学推导，对于有限次数的样品测定，真值 μ 与测定平均值 $\bar{x}$ 之间的关系为

$$\mu = \bar{x} \pm \frac{ts}{\sqrt{n}} \qquad\qquad (2-13)$$

式中，s 为标准偏差；n 为测定次数；t 为在选定的某一置信度下的 t 值，可根据测定次数从表 2-2 中查得。由表 2-2 可见，一定置信度下，t 值随着测定次数 n 的增加而变小，使得置信区间变小；n 不变时，置信度增加则 t 变大，置信区间变大。由式（2-13）可以估算出，在给定的置信度下，总体平均值在以测定平均值 $\bar{x}$ 为中心的多大范围内出现，这个范围就是平均值的置信区间。

例 2-3　测定试样中 SiO_2 的质量分数（％），得到下列数据：28.62、28.59、28.51、28.48、28.52、28.63。试计算平均值、标准偏差及置信度 P 分别为 90％ 和 95％ 时平均值的置信区间。

解：

$$\bar{x} = \frac{1}{n}\sum_{i=1}^{n} x_i = \frac{28.62+28.59+28.51+28.48+28.52+28.63}{6} = 28.56 \text{（％）}$$

$$s = \sqrt{\frac{\sum d_i^2}{n-1}} = \sqrt{\frac{0.06^2+0.03^2+0.05^2+0.08^2+0.04^2+0.07^2}{6-1}} = 0.06 \text{（％）}$$

查表 2-2，当 $P=90％$、$n=6$ 时，$t=2.015$，有

$$\mu = \bar{x} \pm \frac{ts}{\sqrt{n}} = 28.56 \pm \frac{2.015 \times 0.06}{\sqrt{6}} = 28.56 \pm 0.05 \text{（％）}$$

当 $P=95％$、$n=6$ 时，$t=2.571$，有

$$\mu = \bar{x} \pm \frac{ts}{\sqrt{n}} = 28.56 \pm \frac{2.571 \times 0.06}{\sqrt{6}} = 28.56 \pm 0.07 \text{（％）}$$

上述结果表明，置信度增加，使得置信区间变大。置信度的高低说明估计的把握程度。若要求 100％ 的置信度，就意味着区间无限大，无限大的区间肯定会包括 μ，但这样的区间毫无实际意义。因此，在做统计推断时，必须同时兼顾置信度和置信区间。既要使置信度较高，以使置信区间内包含有真值的把握性较大，又要使置信区间足够窄，以提高对真值估计的准确性。日常生活中，当人们对某事的判断有 90％ 或 95％ 的把握时，即可认为这种判断基本正确。在分析化学中，通常取置信度为 95％。

两组测定结果的比较应在相同的置信度下进行，置信区间小的那组测定结果的准确性高。例如，表 2-3 列出了四组测定数据的平均值及置信区间（$P=95％$），示意图参见图 2-7。结果表明，置信区间的大小与测定数据的标准偏差和测定次数有关。其中 D 组因测定次数少、t 值大，其置信区间变大。适当增加测定次数，可使置信区间显著缩小，使得测定平均值 $\bar{x}$ 更接近于总体平均值 μ，进而提高测定结果的准确度。

19

表 2-3　四组测定数据的置信区间计算（$P=95％$）

组	测 定 值	n	$\bar{x}$	s	t	置信区间
A	20.6，20.5，20.7，20.6，20.8，21.0	6	20.7	0.18	2.57	20.7±0.2
B	20.0，20.5，20.5，20.0，20.2，20.8	6	20.3	0.28	2.57	20.3±0.3
C	20.6，20.9，21.1，21.0	4	20.9	0.22	3.18	20.9±0.4
D	20.8，20.6	2	20.7	0.14	12.71	20.7±1.3

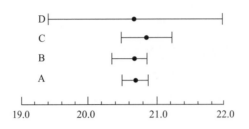

图 2—7　四组测定数据的置信区间（$P=95\%$）

分析结果的正确表达可以使人们更好地了解分析结果的可靠性，还可以增加分析结果的可比性。在用式（2—13）计算出分析结果时，还应说明测定次数、置信度及剔除可疑值的个数。

2.4　可疑数据的取舍

对试样进行多次平行测定中，常会出现个别偏离较大的数据，这种数据称为可疑数据（也称可疑值或离群值）。当出现这样的数据时，不能主观随意取舍，而是需要采用可疑值检验方法经统计检验判定其取舍。

分析测定出现可疑数据时，首先要仔细检查其可能产生的实验环节，测定中是否有过失。如果有明确的过失原因，此可疑值必须舍去；如果没有确定原因，其取舍需经可疑值检验进行判定。原则上，无限次测定中任何一个测定值不论其偏差多大，都应保留，不能舍弃。因正态分布曲线是渐近线，包括$-\infty\sim+\infty$范围内的任何数据。但在处理少量有限实验数据时，若将偏离大、本属于过失的数据保留下来，这样易出现"存伪"的错误，将影响平均值的可靠性。若将有一定偏离但仍属随机误差范畴的数据舍去，表面上得到了精密度较好的结果，但易产生"拒真"的错误，将影响数据的科学性和严谨性。

可疑值的取舍实质上是区分随机误差和过失误差的问题，可以借助统计检验来判断。检验可疑值的方法很多，下面介绍两种常用的检验可疑值的统计方法：Q 检验法和 G 检验法（Grubbs 法）。

一、Q 检验法

该法适用于 3～10 次测定数据，方法简便，其步骤为：

（1）将各数据按从小到大的顺序排列：x_1、x_2、$\cdots$、x_n；

（2）计算极差 $x_{最大}-x_{最小}$；

（3）确定检验端：分别计算出两端相邻数据的差值，即 x_2-x_1 及 x_n-x_{n-1}，差值大的一端先检验；

（4）计算舍弃商 $Q_{计}$：

$$Q_{计}=\frac{|x_{可疑}-x_{相邻}|}{x_{最大}-x_{最小}} \tag{2—14}$$

（5）根据测定次数和给定的置信度 P 查 Q 值表（表 2—4），查到相应的 $Q_{表}$ 值；

（6）将 $Q_{计}$ 与 $Q_{表}$ 相比较，若 $Q_{计}\geqslant Q_{表}$，则应将可疑值舍弃，否则应予保留；

（7）舍弃可疑值后，应对其余数据继续进行 Q 检验，直至无可疑值为止。

表 2－4　Q 值表（$P＝90\%$，95%）

测定次数 n	3	4	5	6	7	8	9	10
$Q_{0.90}$	0.94	0.76	0.64	0.56	0.51	0.47	0.44	0.41
$Q_{0.95}$	0.98	0.85	0.73	0.64	0.59	0.54	0.51	0.48

例 2－4　某学生测得 NaOH 溶液浓度（$mol \cdot L^{-1}$）分别为 0.114 1、0.114 0、0.114 8 和 0.114 2。问其中数据 0.114 8 是否应保留（$P＝90\%$）？若第五次测得结果为 0.114 2，此时 0.114 8 又如何处置？

解：将数据按要求排序为：0.114 0、0.114 1、0.114 2、0.114 8。

$$Q_{计} = \frac{|x_{可疑} － x_{相邻}|}{x_{最大} － x_{最小}} = \frac{|0.114\ 8 － 0.114\ 2|}{0.114\ 8 － 0.114\ 0} = 0.75$$

查表 2－4，当 $n＝4$ 时，$Q_{0.90}＝0.76$，因 $Q_{计}＜Q_{0.90}$，故 0.114 8 应保留。

第五次测定值为 0.114 2，$Q_{计}$ 仍为 0.75。当 $n＝5$ 时，$Q_{0.90}＝0.64$。

因 $Q_{计}＞Q_{0.90}$，故 0.114 8 可以舍弃。

由此可见，较多的实验数据可以提供较合理的检验结果。

例 2－5　测定某水样中铅的浓度（$mg \cdot L^{-1}$），测得数据为 4.20、4.25、4.45、4.17 和 4.30。试判定数据 4.45 是否为可疑值？是否可以舍弃？

解：将数据按递增顺序排列为 4.17、4.20、4.25、4.30、4.45

$$Q_{计} = \frac{|x_{可疑} － x_{相邻}|}{x_{最大} － x_{最小}} = \frac{|4.45 － 4.30|}{4.45 － 4.17} = 0.54$$

当 $n＝5$，$P＝90\%$ 时，查表 2－4 得 $Q_{0.90}＝0.64$。因 $Q_{计}＜Q_{0.90}$，故 4.45 不是可疑值，应予保留。

需要注意的是，当测定次数比较少（如 $n＝3$），并且 $Q_{计}$ 值与 $Q_{表}$ 值相近时，为了慎重起见，最好再补测 1～2 次，然后再判定可疑值的取舍。

例 2－6　测定得到某热交换器水垢中的 SiO_2 的质量分数（$\%$）为 11.50、11.51、11.68、11.20、11.63、11.72。试采用 Q 检验进行可疑值的取舍，并给出平均值的置信区间（$P＝90\%$）。

解：将数据从小至大排列为 11.20、11.50、11.51、11.63、11.68、11.72。

因 $(11.50－11.20)＞(11.72－11.68)$，故先检验 11.20，即

$$Q_{计} = \frac{|x_{可疑} － x_{相邻}|}{x_{最大} － x_{最小}} = \frac{|11.20 － 11.50|}{11.72 － 11.20} = 0.58$$

当 $n＝6$，$P＝90\%$ 时，查表 2－4 得 $Q_{0.90}＝0.56$，因 $Q_{计}＞Q_{0.90}$，故 11.20 应舍弃。

继续检验其余数据：11.50、11.51、11.63、11.68、11.72。

因 $(11.72－11.68)＞(11.51－11.50)$，所以再检验 11.72，即

$$Q_{计} = \frac{|x_{可疑} － x_{相邻}|}{x_{最大} － x_{最小}} = \frac{|11.72 － 11.68|}{11.72 － 11.50} = 0.18$$

当 $n＝5$，$P＝90\%$ 时，查表 2－4 得 $Q_{0.90}＝0.64$，因 $Q_{计}＜Q_{0.90}$，故 11.72 应保留。

可疑值检验完成后，计算平均值的置信区间（$P＝90\%$），即

$$\bar{x} = \frac{1}{n}\sum_{i=1}^{n} x_i = \frac{11.50 + 11.51 + 11.63 + 11.68 + 11.72}{5} = 11.61\ (\%)$$

$$s = \sqrt{\frac{\sum d_i^2}{n-1}} = \sqrt{\frac{0.11^2 + 0.10^2 + 0.02^2 + 0.07^2 + 0.11^2}{5-1}} = 0.10 \ (\%)$$

当 $n=5$，$P=90\%$ 时，查表 2—2 得 $t_{0.90}=2.132$，所以

$$\mu = \bar{x} \pm \frac{ts}{\sqrt{n}} = 11.61 \pm \frac{2.132 \times 0.10}{\sqrt{5}} = 11.61 \pm 0.10 \ (\%)$$

二、G 检验法

G 检验法（Grubbs test）引入了样本的平均值 $\bar{x}$ 和标准偏差 s。其检验过程涉及所有的测量数据，故判断的准确性高于 Q 检验法。其方法如下：

（1）将数据从小到大排列为 x_1、x_2、$\cdots$、x_n；

（2）计算数据的平均值 $\bar{x}$（包括可疑值在内）及标准偏差 s；

（3）确定检验端：分别计算出两端数据与平均值的差值，即 $\bar{x}-x_1$ 及 $x_n-\bar{x}$，差值大的一端先检验；

（4）计算统计量 G：

$$G_{\text{计}} = \frac{|x_{\text{可疑}} - \bar{x}|}{s} \tag{2—15}$$

（5）根据测定次数和指定的置信度 P 查 G 值表（表 2—5），查到相应的 $G_{\text{表}}$ 值。若 $G_{\text{计}} \geqslant G_{\text{表}}$，应将可疑值舍弃，否则应予保留；

（6）舍弃一个可疑值后，应继续检验，直至无可疑值为止。

表 2—5　G 值表

n	置信度 P		n	置信度 P	
	95%	99%		95%	99%
3	1.15	1.15	12	2.29	2.55
4	1.46	1.49	13	2.33	2.61
5	1.67	1.75	14	2.37	2.66
6	1.82	1.94	15	2.41	2.71
7	1.94	2.10	16	2.44	2.75
8	2.03	2.22	17	2.47	2.79
9	2.11	2.32	18	2.50	2.82
10	2.18	2.41	19	2.53	2.85
11	2.23	2.48	20	2.56	2.88

例 2—7　测定某样品中钙的质量分数（%），6 次平行测定数据为：40.02、40.15、40.20、40.12、40.18、40.35。试用 G 检验法检验这组数据是否有可疑值（$P=95\%$）。

解：将数据排列为 40.02、40.12、40.15、40.18、40.20、40.35。

$$\bar{x} = \frac{1}{n}\sum_{i=1}^{n} x_i = \frac{1}{6} \times (40.02 + 40.12 + 40.15 + 40.18 + 40.20 + 40.35) = 40.17 \ (\%)$$

22

$$s = \sqrt{\frac{\sum\limits_{i=1}^{n}(x_i - \bar{x})^2}{n-1}} = \sqrt{\frac{0.15^2 + 0.02^2 + 0.03^2 + 0.05^2 + 0.01^2 + 0.18^2}{6-1}} = 0.11\,(\%)$$

因 $(40.35 - 40.17) > (40.17 - 40.02)$，故检验 40.35，即

$$G_{计} = \frac{|x_{可疑} - \bar{x}|}{s} = \frac{|40.35 - 40.17|}{0.11} = 1.64$$

当 $n = 6$，$P = 95\%$ 时，查表 2—5 得 $G_{0.95} = 1.82$，因 $G_{计} < G_{0.95}$，故 40.35 应保留。

2.5　定量分析结果的表示

一、被测组分的化学表示形式

分析结果通常以被测组分在试样中实际化学组成的含量表示。但如果化学组成不清楚，则分析结果也常以氧化物或元素形式的含量表示。例如，在矿石分析中常以氧化物形式（例如 K_2O、Na_2O、CaO、MgO、FeO、Fe_2O_3、SiO_2 等）的含量表示；在金属材料和有机分析中常以元素形式（例如 Fe、Al、W、C、H、O、N、S 等）的含量表示；在工业分析中常根据特殊需要来规定某项技术指标，例如，含氯消毒剂以有效氯含量作为重要的质量指标等。

二、被测组分含量的表示方法

固态试样中被测组分的含量通常以相对含量表示。试样中含被测组分 A 的质量 m_A 与该试样的质量 m_S 之比称为质量分数 w_A，通常以百分数表示，即

$$w_A = \frac{m_A}{m_S} \times 100\% \tag{2—16}$$

当被测组分含量很低时，可采用 $\mu g \cdot g^{-1}$、$ng \cdot g^{-1}$ 和 $pg \cdot g^{-1}$ 表示。

液态试样中被测组分的含量通常以 $g \cdot L^{-1}$、$mg \cdot L^{-1}$、$\mu g \cdot L^{-1}$ 或 $g \cdot mL^{-1}$、$\mu g \cdot mL^{-1}$、$ng \cdot mL^{-1}$、$pg \cdot mL^{-1}$ 等表示。

气态试样中常量或微量组分的含量通常以体积分数表示。

正确表达带有测定误差的分析结果十分重要，只有在消除系统误差之后，才能对实验数据进行统计处理。在给出分析结果的置信区间时，应该指明置信度、测定次数及剔除可疑值的情况，这样才能客观表述分析结果的准确性。

2.6　提高分析测定结果准确度的方法

分析测定的目的不同，所要求的准确度也不同。在实际工作中，不应盲目地追求高准确度，以免造成经济、时间和人力等的浪费。选择适宜的分析测定方法并尽量减免分析测定过程可能出现的各类误差，即可提高分析结果的准确度。

1. 选择适宜的分析方法

各种分析方法的准确度和灵敏度各不相同。例如，重量分析法和滴定分析法的准确度

高，对常量组分测定的相对误差小于 0.2%，但它们的灵敏度不高，对低含量组分（<1%）的测定误差较大，有时甚至测定不出来。仪器分析法的灵敏度较高，适用于微量组分的测定。例如，用光谱分析测定硅中硼的含量为 2×10^{-8}，若此方法的相对误差为 50%，则其真实含量为 $1\times10^{-8}\sim3\times10^{-8}$。虽然该方法准确度较低，但对微量的硼，只要能确定其含量的数量级（10^{-8}%）就能满足要求了。因此，样品测定应根据试样的具体情况和对准确度的要求，选择合适的分析方法，制定分析方案。

2. 减小测量误差

为了提高分析结果的准确度，应注意减小测定中的偶然误差和系统误差。此外，还必须尽量减小分析过程中的测量误差。例如，在重量分析和滴定分析中，都离不开称量，这时就应注意减小称量误差。一般分析天平用减量法称量时，称量误差为 $\pm0.0002\ \text{g}$。为了使称量的相对误差在 0.1% 以下，可以根据相对误差的要求计算出应称取的试样质量：

$$相对误差=\frac{绝对误差}{试样质量}\times100\%$$

$$试样质量=\frac{绝对误差}{相对误差}\times100\%=\frac{0.0002}{0.1}\times100\%=0.2\ （g）$$

由上可见，试样质量必须在 0.2 g 以上，才能保证称量的相对误差小于 0.1%。

在滴定分析中，滴定管读数有 $\pm0.01\ \text{mL}$ 的误差。一次滴定中一般需要读数两次，这样可能带来 $\pm0.02\ \text{mL}$ 的误差。所以，为了使体积读数的相对误差小于 0.1%，应保证消耗滴定剂的体积大于 20 mL。常规滴定分析中，一般控制在 20~30 mL，以减小读数的相对误差。

应该指出，不同的分析测定要求不同的准确度，所以应根据具体要求，控制各测定步骤的误差，使之能适应各种不同分析工作的要求。

3. 减小偶然误差

增加平行测定的次数可以减小平均值的偶然误差，但过多增加测定次数也会带来更大的人力、物力、时间上的耗费。因此，在实际工作中要根据分析测定对准确度的要求，确定适宜的测定次数。

4. 消除系统误差

常用的消除系统误差的方法有以下几种。

（1）进行对照实验。该法用于校正方法误差。将分析方法用于含量已知的标准试样或纯物质的定量分析测定，根据测定结果的平均值 $\bar{x}_{标}$ 与已知含量的差值可以计算出分析方法的系统误差。将此误差值对试样的测定结果进行校正，可以减免方法的系统误差，进而提高分析测定的准确度。一般，标准试样的标示含量常被视为真值 μ，通过检验 $\bar{x}_{标}$ 与 μ 之间是否有显著性差异，即可判断该分析方法有无系统误差。

常用已知准确组成的试样有下列几种：

① 标准试样：是由国家有关部门组织生产并由权威机构发给证书的试样，如标准钢样、标准硅酸盐试样等。

② 合成试样：根据分析试样的基本组成，用纯化合物配制而成，其含量已知。没有标准试样时，实验中常选用合成试样。

③ 管理样：由于标准试样的数量和品种有限，常常不能满足实际需求，因此有些单位

常自制管理样。管理样是事先经有经验的工作人员多次分析测定，结果比较可靠，只是没有经权威机构的认可。

如果对待测试样的组成不完全清楚，则可以采用"加样回收法"进行实验。这种方法是向试样中加入已知量的待测组分，然后进行分析测定。根据加入的待测组分能否定量回收来判断分析过程是否存在系统误差。此外，也可选用其他可靠的分析方法进行对照实验。一般选用国家颁布的标准分析方法或公认的经典分析法。

（2）与经典分析方法比较。将新方法与经典方法对同一试样的测定结果进行比较和统计检验。如果测定结果没有显著性差异（不存在系统误差），则表明新方法可行，结果可靠；否则不可靠，新方法需进一步完善和改进。有时，方法的系统误差还可通过与其他方法的测定结果进行校正。例如，电解重量法测定铜的纯度，要求分析结果十分准确，但因电解不完全，会引起负系统误差。此时可用比色法测定溶液中未被电解的残余铜，再将所得结果加到电解重量法测定结果中以消除系统误差。此外，滴定分析中通过空白实验可以校正实验试剂等因素对滴定结果的影响。

（3）做空白实验。空白实验是在不加试样的情况下，用测定试样的同一方法对空白样品进行定量分析测定，将所测得结果作为空白值。试样分析结果经空白值校正后，就可得到待测组分的准确分析结果。空白实验可以消除实验方法中试剂或器皿中的干扰物带来的影响。

空白值一般不应过大，特别是在微量分析时，否则扣除空白时会引起较大的误差。当空白值较大时，需要通过提纯试剂和改用其他适当的器皿来提高测定结果的准确度。

（4）校准仪器。仪器不准确引起的系统误差可通过校准仪器来减免。例如天平砝码、移液管和滴定管等必须按照要求定期进行校准。

2.7　分析方法准确度的评价

一、准确度的评价方法

分析方法的准确度是反映方法系统误差的重要指标，它决定着分析结果的可靠性。实际分析测定中，有时需对现有的分析方法进行改进或需要建立新的分析方法。无论是改进方法还是新方法，在实际应用前都需对其方法的准确度进行评价。准确度评价方法通常有以下三种。

1. 用标准物质评价分析方法的准确度

选择浓度水平、准确度水平、化学组成与物理形态合适的标准物质，然后用改进方法或新方法测定标准物质的含量。如果标准物质的含量测定结果与标准值之间经统计检验无显著差异，则表明测定方法不存在系统误差，分析结果准确。

2. 用标准方法评价分析方法的准确度

采用标准方法和新方法对同一试样进行定量测定。如果两种方法测定结果之间经统计检验无显著差异，则表明新方法与标准方法之间不存在系统误差，定量分析结果准确，可以用于试样的分析测定；否则新方法与标准方法之间存在系统误差，方法的准确度存在问题。

3. 用回收率评价分析方法的准确度

在采用新方法测定出试样中被测物的含量后，在试样中加入适量的被测物的标准品或纯品，再用同一方法进行测定，可按下式计算回收率：

$$回收率（\%）=\frac{加入纯品后测定值-加入前测定值}{纯品加入量}\times100\%$$

用回收率评价准确度时需注意以下几点：

（1）标准物质的加入量应与被测物浓度水平接近。若被测物浓度较高，则加标后的总浓度不宜超过方法线性范围上限的 90%。加标量在任何情况下都不得大于样品中被测物含量的三倍。

（2）若加入的标准物质是一种简单的离子或化合物，其与样品中被测物的形态往往不一致，这时测得的回收率并不能反映样品的实际回收率。因此，最好能采用与试样组成相近、形态一致的标准物质来测定回收率。

（3）样品中某些干扰物质对被测物回收率的影响。例如，用银量法测定水中氯化物时，由于受到水体中其他卤化物的干扰，测定的回收率不能排除这种干扰的影响。

二、显著性检验

在分析工作中常采用对照实验来评价测定结果的可靠性。例如，采用新方法测定某标准样品的含量来检验该方法的准确性。在理想情况下，测得的平均值 $\bar{x}$ 应该与标准样品含量的标示值 μ 一致。但实际上，由于误差的存在，$\bar{x}$ 与 μ 往往不一致，存在差异。如果这种差异是由随机误差引起的，其差异必然很小，则可认为分析测定结果准确。但如果这种差异是由系统误差引起的，其差异必然很显著，说明测定结果不准确。判定 $\bar{x}$ 与 μ 之间的差异是否显著需采用数理统计方法中的 t 检验法，其目的是检验测定中是否存在系统误差，进而评价测定结果的准确度。在用 t 检验法检验分析方法的准确度之前，需先用 F 检验法检验两种方法的精密度有无显著性差异。如果两种方法的精密度没有显著性差异，再用 t 检验法检验两方法的准确度有无显著性差异。

1. F 检验法

F 检验法是通过比较两组数据的方差 s^2，以确定它们的精密度是否有显著性差异。

根据样本标准偏差

$$s=\sqrt{\frac{\sum\limits_{i=1}^{n}(x_i-\bar{x})^2}{n-1}}$$

可得到样本方差

$$s^2=\frac{\sum\limits_{i=1}^{n}(x_i-\bar{x})^2}{n-1} \tag{2-17}$$

设两种方法的测定次数分别为 n_1 和 n_2，测定结果的平均值和标准偏差分别是 $\bar{x}_1$、s_1 和 $\bar{x}_2$、s_2。

F 检验法的检验步骤：

（1）首先根据式（2-17）计算两个样本的方差。

（2）计算 F 值：

$$F_{计}=\frac{s_{大}^2}{s_{小}^2} \tag{2-18}$$

式中，$s_{大}^2$、$s_{小}^2$ 分别表示方差值较大和较小的那组数据的方差，$F \geqslant 1$。

（3）根据自由度 $f = n - 1$，计算两组数据的自由度 $f_{大}$（大方差数据的自由度）与 $f_{小}$（小方差数据的自由度）。

（4）在一定的置信度（一般 $P = 95\%$）和相应自由度（$f_{大}$ 和 $f_{小}$）的情况下查 F 值表（表 2—6）。将 $F_{计}$ 与 $F_{表}$ 作比较，检验两组数据的精密度是否存在显著性差异。

如果 $F_{计} > F_{表}$，说明两组数据的精密度存在显著性差异，即 s_1 和 s_2 有显著性差异，可推断 $\overline{x}_1$ 和 $\overline{x}_2$ 也有显著性差异，因此不必继续检验，表明新方法不可靠；如果 $F_{计} < F_{表}$，则说明这两组数据的精密度没有显著性差异，需再用 t 检验法来检验 $\overline{x}_1$ 和 $\overline{x}_2$ 之间是否存在显著性差异。

表 2—6　置信度 95% 时单侧检验 F 值（部分）

$f_{小}$	$f_{大}$									
	2	3	4	5	6	7	8	9	10	∞
2	19.00	19.16	19.25	19.30	19.33	19.36	19.37	19.38	19.39	19.50
3	9.55	9.28	9.12	9.01	8.94	8.88	8.84	8.81	8.78	8.53
4	6.94	6.59	6.39	6.26	6.16	6.09	6.04	6.00	5.96	5.63
5	5.79	5.41	5.19	5.05	4.95	4.83	4.82	4.78	4.74	4.36
6	5.14	4.76	4.53	4.39	4.28	4.21	4.15	4.10	4.06	3.07
7	4.74	4.35	4.12	3.97	3.87	3.79	3.73	3.68	3.63	3.23
8	4.46	4.07	3.84	3.69	3.58	3.50	3.44	3.39	3.34	2.93
9	4.26	3.86	3.63	3.48	3.37	3.29	3.23	3.18	3.13	2.71
10	4.10	3.71	3.48	3.33	3.22	3.14	3.07	3.02	2.97	2.54
∞	3.00	2.60	2.37	2.21	2.10	2.01	1.94	1.88	1.83	1.00

例 2—8　采用两种方法分析测定某种试样。用第一种方法测定 11 次，标准偏差 $s_1 = 0.21$（%）；第二种方法测定 9 次，标准偏差 $s_2 = 0.60$（%）。试判断两种方法的精密度是否存在显著差异（$P = 95\%$）。

解： $n_1 = 11$，$s_1 = 0.21$，$s_{小}^2 = 0.044$，$f_{小} = 10$

$n_2 = 9$，$s_2 = 0.60$，$s_{大}^2 = 0.36$，$f_{大} = 8$

$$F_{计} = \frac{s_{大}^2}{s_{小}^2} = \frac{0.36}{0.044} = 8.2$$

由 $P = 95\%$，$f_{小} = 10$，$f_{大} = 8$，查表得 $F_{表} = 3.07$。因 $F_{计} > F_{表}$，因而两组数据的精密度存在显著性差异。

2. t 检验法

用标准样品或标准方法检验某一分析方法的可靠性时，需要用 t 检验法来检验数据的准确度有无显著性差异。t 检验分为以下两种方法。

（1）平均值与标准值的比较。对标准样品平行测定若干次，利用 t 检验法比较测定结果的平均值 $\overline{x}$ 与标准样品的标准值 μ 之间是否存在显著性差异，即可判断分析方法是否存在较大的系统误差。

根据平均值的置信区间表达式可知，在一定置信度下，如果置信区间将标准值 μ 包括在其中，即使 $\bar{x}$ 与 μ 不完全一致，也可做出 $\bar{x}$ 与 μ 之间不存在显著性差异的结论。因为按 t 分布规律，这些差异是随机误差造成的，不属于系统误差。

计算统计量 $t_{计}$

$$t_{计} = \frac{|\bar{x} - \mu|}{s}\sqrt{n} \tag{2-19}$$

根据测定次数和置信度查 t 值表中相应 $t_{表}$ 值，如果 $t_{计} > t_{表}$，表明该分析方法测定结果与标准值之间存在显著性差异，即本方法测定结果存在系统误差；否则不存在显著性差异。在分析化学中，通常以 95% 的置信度为检验标准。

例 2-9 采用某新方法测定基准明矾中铝的质量分数（%），得到下列数据：10.74、10.77、10.77、10.77、10.81、10.82、10.73、10.86、10.81。已知基准明矾中铝的标准值为 10.77%，问采用该新方法是否引起系统误差（$P = 95\%$）？

解：已知 $n = 9$，$f = 9 - 1 = 8$，计算结果为

$$\bar{x} = 10.79 \ (\%), \quad s = 0.042 \ (\%)$$

$$t_{计} = \frac{|\bar{x} - \mu|}{s}\sqrt{n} = \frac{|10.79 - 10.77|}{0.042}\sqrt{9} = 1.4$$

查表 2-2 得 $t_{表} = 2.306$。因 $t_{计} < t_{表}$，说明 $\bar{x}$ 与 μ 之间不存在显著性差异，表明新方法没有系统误差。

（2）两组平均值的比较。采用不同分析方法测定同一试样所得到的平均值往往是不相等的。设有两组分析数据，分别为 $\bar{x}_1$、s_1、n_1 和 $\bar{x}_2$、s_2、n_2，先用 F 检验法比较两组数据的方差，以确定它们的精密度是否有显著性差异。只有在两个方差一致的前提下，才能进行 t 检验，以确定两组数据之间是否存在系统误差，即两个平均值之间是否有显著性差异。

如果用 F 检验法检验的结果没有显著性差异，计算两组数据的合并标准偏差 $s_{合}$，即

$$s_{合} = \sqrt{\frac{\sum\limits_{i=1}^{n}(x_{1i} - \bar{x}_1)^2 + \sum\limits_{i=1}^{n}(x_{2i} - \bar{x}_2)^2}{(n_1 - 1) + (n_2 - 1)}} = \sqrt{\frac{(n_1 - 1)s_1^2 + (n_2 - 1)s_2^2}{n_1 + n_2 - 2}} \tag{2-20}$$

计算 $t_{计}$ 值，即

$$t_{计} = \frac{|\bar{x}_1 - \bar{x}_2|}{s_{合}}\sqrt{\frac{n_1 n_2}{n_1 + n_2}} \tag{2-21}$$

根据总自由度 $f = n_1 + n_2 - 2$ 及置信度，由表 2-2 可以查到对应的 $t_{表}$ 值，当 $t_{计} > t_{表}$ 时，可以认为 $\mu_1 \neq \mu_2$，表明两组分析数据不属于同一总体，即它们之间存在显著性差异；反之，当 $t_{计} < t_{表}$ 时，可以认为 $\mu_1 = \mu_2$，表明两组分析数据属于同一总体，即它们之间不存在显著性差异。

例 2-10 为检验某新方法测定钢样中铬的质量分数（%）的准确性，同时采用原有方法测定某钢样中铬的含量，测定结果如下：新方法为 1.26、1.25、1.22；原方法为 1.35、1.31、1.33、1.34。试问新方法测定结果是否准确（$P = 95\%$）？

解：经计算，结果如下：

新方法：$\bar{x}_1 = 1.24\%$，$s_1 = 0.021\%$，$n_1 = 3$

原方法：$\bar{x}_2 = 1.33\%$，$s_2 = 0.017\%$，$n_2 = 4$

先用 F 检验法检验两种方法的精密度有无显著性差异。

$$F_{\text{计}} = \frac{s_{\text{大}}^2}{s_{\text{小}}^2} = \frac{0.021^2}{0.017^2} = 1.5$$

由 $f_{\text{大}} = 2$，$f_{\text{小}} = 3$，查表 2-6 得 $F_{\text{表}} = 9.55$。因 $F_{\text{计}} < F_{\text{表}}$，故两种方法的精密度间没有显著性差异。继续对两组平均值进行 t 检验。

$$s_{\text{合}} = \sqrt{\frac{(n_1-1)s_1^2 + (n_2-1)s_2^2}{n_1 + n_2 - 2}} = \sqrt{\frac{2 \times 0.021^2 + 3 \times 0.017^2}{3+4-2}} = 0.019 \ (\%)$$

$$t_{\text{计}} = \frac{|\bar{x}_1 - \bar{x}_2|}{s_{\text{合}}} \sqrt{\frac{n_1 n_2}{n_1 + n_2}} = \frac{|1.24 - 1.33|}{0.019} \sqrt{\frac{3 \times 4}{3+4}} = 6.2$$

当 $P = 95\%$，$f_{\text{总}} = 3 + 4 - 2 = 5$ 时，查表 2-2 得 $t_{\text{表}} = 2.571$。因 $t_{\text{计}} > t_{\text{表}}$，故 $\bar{x}_1$ 和 $\bar{x}_2$ 有显著性差异，表明新方法存在系统误差，测定结果不准确。

三、分析结果的质量保证

分析数据的获取常需花费大量的人力和物力，所获数据的质量直接影响科学技术和生产的发展。因此，建立分析数据质量保证体系有着重要的实际意义。分析工作者必须能够对实验所得数据的质量做出评价。分析方法的质量应从准确度和精密度两方面来评价，准确度主要受系统误差的影响，精密度受偶然误差的影响。

分析实验的"质量控制"（quality control，QC）可定义为：为保证实验室中得到的数据的准确度和精密度落在已知概率限度内所采取的措施。实验主管人员应该根据实际需要定出数据准确度的限度。测定数据的质量水平与仪器设备状况、费用、速度等因素有关，只要能满足工作需要，应尽量采用速度较快、费用较低的分析方法，而不要追求远高于实际要求的数据准确度。

建立和保持一个好的质量保证方案是一项管理任务，如果没有好的质量保证措施，提供的分析数据不可靠，所造成的后果将比没有数据的影响更大。在实际生产的例行分析中，常用标准样对测试的质量进行检验。获取合适的"控制标准物质"至关重要。由国家标准局批准的标准参考物质能符合要求，但价格较高，不适用于日常分析。一般工厂、企业都备有本系统研制鉴定的"管理样"，用于检验化验室测试数据的准确度和精密度。为确保其稳定性，管理样应严格保管，贮存条件应保持恒温、恒湿，避免可能的污染。操作者能用合适的控制标准，检查分析工作是否正常。

常用的方法是：每分析一批样品，插入一个标准物质；或者在分析大批量样品时，每隔 10~20 个样品，插入一个标准物质。控制标准的分析步骤应与试样完全相同。控制标准的分析数据积累到 15 个以上时，可按照图 2-8 绘制平均值质量控制图。平均值和标准偏差 s 可根据测试数据计算得到。平均值质量控制图的纵坐标代表分析浓度，水平实线对应于平均值。横轴数值代表依次测定的控制标准序数，即第一个点的位置代表第一次控制标准的分析，第二个点的位置代表第二次控制标准的分析，依此类推。然后根据所测得的数据点计算标准偏差 s，取 $\bar{x} \pm 2s$（$P = 95\%$）画水平限，称为上、下"警告限"，再取 $\bar{x} \pm 3s$（$P = 99\%$）画水平限，称为上、下"控制限"。

随着分析工作的进行，将控制标准的分析数据依次标记在图上。对任何一个超出控制限的数据都应及时处理，仔细查找原因并检查分析系统。如果未能找到产生误差的原因，应该

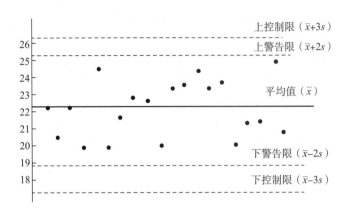

图 2—8　平均值质量控制图

用控制标准物质再分析核对一次，如果核对结果正常，那么可以认为第一个结果确实是由随机误差因素或某种操作错误引起的。分析实验室应制定有效的质量控制措施，例如仪器的定期校准、新鲜配制标准溶液等，以确保分析结果避免系统误差的影响并使平均值质量控制图呈现良好的正常状态。质量控制图在分析测试中已得到广泛应用，它可以用于控制产品的质量，了解分析方法或分析仪器精度的稳定性，数据可靠性分析，检查分析用的各种化学试剂是否有问题，标准溶液浓度是否改变等。

2.8　有效数字及其运算规则

在定量分析中，为了得到准确的分析结果，不仅要准确地进行各种测量，还要正确地记录和计算。分析结果所表达的不仅仅是试样中待测组分的含量，还反映了分析的准确程度。因此，在实验数据的记录和结果的计算中，保留几位数字不是任意的，而是要根据分析仪器和分析方法的准确度来决定。这就涉及有效数字（significant figure）的概念。

一、有效数字

有效数字是指在分析测定中实际能测定到的有意义的数字。它的特点是：

（1）在有效数字中，只允许最后一个数字有一定误差。在没有特别说明时，通常可以认为它具有 ±1 单位的误差。这是由于测量仪器精度的限制，末尾数具有一定的不确定性。

（2）有效数字位数的多少，不仅表示其数值的大小，还表示测定的准确度。

例如，称量某试样，如果称量数据记录为 0.518 0 g，它表示试样的实际质量在（0.518 0±0.000 1）g 之间，其相对误差为

$$\frac{\pm 0.000\ 1}{0.518\ 0} \times 100\% = \pm 0.02\%$$

如果数据记录为 0.518 g，它表示试样的实际质量在（0.518±0.001）g 之间，其相对误差为

$$\frac{\pm 0.001}{0.518} \times 100\% = \pm 0.2\%$$

由上可见，称量数据记录成三位有效数字，称量的准确度变为 1/10。因此，数字后的

零不能随意舍弃。有效数字的有效位数的含义、性质、作用和判断方法可参见表 2-7。

表 2-7　有效数字的位数

项目	内　容	举　例		备　注
含义	在一个表示量值的数值中，能有效表示量值大小的数字位数，称为有效位数	25.25 mL 0.206 6 g 1.105 8 g	4 位 4 位 5 位	一般情况下，一个数值的有效位数中，只含一位具有一定误差的数字
性质	有效位数和小数点的位置无关，或者说与量值所选的单位无关	25.50 mL 25.50×10^{-3} L	4 位 4 位	小数点的位置或量值的单位，只改变数值的大小，而不影响有效位数
作用	有效位数标志着数值的可靠程度，反映了数值相对误差的大小	25.00 mL 相对误差=±0.04% 25.0 mL 相对误差=±0.4%	4 位 3 位	由示例可知：记录测量数值时，绝不可随意省略或增加小数后的"0"——必须如实记录
判断方法	数字 1~9：都是有效数字，都计位数	0.36、3.6 1.346、0.134 6	2 位 4 位	
	数字 0： ① "0" 在数值中间计位数	1.005 100.5	4 位 4 位	此时的"0"表示在该数位上数值的大小
	② "0" 在数值前面不计位数	0.106 6 0.01	4 位 1 位	此时的"0"仅起定位作用，与所选单位有关，不代表量值大小
	③ "0" 在小数数值右侧，都计位数	0.500 0 20.0	4 位 3 位	右侧的"0"绝不可随意省略或增加
	④ "0" 在整数右侧，按规范化的写法都应计位数，否则应以指数形式表示	1 000 1.00×10^3	4 位 3 位	
特殊情况	若数据的首位数等于或大于 8，有效位数应多计一位	89.1% 8.56 mL	4 位 4 位	
	pH、pM 等对数值的有效位数只计小数部分	pH=4.50 pM=2.4	2 位 1 位	对数值的整数位只与真数的幂次有关

由表 2-7 可见：

(1) 一个数据的有效数字位数，应该包括从该数据左边的第一个非零的数字开始，到右边最后一位数字的个数。

(2) 小数点只起定位作用，与有效数字位数无关。

(3) 数字"0"有双重意义。左边第一个非零数字前的"0"与小数点一样只起定位作用，不是有效数字。即数字前的"0"不是有效数字，而数字中间的"0"和数字后面的"0"都是有效数字。

(4) 像 3 600 这样的数字，有效数字的位数比较含糊。实际测定中应根据所用仪器的精度，分别写成 3.6×10^3、3.60×10^3 或 3.600×10^3，以明确表示 2 位、3 位或 4 位有效数字。

（5）在分析化学计算中，常遇到倍数、分数关系，其有效数字的位数可视为无限。而对于 pH、pK_a、pM、lgK、lgC 等对数值，其有效数字的位数仅取决于小数部分（尾数）数字的位数，而整数部分（首数）只与相应真数 10 的多少次方有关。如 pH＝12.68，表示 $[H^+]=2.1\times10^{-13}$ mol·L^{-1}，有效数字的位数为 2 位，不是 4 位。

二、数字修约规则

分析测定结果常常需要根据测定数据经各种数学运算后才能得到。各种测定数据的有效数字位数不尽相同。计算结果的有效数字位数取决于参与运算的测量数据（尤其是误差最大的测量值）的有效数字的位数。进行计算时，需先对有效数字位数较多（误差较小）的数据进行数字修约。

数字修约的基本规则如下：

1. "四舍六入五留双"规则

"四舍六入五留双"规则规定，当测定值中被修约的那个数字≤4 时，舍去；≥6 时，进位；＝5 时，分两种情况：若 5 后面有数字，则进位；若 5 后面没有数字或全部为 0，则 5 之前为奇数时进位，为偶数时则舍去。采用"四舍六入五留双"规则，逢 5 有舍有入，这样由 5 的舍入所引起的误差本身可自相抵消。

2. 数值修约一次完成

对某数据进行修约时，应一次修约至所需位数，不得连续修约。

3. 修约标准偏差

对标准偏差的修约结果应使测定结果的精密度降低。例如，某测定结果的标准偏差 $s=0.123$，取两位有效数字时，要修约为 0.13，即不管末位是否大于 5，都要进一位。

4. 与标准限度值比较时不应修约

常规产品质量控制都有相应的质量标准。在试样的分析测定中，分析测定结果（测量值）需要与质量标准中的标准限度值进行比较，以确定产品是否合格。如果标准中没有特别注明，一般不应对测量值进行修约，而应采用全测量值进行比较。例如，试样中某组分含量要求≥99.0%，如果测定结果为 98.96%，修约后为 99.0%应判为合格，但根据实际测定数据，98.96%则应判为不合格。

三、有效数字的运算规则

在加减运算时，计算结果的有效数字的位数取决于数据中绝对误差最大（小数后位数最少）的那个数据。例如，0.012 1＋25.64＋1.044 5，其中 25.64 小数点后只有两位，由尾数"4"的不确定性引入的绝对误差最大，所以，结果只能保留两位小数。在进行具体运算时，可按两种方法处理：一种方法是将所有数据都修约到小数后两位，再进行具体运算；另一种方法是其他数据先修约到小数点后三位，即多保留一位有效数字，运算后再进行最后修约。如上例中，0.01＋25.64＋1.04＝26.69 或 0.012＋25.64＋1.044＝26.70，两种运算方法的结果在尾数上可能差 1，但这是允许的，只要在运算中前后保持一致即可。

在进行乘除运算时，结果有效数字的位数取决于相对误差最大（有效数字位数最少）的那个数据。例如，15.32×0.123 2÷5.32，其中 5.32 有三位有效数字，其尾数"2"的不确定性引入的相对误差最大，所以结果只应保留三位有效数字。

$$\frac{15.32 \times 0.123\,2}{5.32} = 0.354$$

而

$$\frac{0.089\,2 \times 27.62}{20.00} = 0.123\,2$$

由于 0.089 2 的首数是 8，可视为四位有效数字，所以结果保留四位有效数字。

使用计算器进行计算时，在运算过程中不必对每一步的计算结果进行修约，但应注意按照要求正确保留最后计算结果的有效数字的位数。

最后，在记录测定数据和表示分析结果时，还应注意以下的问题：

（1）记录测定数据时，应只保留一位有一定误差的数字。不同仪器的测定误差不同，因此，应根据仪器的测量精度，正确记录测定数据。

（2）对于高含量组分（质量分数>10%）的测定，一般要求分析结果有四位有效数字；对于低含量组分（质量分数 1%~10%）的测定，一般要求三位有效数字；对于微量组分（质量分数<1%）的测定，一般只要求两位有效数字。

（3）有关化学平衡的计算（例如，计算平衡状态下某离子的浓度），一般保留两位或三位有效数字；对于各种误差的计算，保留 1~2 位有效数字。

思　考　题

1. 定量分析中的误差和数据处理有何重要意义？

2. 试区别准确度和精密度、误差和偏差。

3. 误差既然可用绝对误差表示，为什么还要引入相对误差的概念？

4. 系统误差产生的原因有哪些？如何消除？

5. 下列情况分别引起什么误差？如果是系统误差，应如何消除？

（1）使用了有缺损的砝码。

（2）天平的停点稍有变动。

（3）容量瓶和移液管不配套。

（4）读取滴定管读数时，最后一位数字估测不准。

（5）重量分析中杂质被共沉淀。

（6）蒸馏水中含有微量干扰测定的离子。

6. 指出下列哪些叙述是正确的：

（1）对某试样平行测定多次可以减小系统误差。

（2）Q 检验法可以检验测试数据的系统误差。

（3）对某试样平行测定结果的精密度好而准确度不一定好。

（4）分析天平称得的样品质量不可避免地存在称量误差。

（5）滴定管内壁因未洗净而挂有液滴，使体积测量产生随机误差。

（6）砝码磨损使称量产生系统误差。

（7）滴定过快液面未稳定即读数产生随机误差。

（8）天平零点稍有变动使称量产生随机误差。

（9）读取滴定管读数时，最后一位数字估测不准产生系统误差。

（10）试剂中含有微量被测组分使测定产生系统误差。

7. 何为空白实验和对照实验？如何进行？其意义何在？

8. 什么叫平均值的置信区间？如何计算？

9. 如何用 Q 检验法和 G 检验法来确定可疑值的取舍？

10. 显著性检验在分析测试中有何意义？如何进行检验？

11. 分析测定中正确使用有效数字有何意义？

12. 指出下列实验记录中的错误：

（1）用 HCl 标准溶液滴定 25.00 mL NaOH 溶液

V_{HCl}＝24.1 mL、24.2 mL、24.1 mL，$\overline{V}_{HCl}$＝24.13 mL

（2）称取 0.432 8 g $Na_2B_4O_7$，用量筒加入约 20.00 mL 水。

（3）由滴定管放出 20 mL NaOH 溶液，以甲基橙作指示剂，用 HCl 标准溶液滴定。

13. 下列数据各包括几位有效数字？

（1）0.052；（2）36.080；（3）4.4×10^{-3}；（4）1 000；（5）0.031

14. 测定某药物中主成分的质量分数（％）。称取此药物 0.025 0 g，报告测定结果为 96.24％。问此结果是否合理？应如何表示？

15. 微量分析天平称量可准确至 ± 0.001 mg，要使试样称量误差不大于 0.1％，问至少应称取多少试样？分析天平称量可准确至 ± 0.1 mg，要使称量误差不大于 0.1％，问至少称取多少试样？

16. 50 mL 滴定管的读数误差为 ± 0.01 mL，欲使体积读数误差小于 0.1％，至少应消耗滴定剂多少毫升？若以无水 Na_2CO_3 为基准物标定 HCl 溶液，其浓度约为 0.1 mol·L^{-1}，问至少应称取基准物多少克？

习　题

1. 某试样用标准方法测得锰的质量分数为 41.29％，某新方法平行测定结果分别为 41.24％、41.27％、41.23％、41.26％。试计算分析测定结果的绝对误差和相对误差。

2. 测定某一热交换器水垢中的 Fe_2O_3 的质量分数（％），进行七次平行测定，经校正系统误差后，其数据为 79.58、79.45、79.47、79.50、79.62、79.38 和 79.80。经 Q 检验后，计算测定结果的平均值、平均偏差、相对平均偏差、标准偏差、相对标准偏差和总体平均值的置信区间（P＝90％）。

（79.54％；0.11％；0.14％；0.14％；0.18％；（79.54±0.11）％）

3. 用基准物 $K_2Cr_2O_7$ 标定 $Na_2S_2O_3$ 溶液的浓度（mol·L^{-1}），平行测定五次，分别测得其浓度为 0.103 3、0.104 0、0.103 5、0.103 4 和 0.103 7。试用 G 检验法检验 0.104 0 是否应舍弃（P＝95％），并计算结果的平均值、标准偏差和总体平均值的置信区间（P＝95％）。

（不舍；0.103 6 mol·L^{-1}；0.000 3 mol·L^{-1}；（0.103 6±0.000 4）mol·L^{-1}）

4. 根据有效数字运算规则，计算下列结果

（1）$1.276 \times 4.17 + 1.7 \times 10^{-4} - 0.002\ 176\ 4 \times 0.012\ 1$

（2）$\dfrac{2 \times (0.051\ 00 \times 40.00 - 0.096\ 00 \times 17.00/2) \times 14.00 \times 10^{-3}}{0.646\ 4 \times 25.00/100} \times 100\%$

（3）pH＝5.03，求 $[H^+]$。

（5.32；21.21％；9.3×10⁻⁶）

5. 用返滴定法测定试样中某组分的质量分数（％），计算式如下

$$w_X = \frac{0.100\,0 \times (25.00 - 1.52) \times 246.47}{1.000\,0 \times 1\,000} \times 100\%$$

问分析结果应以几位有效数字报出？组分的质量分数是多少？

（4 位，57.87％）

6. 甲、乙两人测定同一样品中某成分的质量分数（％），各测得一组数据如下：

甲：20.48、20.55、20.58、20.60、20.53、20.50

乙：20.44、20.64、20.56、20.70、20.38、20.52

计算各组数据的平均值、平均偏差、相对平均偏差、标准偏差及相对标准偏差，并通过 F 检验说明两人分析结果的精密度有无显著性差异（P＝95％）。

（甲：20.54％，0.037％，0.18％，0.046％，0.22％；
乙：20.54％，0.093％，0.45％，0.12％，0.58％；有显著差异）

7. 有一标样，标示的质量分数为 0.123％。今用某新方法对其平行测定四份，测得结果（％）为 0.112、0.118、0.115 和 0.119。试判断新方法是否存在系统误差（P＝95％）。

（存在）

8. 用无水碳酸钠和硼砂分别标定某盐酸溶液的浓度（mol·L⁻¹），测定结果如下：

无水碳酸钠标定：0.100 5、0.100 7、0.100 3、0.100 9

硼砂标定：0.100 8、0.100 7、0.101 0、0.101 3、0.101 7

问这两组数据的精密度和平均值是否有显著性差异（P＝95％）?

（无；无）

9. 采用一种新方法平行测定基准物明矾中铝的质量分数（％）为 10.74、10.77、10.77、10.77、10.81、10.82、10.73、10.86、10.81。已知明矾中铝含量的标准值（以理论值计）为 10.77％。试问新方法是否存在系统误差（P＝95％）。

（不存在）

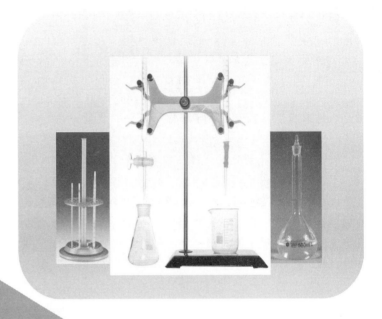

第 3 章　滴定分析法概论

第 3 章　滴定分析法概论

3.1　滴定分析法及分类

一、滴定分析法及有关术语

滴定（titration）是将已知准确浓度的溶液（标准溶液）通过滴定管滴加到被测溶液中的过程。滴定分析法（titrametric analysis）是定量化学分析中最常用的方法。本法是通过将标准溶液滴加到被测溶液中，直至标准溶液与被测物质按化学反应计量关系反应完全为止，然后根据标准溶液的浓度和滴定终点时消耗的体积计算出被测物质的含量的分析方法。因为这类方法是以测量标准溶液消耗的体积为基础的方法，故也常称为容量分析法（volumetric analysis）。滴定分析法使用的仪器简单，具有操作简便、快速、测定准确度高（一般相对误差小于 0.2%）等特点，适用于常量分析和半微量分析，是广泛应用的定量分析方法。

当两反应物按照化学反应的计量关系反应完全时，即加入的标准溶液与被测物质定量反应完全时，称为化学计量点（stoichiometric point，sp）。在滴定分析中，为便于确定反应的化学计量点，常需借助某种试剂，根据其化学计量点前后发生的颜色突变而指示反应完全，可以停止滴定，称为滴定终点（end point，ep）。加入的辅助试剂称为指示剂。滴定终点就是指示剂颜色变化的突变点，指示滴定的完成。

化学计量点和滴定终点的含义不同。化学计量点是根据化学反应式的计量关系经计算得到的理论值，而滴定终点是实际滴定中测得的指示剂的变色点。滴定终点与化学计量点不同而带来的误差称为滴定终点误差。终点误差也是滴定分析误差的来源之一，其大小取决于化学反应完成的程度和指示剂的选择是否合适。

根据化学反应类型的不同，常用的滴定分析法分为酸碱滴定法、络合滴定法、氧化还原滴定法和沉淀滴定法等。多数滴定分析在水溶液中进行，当被测物因在水中的溶解度小或其他原因不能以水为溶剂时，可采用非水溶剂为滴定介质，称为非水滴定法。

二、滴定分析法的分类

1. 根据化学反应类型

根据标准溶液和被测物质间所发生的化学反应类型的不同，滴定分析法一般分为四类：

（1）酸碱滴定法：以质子传递反应为基础的滴定分析法。常用于酸性或碱性物质的测定，以及能与酸、碱直接或间接发生质子传递的物质的测定。

$$H^+ + OH^- = H_2O$$

$$H^+ + A^- = HA$$

（2）络合滴定法：以络合反应为基础的滴定分析法。常用于金属离子的测定，例如用乙二胺四乙酸作为络合滴定剂测定金属离子的反应如下：

$$M^{2+} + Y^{4-} = MY^{2-}$$

式中，M^{2+} 表示二价金属离子；Y^{4-} 表示乙二胺四乙酸的阴离子。

（3）氧化还原滴定法：以氧化还原反应为基础的滴定分析法。可用于对具有氧化还原性的物质及某些不具有氧化还原性的物质进行测定，其中包括高锰酸钾法、重铬酸钾法、碘量法等。反应式为

$$MnO_4^- + 5Fe^{2+} + 8H^+ = Mn^{2+} + 5Fe^{3+} + 4H_2O$$

$$Cr_2O_7^{2-} + 6Fe^{2+} + 14H^+ = 2Cr^{3+} + 6Fe^{3+} + 7H_2O$$

$$I_2 + 2S_2O_3^{2-} = 2I^- + S_4O_6^{2-}$$

（4）沉淀滴定法：以沉淀反应为基础的滴定分析法。目前应用最广泛的是生成难溶银盐的反应，称为银量法，例如

$$Ag^+ + Cl^- = AgCl\downarrow$$

$$Ag^- + SCN^- = AgSCN\downarrow$$

用银量法可测定 Cl^-、Br^-、I^-、SCN^- 和 Ag^+ 等。

滴定分析法常用于测定常量组分，即被测组分的含量在 1% 以上，有时也可用于测定微量的组分。滴定分析法的准确度高，相对误差不大于 0.2%。与重量分析法相比，滴定分析法简便、快速，广泛用于各行业产品的质量控制和科学研究中。

2. 根据滴定方式

在滴定分析法中，常用的滴定方式有四种，即直接滴定法、返滴定法、置换滴定法和间接滴定法，后三种滴定方式的应用大大拓展了滴定分析的应用范围。

（1）直接滴定法：凡是能满足滴定反应条件的反应，都可以直接用标准溶液滴定被测物质溶液，这种滴定方式称为直接滴定法。直接滴定法是滴定反应法中最常用、最基本的滴定方式，例如用 HCl 标准溶液滴定碱性样品溶液、用 $K_2Cr_2O_7$ 标准溶液滴定 Fe^{2+} 等。

（2）返滴定法：当标准溶液与被测物质的反应较慢或者被测物为不溶性固态试样时，这种情况下滴加的标准溶液不能立即反应完成，不能采用直接滴定法测定。此时，可以先在试样中准确地加入定量、过量的某标准溶液，使之与被测物或固体试样反应完全后，再用另一种标准溶液滴定前一标准溶液反应剩余部分，这种滴定方式称为返滴定法或剩余滴定法。

例如，Al^{3+} 与 EDTA 的络合反应速度慢并对某些指示剂有封闭作用，因而不能用直接滴定法测定样品中 Al^{3+} 的含量。采用返滴定法测定 Al^{3+} 时，先在试样溶液中加入定量、过量的 EDTA 标准溶液并适宜加热使反应加速，待反应完成后，再用 Zn^{2+} 标准溶液滴定剩余的 EDTA。加入的 EDTA 标准溶液总的物质的量减去反应剩余的物质的量即为实际与试样中 Al^{3+} 反应的那部分 EDTA 物质的量，进而可以计算试样中 Al 的含量。

有时采用返滴定法是由于某些反应没有合适的指示剂。例如，在酸性溶液中用 $AgNO_3$ 标准溶液滴定 Cl^- 时，没有合适的指示剂，此时，可加入定量、过量的 $AgNO_3$ 标准溶液，使 Cl^- 沉淀完全，再用 NH_4SCN 标准溶液滴定剩余的 Ag^+，以 Fe^{3+} 为指示剂，出现 $Fe(SCN)^{2+}$ 的淡红色即为终点。

（3）置换滴定法：当被测物与标准溶液的反应没有确定的计量关系或伴有副反应时，就不能进行直接滴定。这时可先用适当的试剂与被测物反应，使其定量地置换为另一种能被定

量滴定的物质，通过用标准溶液滴定此新物质测定出被测物的含量，这种滴定方式称为置换滴定法。例如，$Na_2S_2O_3$ 不能直接滴定 $K_2Cr_2O_7$ 及其他强氧化剂，因为在酸性溶液中，强氧化剂将 $S_2O_3^{2-}$ 氧化为 $S_4O_6^{2-}$ 及 SO_4^{2-} 等混合物，它们之间没有确定的计量关系。但是，若在 $K_2Cr_2O_7$ 的酸性溶液中加入过量 KI，$K_2Cr_2O_7$ 与 KI 定量反应置换出 I_2，I_2 与 $Na_2S_2O_3$ 的反应有确定的计量关系，这样就可以用 $Na_2S_2O_3$ 标准溶液滴定 I_2。

（4）间接滴定法：对于不能直接与滴定剂发生反应的物质，可以通过另一种化学反应以滴定法间接进行测定。例如 Ca^{2+} 不具有氧化还原性，不能直接用氧化还原法滴定。但若将 Ca^{2+} 沉淀为 CaC_2O_4，经过滤、洗涤后溶解于硫酸中，再用 $KMnO_4$ 标准溶液滴定酸解释放出的与 Ca^{2+} 定量结合的 $C_2O_4^{2-}$，进而可以测定出 Ca^{2+} 的含量。

3. 根据试样用量

根据试样用量的不同，滴定分析方法的分类见表 3-1。

表 3-1　根据试样用量对滴定分析方法进行分类

方法	试样质量/mg	试剂体积/mL
常量分析	＞100	＞10
半微量分析	10~100	1~10

3.2　滴定分析反应的条件

滴定分析虽然包括各种类型的反应，但不是所有的化学反应都可用于滴定分析。用于滴定分析的化学反应必须具备下列条件：

（1）反应按一定的化学反应式进行，即反应物之间具有确定的计量关系。

例如：被测物 A 与滴定剂 B 按下式反应

$$a\text{A}+b\text{B}=c\text{C}+d\text{D}$$

表示 A 与 B 是按摩尔比 $a:b$ 的关系反应的，这是反应的计量关系，到达化学计量点时

$$n_A:n_B=a:b \text{ 或 } n_A=\frac{a}{b}n_B$$

式中，n_A 是被测物的物质的量；n_B 是滴定剂的物质的量。

（2）反应必须定量地进行完全，通常要求反应完成达到 99.9% 以上。

例如：滴定反应

$$\begin{array}{ccc} \text{A} & + & \text{B} & = & \text{P} \\ \text{（待测物）} & & \text{（滴定剂）} & & \text{（生成物）} \end{array}$$

则

$$\frac{[\text{P}]}{[\text{A}][\text{B}]}=K_t$$

反应的平衡常数 K_t 为滴定常数，用于衡量反应的完成程度。若 99.9% 的反应物转变为生成物，可认为反应定量完成。设上式反应在滴定开始时，$[A]=[B]=c$，$[P]=0$。平衡时，反应达 99.9%，则 $[A]=[B]=0.001[P]$，K_t 为

$$K_t=\frac{[\text{P}]}{[\text{A}][\text{B}]}=\frac{[\text{P}]}{(0.001[\text{P}])^2}=\frac{10^6}{[\text{P}]}$$

此时，$[P] \approx c$，得

$$cK_t = 10^6$$

表示 cK_t 值大于 10^6 时，反应达到 99.9% 以上，能定量地进行完全。

（3）反应速度要快。对于反应速度慢的反应，应采取措施加快反应速度，例如加热、增加反应物的浓度、加入催化剂等。

（4）有简便、准确地确定滴定终点的方法。例如要有合适的指示剂。

3.3 标准溶液和基准物质

在滴定分析中，无论采取何种滴定方式，都离不开标准溶液，最后要根据标准溶液的浓度和消耗的体积来计算被测物的含量。因此，正确地配制标准溶液、准确地标定标准溶液的浓度及对标准溶液进行妥善的保存，对于提高滴定分析结果的准确度十分重要。在滴定分析中，常用基准物质（简称基准物）标定标准溶液。基准物能用于直接配制标准溶液或标定标准溶液的准确浓度。滴定分析中常用的标准溶液和基准物见表 3—2。

表 3—2 常用的标准溶液和基准物

滴定方法	标准溶液	基准物	基准物特点
酸碱滴定	HCl	Na_2CO_3	成本低，易得纯品，易吸湿
		$Na_2B_4O_7 \cdot 10H_2O$	易得纯品，不易吸湿，摩尔质量大，湿度小时会失结晶水
	NaOH	⬡—COOH —COOK	易得纯品，不吸湿，摩尔质量大
		$H_2C_2O_4 \cdot 2H_2O$	成本低，结晶水不稳定
络合滴定	EDTA	金属 Zn 或 ZnO	纯度高，稳定，既可在 pH＝5～6，又可在 pH＝9～10 时应用
氧化还原滴定	$KMnO_4$	$Na_2C_2O_4$	易得纯品，稳定，无显著吸湿
	$K_2Cr_2O_7$	$K_2Cr_2O_7$	易得纯品，稳定，可直接配制标准溶液
	$Na_2S_2O_3$	$K_2Cr_2O_7$	易得纯品，稳定
	I_2	升华 I_2	纯度高，易挥发，水中溶解度很小
		As_2O_3	易得纯品，晶形产品不吸湿，剧毒
	$KBrO_3$	$KBrO_3$	易得纯品，稳定
	$KBrO_3$＋过量 KBr	$KBrO_3$	易得纯品，稳定
沉淀滴定	$AgNO_3$	$AgNO_3$	易得纯品，防止光照及有机化物沾污
		NaCl	易得纯品，易吸湿

一、标准溶液的配制

标准溶液的配制方法有两种：直接法和间接法。

1. 直接法

准确称取一定量的基准物质，用适当溶剂溶解后，定量地转移至容量瓶中，稀释至刻度。根据称取基准物的质量和溶液的体积，计算出标准溶液的准确浓度。例如，称取 4.903 g 基准物质 $K_2Cr_2O_7$，置于烧杯中，用水溶解后定量转移至 1 L 容量瓶中，用水稀释至刻度，即可直接计算得到配制的 $K_2Cr_2O_7$ 标准溶液的浓度为 0.016 67 mol·L^{-1}。

直接法配制标准溶液的优点是方便，配好即可使用。但是，大多标准溶液不能采用直接法配制。能用直接法配制标准溶液的基准物必须符合下列条件：

（1）纯度高。一般要求其纯度在 99.9% 以上，其微量杂质不能影响分析结果的准确度。

（2）物质的实际组成应与化学式符合。若含有结晶水（例如，硼砂 $Na_2B_4O_7 \cdot 10H_2O$），其结晶水的含量也应与化学式严格相符。

（3）性质稳定。例如干燥时不分解，称量时不吸潮，不吸收空气中的 CO_2，不被空气中的氧气氧化等。

（4）具有较大的摩尔质量。因为当物质的量一定时，摩尔质量大的基准物所称取的质量大，可以减小称量误差，有利于提高分析结果的准确度。

2. 间接法（也称标定法）

很多试剂因不满足基准物质的条件而不能用于直接配制标准溶液。例如，NaOH 易吸收空气中的水分和 CO_2；一般市售的 HCl 的含量不准确，且易挥发；$KMnO_4$、$Na_2S_2O_3$ 纯度不高，在空气中不稳定等。这类试剂的标准溶液需采用间接法配制，即先配成近似所需浓度的溶液，再用基准物或另一种标准溶液来确定它的准确浓度，这一过程称为标定（standardization）。例如，欲配制 0.1 mol·L^{-1} HCl 标准溶液，先用浓 HCl 稀释配制成浓度大约是 0.1 mol·L^{-1} 的 HCl 稀溶液，然后称取一定量硼砂基准物（$Na_2B_4O_7 \cdot 10H_2O$）进行标定，或者用已知准确浓度的 NaOH 标准溶液进行标定，这样便可以测得配制的 HCl 标准溶液的准确浓度。

二、标准溶液的标定

标准溶液的标定可采用两种方法，即基准物标定和比较法。

1. 用基准物标定

准确称取一定量的基准物，溶解后用待标定的标准溶液滴定，然后根据基准物和待标定的标准溶液之间物质的量的关系，即可计算出该标准溶液的准确浓度。大多数标准溶液都采用标定法确定其准确浓度。

2. 用已知准确浓度的标准溶液进行标定（比较法）

准确吸取一定量的待标定的溶液，用已知准确浓度的标准溶液滴定；或是准确吸取一定量的标准溶液，用待标定的溶液滴定。根据两种溶液的体积及标准溶液的浓度，即可算出待标定溶液的准确浓度。

用比较法标定时，所用的标准溶液称为二级标准。对于准确度要求高的分析测定，标准溶液多用基准物标定，而不用二级标准。

标定好的标准溶液应妥善保存。溶液保存于瓶中，由于蒸发，在瓶内壁常有水滴凝聚，使溶液浓度发生变化，故在每次使用前，应将溶液摇匀。见光易分解的 $AgNO_3$、$KMnO_4$ 等标准溶液应贮于棕色瓶中并在暗处放置。易吸收空气中 CO_2 并能腐蚀玻璃的强碱溶液，应装

41

在塑料瓶中。标准溶液若需长期使用，必须定期标定。

三、标准溶液浓度表示法

标准溶液浓度的常用表示方法有两种，即物质的量浓度和滴定度。

1. 物质的量浓度

物质的量浓度（简称浓度）是指单位体积溶液所含溶质的物质的量（n）。例如，物质 B 的浓度以符号 c_B 表示，即

$$c_B = \frac{n_B}{V} \tag{3-1}$$

式中，V 为溶液的体积，浓度单位为 $mol \cdot L^{-1}$。

物质的量 n 的单位为摩尔（mol）。摩尔是指一个系统的物质的量，该系统中所包含的基本单元数与 0.012 kg ^{12}C 的原子数目相等。反之，如果系统中物质 B 的基本单元数目与 0.012 kg ^{12}C 的原子数目相同，则物质 B 的物质的量 n_B 就是 1 mol。如果物质 B 的基本单元数目与 0.018 kg ^{12}C 的原子数目相同，物质 B 的物质的量 n_B 就是 1.5 mol。即物质 B 的物质的量 n_B 正比于系统中 B 的基本单位数目 N_B 的量 $n_B \propto N_B$。

物质 B 的物质的量 n_B 与物质 B 的质量 m_B 的关系为

$$n_B = \frac{m_B}{M_B} \tag{3-2}$$

式中，M_B 为物质 B 的摩尔质量。由式（3-2），可以根据溶质的质量计算出溶质的物质的量，进而计算溶液的浓度。

2. 滴定度

滴定度是指每毫升标准溶液相当的被测物的质量，常用 $T_{被测物/滴定剂}$ 表示。例如，用 $K_2Cr_2O_7$ 标准溶液测定试样中 Fe 含量的滴定度可用 $T_{Fe/K_2Cr_2O_7}$ 表示。若 $T_{Fe/K_2Cr_2O_7} = 0.005\ 585\ g \cdot mL^{-1}$，表示 1 mL $K_2Cr_2O_7$ 标准溶液相当于 0.005 585 g 的 Fe。在常规分析中，常使用同一标准溶液测定试样中的某组分。这种情况下，采用滴定度可以简化计算，用滴定度乘以滴定终点消耗的标准溶液的体积即可计算得到被测物的质量。例如，如果滴定中消耗 $K_2Cr_2O_7$ 标准溶液 22.00 mL，则被测溶液中 Fe 的质量为 $m_{Fe} = 0.005\ 585 \times 22.00 = 0.122\ 9(g)$。

3.4 滴定分析结果的计算

一、计算方法

滴定分析的计算方法有换算因数法和等物质的量规则两种方法。

换算因数法的计算依据是：当滴定到达化学计量点时，滴定剂与被测物的物质的量之间关系恰好符合其化学反应所表示的化学计量关系。等物质的量规则法的计算依据是：当滴定到化学计量点时，被测物的物质的量与滴定剂的物质的量相等。两种方法中，换算因数法应用更为广泛，因而本书将采用换算因数法进行滴定分析的计算。为便于读者自学，也简要介绍了等物质的量规则计算方法。

1. 换算因数法

（1）被测物的物质的量 n_A 与滴定剂的物质的量 n_B 之间关系的计算。在直接滴定法中，设被测物 A 与滴定剂 B 之间的反应为

$$aA + bB = cC + dD$$

A 与 B 反应到达化学计量点时，$n_A : n_B = a : b$，则

$$n_A = \frac{a}{b} n_B \qquad n_B = \frac{b}{a} n_A \tag{3—3}$$

在有关的计算式中引入上述换算因数，即两反应物的物质的量之比。

若被测物是溶液，其体积为 V_A，浓度为 c_A，到达化学计量点时用去浓度为 c_B 的滴定剂的体积为 V_B，则

$$c_A V_A = \frac{a}{b} c_B V_B \tag{3—4}$$

上述关系式也可用于有关溶液稀释的计算。溶液经稀释后浓度降低，但所含溶质的物质的量没有变，故

$$c_1 V_1 = c_2 V_2 \tag{3—5}$$

式中，c_1、V_1 及 c_2、V_2 分别为稀释前后溶液的浓度和体积。

若被测物为固态，其质量为 m_A，经溶解后用浓度为 c_B 的滴定剂滴定，到达化学计量点时，用去体积为 V_B，则

$$\frac{m_A}{M_A} = \frac{a}{b} c_B V_B$$

或

$$m_A = \frac{a}{b} c_B V_B M_A \tag{3—6}$$

（2）被测物含量的计算。若称取试样的质量为 m_s，测得被测物 A 的质量为 m_A，则被测物在试样中的含量以质量分数 w_A 表示为（常以百分数表示）

$$w_A = \frac{m_A}{m_s} \times 100\% \tag{3—7}$$

将式（3—6）代入式（3—7）中，得

$$w_A = \frac{\frac{a}{b} c_B V_B M_A}{m_s} \times 100\% \tag{3—8}$$

（3）溶液的滴定度与浓度的换算。若式（3—6）中 V_B 的单位为 L，M_A 的单位为 $g \cdot mol^{-1}$，则 m_A 的单位为 g。而在实际滴定中，滴定剂的体积常以 mL 计量，即当 V_B 的单位为 mL 时，式（3—6）应改写为

$$m_A = \frac{a}{b} c_B V_B M_A \times 10^{-3} \tag{3—9}$$

根据滴定度的定义，可得

$$T_{A/B} = \frac{m_A}{V_B} = \frac{a}{b} c_B M_A \times 10^{-3}$$

或

$$c_B = \frac{b}{a} \times \frac{T_{A/B} \times 10^3}{M_A} \tag{3—10}$$

滴定分析中常用的化学量和有关计算公式分别见表 3—3 和表 3—4。

表3-3　滴定分析中常用化学量

化 学 量	符 号	定 义	单 位
物质的质量	m		g
物质的量	n	$n=m/M$	mol
摩尔质量	M	$M=m/n$	$g \cdot mol^{-1}$
物质的量浓度	c	$c=n/V$	$mol \cdot L^{-1}$
滴定度	T	$T=m/V$	$g \cdot mL^{-1}$

表3-4　滴定分析常用的计算公式

计 算 项 目	换算因数法
溶液测定，溶液稀释	$c_A V_A = \dfrac{a}{b} c_B V_B$
溶液标定	$\dfrac{m_A}{M_A} = \dfrac{a}{b} c_B V_B$
被测物质的质量	$m_A = \dfrac{a}{b} c_B V_B M_A$
被测物质的含量	$w_A = \dfrac{\dfrac{a}{b} c_B V_B M_A}{m_s} \times 100\%$
滴定度与浓度换算	$T_{A/B} = \dfrac{a}{b} c_B M_A \times 10^{-3}$

2. 等物质的量规则

（1）等物质的量规则的含义。等物质的量规则可以表述为在化学反应中消耗的两种反应物的物质的量相等。

在滴定分析中，用标准溶液滴定样品溶液。根据等物质的量规则，当滴定到化学计量点时，被测组分的物质的量等于标准溶液的物质的量，即

$$n_A = n_B$$

或

$$c_A V_A = c_B V_B$$

或

$$\frac{m_A}{M_A} = \frac{a}{b} c_B V_B$$

式中，c_B、V_B分别为标准溶液（滴定剂）的浓度和体积，$c_B V_B = n_B$；c_A、V_A分别为被测组分的浓度和体积，$c_A V_A = n_A$；m_A、M_A分别为被测组分的质量和摩尔质量，$\frac{m_A}{M_A} = n_A$。

（2）基本单元的确定。在应用等物质的量规则进行滴定分析计算时，关键在于如何正确地确定反应物的基本单元。在以化学反应为基础的滴定分析中，可以根据化学反应的类型和反应方程式来确定反应物的基本单元。通常先确定标准溶液物质的基本单元，然后再根据等物质的量规则确定与之反应的其他物质的基本单元。下面分别介绍各类反应中基本单元的确定方法。

① 酸碱反应基本单元的确定。酸碱反应的实质是质子的转移，因此，在酸碱反应中，反应物的基本单元可选择为转移一个质子，或相当于转移一个质子的粒子（分子、离子、原

子……），或这些粒子的特定组合。在 HCl 和 NaOH 参与的反应中，都是转移一个质子，通常 HCl 和 NaOH 都确定为基本单元。例如，在 H_2SO_4 与 NaOH 的反应中

$$H_2SO_4 + 2NaOH = Na_2SO_4 + 2H_2O$$

由于 NaOH 作为基本单元，根据等物质的量规则或转移的质子数，可确定硫酸的基本单元为 $\frac{1}{2}H_2SO_4$。

又如 Na_2CO_3 与 HCl 的反应。当反应式为

$$Na_2CO_3 + HCl = NaCl + NaHCO_3$$

由于 HCl 作为基本单元，所以碳酸钠的基本单元是 Na_2CO_3。而当反应式为

$$Na_2CO_3 + 2HCl = 2NaCl + H_2O$$

则碳酸钠的基本单元为 $\frac{1}{2}Na_2CO_3$。

再如盐酸和硼砂的反应

$$2HCl + Na_2B_4O_7 + 5H_2O = 4H_3BO_3 + 2NaCl$$

反应式中，2HCl 给出两个 H^+，转变成 2NaCl。给出一个 H^+ 的是一个 HCl 分子，故盐酸的基本单元为 HCl 分子。2HCl 给出的两个 H^+ 是硼砂获得的，即一个硼砂分子获得两个 H^+，而得到一个 H^+ 的是 $\frac{1}{2}Na_2B_4O_7$。如果要计算硼的含量，硼的基本单元如何确定？由反应式可知各物质间的相当量关系为

$$HCl \sim \frac{1}{2}Na_2B_4O_7 \sim 2B$$

可见，相当于一个 HCl 分子的硼是两个硼原子，故硼的基本单元为 2B。

②络合反应基本单元的确定。络合滴定法最常用的标准溶液是 EDTA。由于 EDTA 与金属离子 M^{n+} 的络合比均为 1∶1，故基本单元是一个 EDTA 分子或一个金属离子 M^{n+}，或相当于一个 EDTA 分子和一个金属离子的特定组合。

例如，用 EDTA 标准溶液滴定 Fe^{3+} 来测定 FeO 和 Fe_2O_3 的含量时，滴定反应为

$$Fe^{3+} + H_2Y^{2-} = FeY^- + 2H^+$$

式中 EDTA 的基本单元为 H_2Y^{2-}，铁的基本单元为 Fe^{3+}。如果以 FeO 和 Fe_2O_3 表示，则基本单元分别为 FeO 和 $\frac{1}{2}Fe_2O_3$。因为

$$H_2Y^{2-} \sim Fe^{3+} \sim FeO \sim \frac{1}{2}Fe_2O_3$$

③氧化还原反应基本单元的确定。氧化还原反应的特征是发生电子转移，因此，在氧化还原反应中，反应物的基本单元可选择为转移一个电子，或相当于转移一个电子的粒子（分子、离子、原子……），或这些粒子的特定组合。

下面以一些典型的氧化还原滴定反应为例，说明氧化还原反应基本单元的确定。

Ⅰ. 高锰酸钾滴定 Fe^{2+} 的反应，其反应式为

$$MnO_4^- + 5Fe^{2+} + 8H^+ = Mn^{2+} + 5Fe^{3+} + 4H_2O$$

反应中获得一个电子的是 $\frac{1}{5}KMnO_4$，故高锰酸钾的基本单元为 $\frac{1}{5}KMnO_4$；给出一个电子的是一个 Fe^{2+}，故铁的基本单元为 Fe。

Ⅱ．$Na_2S_2O_3$ 滴定 I_2 的反应，其反应式为

$$I_2 + 2S_2O_3^{2-} = 2I^- + S_4O_6^{2-}$$

反应中获得一个电子的是 $\frac{1}{2}I_2$，而失去一个电子的是 $S_2O_3^{2-}$，故它们的基本单元分别为 $\frac{1}{2}I_2$ 和 $Na_2S_2O_3$。

Ⅲ．用重铬酸钾法测定铁矿中铁的含量，其滴定反应为

$$Cr_2O_7^{2-} + 6Fe^{2+} + 14H^+ = 2Cr^{3+} + 6Fe^{3+} + 7H_2O$$

这个反应由下面两个半反应组成

$$Cr_2O_7^{2-} + 14H^+ + 6e^- \rightleftharpoons 2Cr^{3+} + 7H_2O$$
$$Fe^{3+} + e^- \rightleftharpoons Fe^{2+}$$

从上述反应可知，$Cr_2O_7^{2-}$ 获得 6 个电子，被还原为 Cr^{3+}；Fe^{2+} 给出 1 个电子，被氧化为 Fe^{3+}。因此，$K_2Cr_2O_7$ 的基本单元为 $\frac{1}{6}K_2Cr_2O_7$，Fe^{2+} 的基本单元为 Fe^{2+}。

Ⅳ．用碘量法测定 $CuSO_4$ 时，先使 Cu^{2+} 与过量的 KI 反应，再用 $Na_2S_2O_3$ 标准溶液滴定所生成的 I_2，其反应式如下

$$2Cu^{2+} + 4I^- = 2CuI\downarrow + I_2$$
$$I_2 + 2S_2O_3^{2-} = 2I^- + S_4O_6^{2-}$$

在这里

$$Cu^{2+} + I^- + e^- = CuI\downarrow$$
$$2S_2O_3^{2-} - 2e^- = S_4O_6^{2-}$$

故 $CuSO_4$ 的基本单元为 $CuSO_4$，$Na_2S_2O_3$ 的基本单元为 $Na_2S_2O_3$。

Ⅴ．用 $Na_2C_2O_4$ 作基准物标定 $KMnO_4$ 溶液时，其滴定反应为

$$2MnO_4^- + 5C_2O_4^{2-} + 16H^+ = 2Mn^{2+} + 10CO_2\uparrow + 8H_2O$$

其半反应为

$$MnO_4^- + 8H^+ + 5e^- = Mn^{2+} + 4H_2O$$
$$C_2O_4^{2-} - 2e^- = 2CO_2$$

故 $KMnO_4$ 的基本单元为 $\frac{1}{5}KMnO_4$，$Na_2C_2O_4$ 的基本单元为 $\frac{1}{2}Na_2C_2O_4$。

必须指出，同一物质在不同的反应中可能具有不同的基本单元。例如 $KMnO_4$ 在不同条件下反应，其基本单元各不相同。

Ⅵ．苯酚含量的测定，先将苯酚与定量过量的 Br_2 发生溴代反应

过量的 Br_2 再氧化 KI，生成的 I_2 用 $Na_2S_2O_3$ 标准溶液滴定

$$Br_2 + 2I^- = 2Br^- + I_2$$
$$I_2 + 2S_2O_3^{2-} = 2I^- + S_4O_6^{2-}$$

由上述反应可知，1 个分子的苯酚相当于 3 个分子 Br_2、相当于 3 个分子的 I_2，3 分子的 I_2 得 6 个电子而被还原为 6 个 I^-。所以 1 分子的苯酚就相当于转移 6 个电子，故苯酚的基本单元为 $\frac{1}{6}C_6H_5OH$。

如果用间接法测定一些没有氧化还原性质的物质，由于被测物没有直接参与氧化还原反应，无法写出它们的半反应式，它们的基本单元就应根据一系列反应式中，被测物与标准溶液间的相当的物质的量的关系来确定。

④沉淀反应基本单元的确定。沉淀滴定法常采用以 $AgNO_3$ 为标准溶液测定卤素化合物的银量法。因此，反应物的基本单元应选择为结合或转移一个 Ag^+，或相当于一个 Ag^+ 的粒子（分子、离子、原子……），或这些粒子的特定组合。

例如 $$Ag^+ + Cl^- = AgCl\downarrow$$
则反应物的基本单元为 Ag^+ 及 Cl^-。

上述滴定分析常用反应类型的基本单元参见表 3-5。

表 3-5　滴定分析常用反应类型的基本单元

滴定类型		常用标准物质	滴定反应举例	反应最小粒子	基本单元
酸碱滴定		HCl	$H^+ + OH^- = H_2O$	H^+	HCl
		NaOH	$OH^- + H^+ = H_2O$	OH^-	NaOH
		Na_2CO_3	$CO_3^{2-} + H^+ = HCO_3^-$	CO_3^{2-}	Na_2CO_3
			$CO_3^{2-} + 2H^+ = CO_2\uparrow + H_2O$	$\frac{1}{2}CO_3^{2-}$	$\frac{1}{2}Na_2CO_3$
氧化还原滴定	高锰酸钾法	$KMnO_4$	$MnO_4^- + 5e^- + 8H^+ = Mn^{2+} + 4H_2O$	$\frac{1}{5}MnO_4^-$	$\frac{1}{5}KMnO_4$
	重铬酸钾法	$K_2Cr_2O_7$	$Cr_2O_7^{2-} + 6e^- + 14H^+ = 2Cr^{3+} + 7H_2O$	$\frac{1}{6}Cr_2O_7^{2-}$	$\frac{1}{6}K_2Cr_2O_7$
	碘量法	$Na_2S_2O_3$	$2S_2O_3^{2-} - 2e^- = S_4O_6^{2-}$	$S_2O_3^{2-}$	$Na_2S_2O_3$
		I_2	$I_2 + 2e^- = 2I^-$	$\frac{1}{2}I_2$	$\frac{1}{2}I_2$
	硫酸铈法	$Ce(SO_4)_2$	$Ce^{4+} + e^- = Ce^{3+}$	Ce^{4+}	$Ce(SO_4)_2$
	溴酸钾法	$KBrO_3$	$BrO_3^- + 6e^- + 6H^+ = Br^- + 3H_2O$	$\frac{1}{6}BrO_3^-$	$\frac{1}{6}KBrO_3$
	硫酸亚铁法	$FeSO_4$	$Fe^{2+} - e^- = Fe^{3+}$	Fe^{2+}	$FeSO_4$
络合滴定		Na_2H_2Y（EDTA）	$Me^{n+} + H_2Y^{2-} = MeY^{-(4-n)} + 2H^+$	H_2Y^{2-}	Na_2H_2Y（EDTA）
沉淀滴定		$AgNO_3$	$Ag^+ + X^- = AgX\downarrow$	Ag^+	$AgNO_3$

需要指出的是，尽管国际单位制（SI）规定基本单元可以是粒子或这些粒子的各种组合。但在滴定分析计算中，当已经确定了一种物质的基本单元以后，与之反应的另一种物质的基本单元必须根据等物质的量规则来确定，以使它们的物质的量相等。

二、滴定分析计算实例

1. 换算因素法

例 3-1　欲配制 0.020 00 mol·L^{-1} $K_2Cr_2O_7$ 标准溶液 250.0 mL，计算应称取基准物质

$K_2Cr_2O_7$ 的质量。

解：
$$m_{K_2Cr_2O_7}=c_{K_2Cr_2O_7}V_{K_2Cr_2O_7}M_{K_2Cr_2O_7}\times10^{-3}$$
$$=0.020\,00\times250.0\times294.2\times10^{-3}$$
$$=1.471\ (g)$$

例 3—2 要求在滴定时消耗 $0.2\ mol\cdot L^{-1}$ NaOH 标准溶液 $20\sim30\ mL$，问应称取基准物邻苯二甲酸氢钾(KHP)多少克？如果改用草酸（$H_2C_2O_4\cdot2H_2O$）作基准物，应称取多少克？

解： 以 KHP 作基准物质，标定反应为

反应物的计量关系为 $\qquad n_{KHP}=n_{NaOH}$

当消耗 NaOH 溶液体积为 20 mL 时，需称取 KHP 的质量为
$$m_1=c_{NaOH}V_{NaOH}M_{KHP}=0.2\times20\times10^{-3}\times204.2=0.82\ (g)$$

当消耗 NaOH 溶液体积为 30 mL 时，需称取 KHP 的质量为
$$m_2=0.2\times30\times10^{-3}\times204.2=1.2\ (g)$$

以草酸作基准物质时，标定反应为
$$H_2C_2O_4+2NaOH=Na_2C_2O_4+2H_2O$$

反应物的计量关系为
$$n_{H_2C_2O_4}=\frac{1}{2}n_{NaOH}$$

同上，当消耗 NaOH 溶液体积分别为 20 mL、30 mL 时，需称取草酸的质量分别为
$$m_1=\frac{1}{2}c_{NaOH}V_{NaOH}M_{H_2C_2O_4\cdot2H_2O}=\frac{1}{2}\times0.2\times20\times10^{-3}\times126.07=0.25\ (g)$$

$$m_2=\frac{1}{2}\times0.2\times30\times10^{-3}\times126.07=0.38\ (g)$$

由于邻苯二甲酸氢钾的摩尔质量大于草酸的摩尔质量，与相同物质的量的 NaOH 作用时，前者应称取 1 g 左右，而后者只称取 0.3 g 左右。因而，当有多种基准物可供选择时，一般选取摩尔质量大的基准物质，可以减小称量误差。

例 3—3 用 $KMnO_4$ 标准溶液测定试样中铁的质量分数。已知 $KMnO_4$ 溶液的浓度为 $0.021\,20\ mol\cdot L^{-1}$，计算分别以 $T_{Fe/KMnO_4}$ 和 $T_{Fe_2O_3/KMnO_4}$ 表示的滴定度。

解： 滴定反应 $5Fe^{2+}+MnO_4^-+8H^+=5Fe^{3+}+Mn^{2+}+4H_2O$

反应物的计量关系为
$$n_{Fe}=5n_{KMnO_4},\ n_{Fe_2O_3}=\frac{5}{2}n_{KMnO_4}$$

$$T_{Fe/KMnO_4}=5c_{KMnO_4}M_{Fe}\times10^{-3}$$
$$=5\times0.021\,20\times55.85\times10^{-3}$$
$$=0.005\,920\ (g\cdot mL^{-1})$$

$$T_{Fe_2O_3/KMnO_4}=\frac{5}{2}c_{KMnO_4}M_{Fe_2O_3}\times10^{-3}$$
$$=\frac{5}{2}\times0.021\,20\times159.7\times10^{-3}$$
$$=0.008\,464\ (g\cdot mL^{-1})$$

48

例 3—4　现有 $0.110\,8\ mol \cdot L^{-1}$ HCl 溶液 $980.0\ mL$，若使其浓度稀释为 $0.100\,0\ mol \cdot L^{-1}$，应加水多少毫升？

解：设应加入 V mL 水。根据溶液稀释前后物质的量相等的原理，则

$$0.110\,8 \times 980.0 = (980.0 + V) \times 0.100\,0$$

$$V = \frac{(0.110\,8 - 0.100\,0) \times 980.0}{0.100\,0} = 105.8\ (mL)$$

例 3—5　以甲基橙作指示剂，用基准物碳酸钠标定浓度约为 $0.1\ mol \cdot L^{-1}$ 的 HCl 标准溶液，若需消耗 HCl 标准溶液 $20 \sim 30\ mL$，计算称取基准物 Na_2CO_3 的质量范围。

解：反应式为　　　　$Na_2CO_3 + 2HCl = 2NaCl + H_2O + CO_2$

反应物的计量关系为

$$n_{Na_2CO_3} = \frac{1}{2} n_{HCl}$$

$$\frac{m_{Na_2CO_3}}{M_{Na_2CO_3}} = \frac{1}{2} c_{HCl} V_{HCl}$$

根据消耗的体积范围，可以计算出称取基准物的质量范围为

$$m_{Na_2CO_3} = \frac{1}{2} c_{HCl} V_{HCl} M_{Na_2CO_3}$$

$$= \frac{1}{2} \times 0.1 \times (20 \sim 30) \times 10^{-3} \times 106.0$$

$$= 0.11 \sim 0.16\ (g)$$

例 3—6　用基准物碳酸钠标定 HCl 标准溶液的浓度。称取碳酸钠 $0.153\,5\ g$，溶于 $25\ mL$ 蒸馏水中，以甲基橙作指示剂，用 HCl 标准溶液滴定，终点用去 $28.64\ mL$。计算 HCl 标准溶液的浓度。

解：反应式为　　　　$Na_2CO_3 + 2HCl = 2NaCl + H_2O + CO_2$

反应物的计量关系为

$$n_{HCl} = 2n_{Na_2CO_3}$$

$$c_{HCl} V_{HCl} = \frac{2m_{Na_2CO_3}}{M_{Na_2CO_3}}$$

则

$$c_{HCl} = \frac{2m_{Na_2CO_3}}{V_{HCl} M_{Na_2CO_3}} = \frac{2 \times 0.153\,5}{28.64 \times 106.0 \times 10^{-3}} = 0.101\,1\ (mol \cdot L^{-1})$$

例 3—7　采用氧化还原滴定法测定铁矿石中铁的质量分数（%）。称取试样 $0.316\,2\ g$，溶于 HCl 溶液，用 $SnCl_2$ 将试液中的 Fe^{3+} 完全还原成 Fe^{2+}。再用 $0.020\,28\ mol \cdot L^{-1}$ $K_2Cr_2O_7$ 标准溶液滴定被测溶液，终点用去 $K_2Cr_2O_7$ 溶液 $21.46\ mL$。计算试样中 Fe 和 Fe_2O_3 的质量分数（%）。

解：测定过程有关的反应为

溶解　$Fe_2O_3 + 6H^+ = 2Fe^{3+} + 3H_2O$

还原　$2Fe^{3+} + Sn^{2+} = 2Fe^{2+} + Sn^{4+}$

滴定　$6Fe^{2+} + Cr_2O_7^{2-} + 14H^+ = 6Fe^{3+} + 2Cr^{3+} + 7H_2O$

反应物的计量关系为

$$n_{Fe} = 6n_{Cr_2O_7^{2-}} \qquad n_{Fe_2O_3} = 3n_{Cr_2O_7^{2-}}$$

计算式

$$w_{Fe} = \frac{6c_{Cr_2O_7^{2-}} V_{Cr_2O_7^{2-}} M_{Fe} \times 10^{-3}}{m_s} \times 100\%$$

$$= \frac{6 \times 0.020\,28 \times 21.46 \times 55.85 \times 10^{-3}}{0.316\,2} \times 100\%$$

$$= 46.12\%$$

$$w_{Fe_2O_3} = \frac{3c_{Cr_2O_7^{2-}} V_{Cr_2O_7^{2-}} M_{Fe_2O_3} \times 10^{-3}}{m_s} \times 100\%$$

$$= \frac{3 \times 0.020\,28 \times 21.46 \times 159.7 \times 10^{-3}}{0.316\,2} \times 100\%$$

$$= 65.94\%$$

例 3—8 称取石灰石试样 0.500 0 g，加入 50.00 mL 0.208 4 mol·L^{-1} 的 HCl 溶液，缓慢加热使 CaCO$_3$ 与 HCl 作用完全后，再以 0.210 8 mol·L^{-1} NaOH 标准溶液滴定剩余的 HCl 溶液，终点用去 NaOH 溶液 8.52 mL。计算试样中 CaCO$_3$ 的质量分数（%）。

解： 有关的反应式为

$$CaCO_3 + 2H^+ = Ca^{2+} + H_2O + CO_2 \uparrow$$

$$HCl + NaOH = NaCl + H_2O$$

反应物的计量关系为

$$n_{CaCO_3} = \frac{1}{2} n_{HCl}$$

$$\frac{m_{CaCO_3}}{M_{CaCO_3}} = \frac{1}{2} c_{HCl} V_{HCl}$$

计算式为

$$w_{CaCO_3} = \frac{\frac{1}{2}(c_{HCl} V_{HCl} - c_{NaOH} V_{NaOH}) M_{CaCO_3} \times 10^{-3}}{m_s} \times 100\%$$

$$= \frac{\frac{1}{2} \times (0.208\,4 \times 50.00 - 0.210\,8 \times 8.52) \times 100.09 \times 10^{-3}}{0.500\,0} \times 100\%$$

$$= 86.32\%$$

例 3—9 称取石灰石试样 0.180 2 g，溶于 HCl 溶液，将 Ca^{2+} 沉淀为 CaC$_2$O$_4$。将沉淀过滤、洗涤后，溶于稀 H$_2$SO$_4$ 溶液中，用 0.020 16 mol·L^{-1} KMnO$_4$ 标准溶液滴定至终点，用去 28.80 mL。计算试样中钙的质量分数（%）。

解： 有关的反应式

沉淀 $\qquad\qquad Ca^{2+} + C_2O_4^{2-} = CaC_2O_4 \downarrow$

溶解 $\qquad\qquad CaC_2O_4 + 2H^+ = Ca^{2+} + H_2C_2O_4$

滴定 $\qquad 5H_2C_2O_4 + 2MnO_4^- + 6H^+ = 2Mn^{2+} + 10CO_2 + 8H_2O$

反应物的计量关系为

$$n_{Ca^{2+}}=n_{C_2O_4^{2-}}=\frac{5}{2}n_{MnO_4^{-}}$$

计算式为

$$w_{Ca}=\frac{\frac{5}{2}c_{MnO_4^{-}}V_{MnO_4^{-}}M_{Ca}\times10^{-3}}{m_s}\times100\%$$

$$=\frac{\frac{5}{2}\times0.020\ 16\times28.80\times40.08\times10^{-3}}{0.180\ 2}\times100\%$$

$$=32.28\%$$

2. 等物质的量规则法

例 3—10　称取 $K_2Cr_2O_7$ 基准试剂 2.453 0 g，溶解后定量转移至 500 mL 容量瓶中，用水稀释至标线并摇匀。计算 $c_{(\frac{1}{6}K_2Cr_2O_7)}$。

解：

$$c_{(\frac{1}{6}K_2Cr_2O_7)}=\frac{m_{K_2Cr_2O_7}}{M_{(\frac{1}{6}K_2Cr_2O_7)}V_{K_2Cr_2O_7}}=\frac{2.453\ 0\times6\times1\ 000}{294.19\times500}=0.100\ 6\ (mol\cdot L^{-1})$$

例 3—11　用基准物邻苯二甲酸氢钾（KHP）标定 0.2 mol·L⁻¹ NaOH 溶液。若要求滴定时消耗 NaOH 标准溶液的体积在 20～30 mL 范围内。问应称取基准物 KHP 多少克？若改用草酸为基准物，应称取草酸多少克？

解：滴定反应为

根据反应式可以确定反应物的基本单元为 NaOH 和 KHP。

由 $n_{KHP}=n_{NaOH}$ 可列出计算式并计算基准物 KHP 的称取量 m_{KHP}：

$$m_{KHP1}=c_{NaOH}V_{NaOH}M_{KHP}=0.2\times20\times204.2\times10^{-3}=0.82\ (g)$$

$$m_{KHP2}=c_{NaOH}V_{NaOH}M_{KHP}=0.2\times30\times204.2\times10^{-3}=1.2\ (g)$$

故基准物 KHP 的称量范围为 0.82～1.2 g。

若用草酸为基准物，草酸与 NaOH 的反应为

$$H_2C_2O_4+2NaOH=Na_2C_2O_4+2H_2O$$

反应物的基本单元为 NaOH 和 $\frac{1}{2}H_2C_2O_4$，则

$$m_1=c_{NaOH}V_{NaOH}M_{(\frac{1}{2}H_2C_2O_4\cdot2H_2O)}=0.2\times20\times10^{-3}\times\frac{126.07}{2}=0.25\ (g)$$

$$m_2=c_{NaOH}V_{NaOH}M_{(\frac{1}{2}H_2C_2O_4\cdot2H_2O)}=0.2\times30\times10^{-3}\times\frac{126.07}{2}=0.38\ (g)$$

由于 KHP 的摩尔质量大于草酸的摩尔质量，所以与相同物质的量的 NaOH 作用时，KHP 的质量大于 $H_2C_2O_4\cdot2H_2O$ 的质量。分析天平称量误差一定，为 ±0.000 1 g。若用减量法称取试样，称量的绝对误差最大可能是 ±0.000 2 g。那么称取 KHP 的相对误差为 $\frac{\pm0.000\ 2}{0.82}\times100\%=\pm0.024\%$；称取草酸的相对误差为 $\frac{\pm0.000\ 2}{0.25}\times100\%=\pm0.08\%$。由此可见，在相同摩尔数下，采用摩尔质量大的基准物，可以减小称量误差，有利于提高分析结果的准确度。

例 3—12 称取含 Na_2CO_3 试样 0.490 9 g，溶于水后，用 0.505 0 $mol \cdot L^{-1}$ HCl 标准溶液滴定，终点消耗 HCl 溶液 18.32 mL。计算试样中 Na_2CO_3 的质量。

解：反应物的基本单元为 HCl、$\frac{1}{2}Na_2CO_3$。

终点时反应物间的关系式

$$n_{HCl} = n_{\left(\frac{1}{2}Na_2CO_3\right)}$$

$$c_{HCl}V_{HCl} = \frac{m_{Na_2CO_3}}{M_{\left(\frac{1}{2}Na_2CO_3\right)}}$$

故　　　$m_{Na_2CO_3} = c_{HCl}V_{HCl}M_{\left(\frac{1}{2}Na_2CO_3\right)} = 0.505\ 0 \times 18.32 \times 10^{-3} \times \frac{105.99}{2} = 0.490\ 3$（g）

例 3—13 已知 $T_{NaOH/HCl} = 0.004\ 000\ g \cdot mL^{-1}$，计算 c_{HCl}。

解：根据滴定度定义，$T_{NaOH/HCl} = 0.004\ 000\ g \cdot mL^{-1}$ 表示 1 mL HCl 相当于 0.004 000 g 的 NaOH，即 1 mL HCl 的物质的量等于 0.004 000 g NaOH 的物质的量。

$$c_{HCl} \times 1.00 \times 10^{-3} = \frac{0.004\ 000}{40.00}$$

故　　　$$c_{HCl} = \frac{0.004\ 000}{40.00 \times 10^{-3}} = 0.100\ 0\ (mol \cdot L^{-1})$$

例 3—14 计算 $c_{\left(\frac{1}{6}K_2C_2O_7\right)} = 0.100\ 0\ mol \cdot L^{-1}$ 的重铬酸钾标准溶液对 Fe 和 Fe_2O_3 的滴定度。

解：$Cr_2O_7^{2-}$ 与 Fe^{2+} 的反应式为

$$Cr_2O_7^{2-} + 6Fe^{2+} + 14H^+ = 2Cr^{2+} + 6Fe^{3+} + 7H_2O$$

反应物的基本单元为 $\frac{1}{6}K_2Cr_2O_7$ 和 Fe

反应物间的关系式

$$n_{\left(\frac{1}{6}K_2C_2O_7\right)} = n_{Fe}$$

(1) $T_{Fe/K_2Cr_2O_7}$

$$c_{\left(\frac{1}{6}K_2C_2O_7\right)}V_{K_2Cr_2O_7} = \frac{m_{Fe}}{M_{Fe}}$$

$$0.100\ 0 \times 1.00 \times 10^{-3} = \frac{T_{Fe/K_2Cr_2O_7}}{55.85}$$

故

$$T_{Fe/K_2Cr_2O_7} = 0.100\ 00 \times 10^{-3} \times 55.85 = 0.005\ 585\ (g \cdot mL^{-1})$$

(2) $T_{Fe_2O_3/K_2Cr_2O_7}$

$$c_{\left(\frac{1}{6}K_2C_2O_7\right)}V_{K_2Cr_2O_7} = \frac{m_{Fe_2O_3}}{M_{\left(\frac{1}{2}Fe_2O_3\right)}}$$

$$0.100\ 0 \times 1.00 \times 10^{-3} = \frac{T_{Fe_2O_3/K_2Cr_2O_7}}{\frac{159.7}{2}}$$

故

$$T_{Fe_2O_3/K_2Cr_2O_7} = 0.100\ 0 \times 10^{-3} \times \frac{159.7}{2} = 0.007\ 985\ (g \cdot mL^{-1})$$

思　考　题

1. 解释下列滴定分析中常用术语：

滴定分析法、滴定、标准溶液、标定、化学计量点、滴定终点、滴定误差、指示剂、滴定度、基准物质。

2. 滴定分析主要方法有哪些？

3. 能用于滴定分析的化学反应必须符合哪些条件？

4. 滴定方式有几种？各在什么情况下应用？

5. 基准物应具备什么条件？它有什么用途？

6. 基准物条件之一是要具有较大的摩尔质量，为什么？

7. 配制标准溶液的方法有几种？各在什么条件下应用？

8. 确定标准溶液浓度的方法有几种？各有何优缺点？

9. 如何确定被测组分的基本单元？

10. 等物质的量规则的含义是什么？

11. 物质的量的法定单位是什么？物质的量浓度的单位又是什么？

12. 写出换算因数法中反应物的计量关系式并说明如何应用。

13. 用基准物 Na_2CO_3 标定 HCl 标准溶液时，下列情况会对 HCl 溶液的浓度产生何种影响（偏高、偏低、无影响）？

(1) 滴定速度太快，附在滴定管壁上的 HCl 来不及流下来就读取滴定体积。

(2) 称取 Na_2CO_3 时，实际质量为 0.123 8 g，记录时误记为 0.124 8 g。

(3) 在将 HCl 标准溶液倒入滴定管之前，没有用 HCl 溶液淋洗滴定管。

(4) 使用的 Na_2CO_3 中含有少量的 $NaHCO_3$。

14. 下列物质中哪些可以用于直接法配制标准溶液？哪些只能用间接法配制？为什么？

H_2SO_4，HCl，NaOH，$KMnO_4$，$K_2Cr_2O_7$，$Na_2S_2O_3 \cdot 5H_2O$

习　题

1. 已知浓盐酸的相对密度为 1.19 g·mL^{-1}，含 HCl 约 37%（g·g^{-1}）。计算浓盐酸的浓度。若配制 0.15 mol·L^{-1} 的 HCl 溶液 1 L，应量取浓盐酸多少毫升？

（12 mol·L^{-1}；12.5 mL）

2. 现有 0.545 0 mol·L^{-1} NaOH 标准溶液 100.0 mL，需要稀释成 0.500 0 mol·L^{-1} 的溶液。问需加水多少毫升？

（9.0 mL）

3. 计算 0.020 00 mol·L^{-1} $K_2Cr_2O_7$ 标准溶液分别对 Fe、FeO、Fe_2O_3 和 Fe_3O_4 的滴定度。

（0.006 702 g·mL^{-1}；0.008 622 g·mL^{-1}；0.009 581 g·mL^{-1}；0.926 2 g·mL^{-1}）

4. 配制浓度约为 0.05 mol·L^{-1} 的 EDTA-2Na 标准溶液 500 mL。应称取 EDTA-2Na·$2H_2O$ 试剂多少克？

（9.3 g）

5. 用邻苯二甲酸氢钾作基准物标定 NaOH 标准溶液。称取基准物 KHP 0.591 6 g，用水溶解后，用 NaOH 溶液滴定，终点用去 26.74 mL。计算 NaOH 标准溶液的浓度。

$(0.108\ 3\ \text{mol} \cdot \text{L}^{-1})$

6. 用基准物碳酸钠标定 HCl 标准溶液。称取基准物碳酸钠 0.281 6 g，溶于 25 mL 水中，以甲基橙作指示剂，用 HCl 标准溶液滴定，终点用去 26.42 mL。计算 HCl 标准溶液的浓度。

$(0.201\ 1\ \text{mol} \cdot \text{L}^{-1})$

7. 称取 $CaCO_3$ 试样 0.250 0 g，加入 25.00 mL 0.260 0 mol·L^{-1} HCl 标准溶液使试样溶解，煮沸除去 CO_2，用 0.245 0 mol·L^{-1} NaOH 标准溶液返滴定过量的盐酸，终点用去 6.50 mL。计算试样中 $CaCO_3$ 的质量分数（%）。

(98.2%)

8. 测定药用碳酸钠的含量。称取试样 0.123 0 g，溶解后，以甲基橙为指示剂，用 0.100 6 mol·L^{-1} 盐酸标准溶液滴定，终点用去 23.00 mL。计算试样中碳酸钠的质量分数（%）。

(99.7%)

9. 在酸性条件下，用基准物草酸钠标定高锰酸钾标准溶液。已知称取的草酸钠质量为 0.221 0 g，终点用去高锰酸钾标准溶液 26.05 mL。计算高锰酸钾标准溶液的浓度。

$(0.025\ 32\ \text{mol} \cdot \text{L}^{-1})$

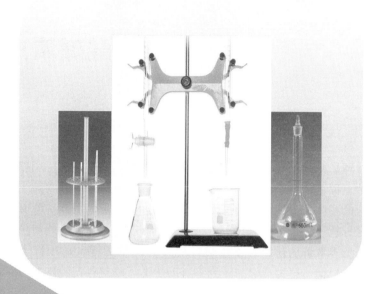

第4章 酸碱滴定法

第 4 章　酸碱滴定法

酸碱滴定法（acid-base titration）是以酸碱反应，也就是以质子传递反应为基础的滴定分析法。酸碱反应的特点是反应速度快；反应过程简单、副反应少；反应进行的程度可以从酸碱平衡关系给予估计；有多种酸碱指示剂可供选择，用以指示滴定终点。酸碱反应的这些特点都符合滴定分析对化学反应的要求。一般的酸碱及能与酸碱直接或间接发生质子传递反应的物质几乎都可以采用酸碱滴定法进行测定。因此，酸碱滴定法是应用最为广泛的一种滴定分析法。

本章将从讨论溶液 H^+ 浓度的计算方法入手，从理论上揭示酸碱滴定过程中 H^+ 浓度的变化规律。这种规律的讨论将有助于学习其他各类滴定分析。从这一角度来讲，酸碱滴定法是滴定分析的重要方法。

4.1　酸碱质子理论

最早的酸碱理论是电离理论。酸碱电离理论认为：电解质解离时，所生成的阳离子全部是 H^+ 的是酸；解离时所生成的阴离子全部是 OH^- 的是碱。

例如

$$酸 \qquad HAc \rightleftharpoons H^+ + Ac^-$$

$$碱 \qquad NaOH \rightleftharpoons Na^+ + OH^-$$

酸碱发生中和反应生成盐和水，即

$$NaOH + HAc = NaAc + H_2O$$

酸碱的电离理论首次赋予了酸碱的科学定义，是人们对酸碱的认识从现象到本质的一次飞跃。但电离理论有一定局限性，它只适用于水溶液，不适用于非水溶液，并且也不能解释有的物质（例如 NH_3 等）不含有 OH^-，但却具有碱性的事实。为了进一步认识酸碱反应的本质和便于对水溶液和非水溶液中的酸碱平衡问题统一加以考虑，需引入酸碱的质子理论。

一、质子理论的酸碱定义和共轭酸碱对

酸碱的质子理论是布朗斯台德在 1923 年提出的。质子理论认为：凡是能给出质子的物质是酸，凡是能接受质子的物质是碱。在水溶液中，OH^- 能接受质子，反应后生成 H_2O，所以 OH^- 是一种碱。但在质子理论中 OH^- 已经不是碱的唯一标志了，当一种酸（HA）给出质子后，其酸根（A^-）自然对质子具有一定亲和力，因而也是一种碱，这样就组成了如下的酸碱体系：

$$HA \quad \rightleftharpoons \quad H^+ + \quad A^-$$
$$\text{酸} \qquad\quad \text{质子} \qquad \text{碱}$$

酸 HB 失去质子后转化为碱 A^-，碱 A^- 得到质子后转化为酸 HA。上面表示的反应称为酸碱半反应。这种因一个质子得失而互相转变的一对酸碱称为共轭酸碱对。因此，共轭酸碱对也可以认为是同一种物质在质子得失过程中的不同状态。

关于共轭酸碱对，还可再举数例如下

$$HSO_4^- \rightleftharpoons H^+ + SO_4^{2-}$$
$$NH_4^+ \rightleftharpoons H^+ + NH_3$$
$$H_2PO_4^- \rightleftharpoons H^+ + HPO_4^{2-}$$
$$HPO_4^{2-} \rightleftharpoons H^+ + PO_4^{3-}$$
$${}^+H_3N-R-NH_3^+ \rightleftharpoons H^+ + {}^+H_3N-R-NH_2$$
$$HClO_4 \rightleftharpoons H^+ + ClO_4^-$$

由上可见，酸碱可以是阳离子、阴离子，也可以是中性分子。另外，从上述的酸碱半反应中还可以知道：① 质子理论的酸碱概念较电离理论的酸碱概念具有更为广泛的含义；② 质子理论的酸碱概念具有相对性。例如，HCO_3^- 在 $H_2CO_3 - HCO_3^-$ 共轭酸碱体系中为碱，而在 $HCO_3^- - CO_3^{2-}$ 体系中则为酸。因此，同一物质在不同的环境中呈现不同的酸性或碱性。另外，溶剂对物质的酸碱性也有影响。例如 HNO_3 在水溶液中为强酸，在冰醋酸中其酸性大为减弱，而在浓硫酸中则呈碱性。与电离理论相比，质子理论中没有盐的概念。

二、酸碱反应

质子理论认为：酸碱反应的实质是质子的转移（得失）。质子半径很小，电荷密度高，游离质子在水中很难单独存在，或者说只能瞬间出现。因此，共轭酸碱对的半反应实际上不能在溶液中单独存在。也就是说，一个酸碱半反应的发生必须同时伴随着另一个酸碱半反应，即酸碱反应是两个酸碱半反应结合而成的，是两个共轭酸碱对共同作用的结果。

下面是一些常见酸碱反应的例子。

（1）
$$HAc \rightleftharpoons H^+ + Ac^-$$
$$H^+ + H_2O \rightleftharpoons H_3O^+$$
_____
$$HAc + H_2O \rightleftharpoons H_3O^+ + Ac^-$$
$$\underset{酸_1}{} \quad \underset{碱_2}{} \quad \underset{酸_2}{} \quad \underset{碱_1}{}$$

在反应（1）中，溶剂水起到了碱的作用。通过酸碱反应，酸（HAc）转化为它的共轭碱（Ac^-），碱（H_2O）转化为它的共轭酸（H_3O^+）。

为简便起见，通常将水合质子 H_3O^+ 简写为 H^+。在酸碱反应式中常用该简写形式，不需写出其与溶剂的作用过程。反应（1）中的反应式一般简化为

$$HAc \rightleftharpoons H^+ + Ac^-$$

虽为简化式，但代表的是一个完整的酸碱反应。

（2）

$$NH_3 + H^+ \rightleftharpoons NH_4^+$$
$$H_2O \rightleftharpoons H^+ + OH^-$$

_____

$$NH_3 + H_2O \rightleftharpoons NH_4^+ + OH^-$$
$$\text{碱}_1 + \text{酸}_2 \qquad \text{酸}_1 + \text{碱}_2$$

在反应（2）中，水分子起到了酸的作用，H_2O 提供一个质子，使碱（NH_3）转化为它的共轭酸（NH_4^+）。

（3） $$H_3O^+ + OH^- \rightleftharpoons H_2O + H_2O$$

（4） $$HAc + OH^- \rightleftharpoons H_2O + Ac^-$$

（5） $$H_2O + H_2O \rightleftharpoons H_3O^+ + OH^-$$

（6） $$H_2O + Ac^- \rightleftharpoons HAc + OH^-$$

（7） $$NH_4^+ + H_2O \rightleftharpoons H_3O^+ + NH_3$$

通式为

$$\text{酸}_1 + \text{碱}_2 \rightleftharpoons \text{酸}_2 + \text{碱}_1$$

按照电离理论，反应（1）、（2）分别是弱酸、弱碱的解离；反应（3）、（4）是中和反应；反应（5）是水的解离；反应（6）、（7）是盐的水解。实质上，上述反应都是酸碱反应，都是在水溶液中的质子转移反应。

三、溶剂的质子自递反应和溶剂的种类

作为溶剂的水分子，既能给出质子起酸的作用，又能接受质子起碱的作用。因此，水分子之间也可以发生质子转移作用：

$$H_2O + H_2O \rightleftharpoons H_3O^+ + OH^-$$

这种仅在溶剂分子间发生的质子传递作用称为溶剂的质子自递反应。该反应的平衡常数称为溶剂的质子自递常数（K_s）。水的质子自递常数又称为水的离子积（K_w），即

$$[H_3O^+][OH^-] = K_w = 1.0 \times 10^{-14} \qquad (25\ ℃) \qquad (4-1)$$
$$pK_w = 14$$

在滴定分析中，水是最常用的溶剂，酸碱滴定一般都在水溶液中进行。对于难溶于水的有机物，或者有些不能在水溶液中直接滴定的极弱酸、极弱碱，需采用其他溶剂。

根据质子理论，可将溶剂分为四类：

（1）酸性溶剂：这类溶剂给出质子的能力强于接受质子的能力，也称为疏质子溶剂。例如，甲酸、冰醋酸、丙酸和硫酸等。

（2）碱性溶剂：接受质子能力较强的溶剂称为碱性溶剂，又称为亲质子溶剂。例如，液氨、乙胺、丁胺等。

（3）两性溶剂：给出和接受质子两种倾向相当的溶剂称为两性溶剂。例如水、醇等。

（4）惰性溶剂：既无给出质子又无接受质子能力的溶剂称为惰性溶剂。例如，苯、氯仿、四氯化碳等。在这类溶剂中，质子转移过程只发生在溶质分子之间，溶剂不参与质子的转移过程。另外，还有一些溶剂，其虽无质子自递能力，却可以接受质子。严格地讲，它们应称为无质子溶剂，但有时也粗略地将它们并入惰性溶剂一类。例如，乙腈、

吡啶、丙酮等。

四、酸碱的强度及共轭酸碱 K_a 与 K_b 的关系

酸碱的强度与酸碱本身的性质及溶剂的性质有关。例如，HAc 在水中为弱酸，而在液氨中其酸性大为增强，甚至与 HCl 在液氨中的酸性没有差异。

酸碱的强度常用酸碱在水中的解离常数（K_a 和 K_b）的大小来衡量。例如

$$HCl + H_2O \rightleftharpoons H_3O^+ + Cl^- \qquad K_a \gg 1$$
$$HAc + H_2O \rightleftharpoons H_3O^+ + Ac^- \qquad K_a = 1.8 \times 10^{-5}$$
$$H_2S + H_2O \rightleftharpoons H_3O^+ + HS^- \qquad K_a = 5.7 \times 10^{-8}$$

显然这三种酸的强弱顺序为 HCl>HAc>H_2S。

某种酸的酸性越强（K_a 越大），其共轭碱的碱性就越弱（K_b 越小）。上述三种酸的共轭碱的碱性强弱的顺序为 $HS^- > Ac^- > Cl^-$。

共轭酸碱既然存在着相互依存的关系，那么它们的 K_a 与 K_b 之间必然存在着一定的关联。例如，共轭酸碱 $NH_4^+ - NH_3$ 在溶液中存在着以下平衡

$$NH_4^+ + H_2O \rightleftharpoons H_3O^+ + NH_3$$
$$NH_3 + H_2O \rightleftharpoons NH_4^+ + OH^-$$

在不考虑离子强度的影响时，共轭酸碱的 K_a、K_b 分别为

$$K_a = \frac{[H_3O^+][NH_3]}{[NH_4^+]}, \quad K_b = \frac{[NH_4^+][OH^-]}{[NH_3]}$$

可得到
$$K_a K_b = [H_3O^+][OH^-] = K_w$$

或
$$pK_a + pK_b = pK_w$$

对于其他溶剂，则可表示为
$$K_a K_b = K_s$$

上面讨论的是一元共轭酸碱的 K_a 与 K_b 之间的关系。对于多元酸碱，因其在水溶液中分步解离，因而存在着多个共轭酸碱对。这些共轭酸碱对的 K_a 与 K_b 之间也存在着一定的关系，但比一元酸碱复杂些。

例如，H_3PO_4

$$H_3PO_4 \rightleftharpoons H_2PO_4^- + H^+$$
$$K_{a1} \qquad K_{b3}$$
$$H_2PO_4^- \rightleftharpoons HPO_4^{2-} + H^+$$
$$K_{a2} \qquad K_{b2}$$
$$HPO_4^{2-} \rightleftharpoons PO_4^{3-} + H^+$$
$$K_{a3} \qquad K_{b1}$$

多元酸碱在水中逐级解离，酸碱强度逐级递减。

$$K_{a1} > K_{a2} > K_{a3} \qquad K_{b1} > K_{b2} > K_{b3}$$

H_3PO_4 有三组共轭碱对：$H_3PO_4 - H_2PO_4^-$，$H_2PO_4^- - HPO_4^{2-}$，$HPO_4^{2-} - PO_4^{3-}$。这些共轭酸碱对的 K_a 与 K_b 之间的关系为

$$K_{a1} K_{b3} = K_{a2} K_{b2} = K_{a3} K_{b1} = K_w$$

根据共轭酸碱的 K_a 与 K_b 之间的上述关系，只要知道某酸或某碱的解离常数，即可计算出其共轭碱或共轭酸的解离常数。

59

五、溶剂的拉平效应和区分效应

在水溶液中，HCl 与 HAc 是两种强度明显不同的酸，但在液氨中，则均呈强酸性。这种现象可用溶剂的区分效应和拉平效应来解释。

在液氨中，HCl 和 HAc 分别发生下列酸碱反应

$$HCl+NH_3=NH_4^++Cl^-$$

$$HAc+NH_3=NH_4^++Ac^-$$

由于液氨是一种碱性溶剂，NH_3分子接受质子能力较强，上述两个反应向右进行十分完全，以至于无法通过实验来区分这两个平衡状态的差别。HCl 和 HAc 都转变成同一种酸——氨合质子（NH_4^+），即它们都被拉平到 NH_4^+ 的酸强度水平，使二者水溶液酸强度的显著差别减弱到测不出来的程度。这种将不同强度的酸拉平到溶剂化质子水平的效应称为拉平效应（leveling effect），具有拉平效应的溶剂叫作拉平溶剂。

在水溶液中，HCl、H_2SO_4、HNO_3 和 $HClO_4$ 均被拉平到 H_3O^+ 的水平，都呈强酸性。溶剂水则是这四种酸的拉平溶剂。但若以冰醋酸作溶剂，这四种酸的酸强度则会有明显差异。

$$HClO_4+HAc \rightleftharpoons H_2Ac^++ClO_4^- \qquad K_a=1.6\times10^{-6}$$

$$H_2SO_4+HAc \rightleftharpoons H_2Ac^++HSO_4^- \qquad K_a=6.3\times10^{-9}$$

$$HCl+HAc \rightleftharpoons H_2Ac^++Cl^- \qquad K_a=1.6\times10^{-9}$$

$$HNO_3+HAc \rightleftharpoons H_2Ac^++NO_3^- \qquad K_a=4.2\times10^{-10}$$

这是因为冰醋酸的酸性比水强，碱性比水弱。这种能区分酸（碱）强度的效应称为区分效应（differentiating effect），其溶剂称为区分溶剂。

溶剂的拉平效应和区分效应是相对的，它与溶剂和溶质的酸碱相对强度有关。一般来说，碱性溶剂对酸具有拉平效应，对碱具有区分效应。酸性溶剂对酸具有区分效应，对碱具有拉平效应。因此常利用拉平效应测定酸（碱）的总量，利用区分效应测定混合酸（碱）中各组分的量。

惰性溶剂没有明显的质子授受现象，没有拉平效应。当物质溶解在惰性溶剂中时，各种物质的酸碱性的差异得以保存，因此它是一种很好的区分溶剂。例如，甲基异丁酮的酸性、碱性均极弱，对强酸不会拉平，对弱酸也能得到敏锐的终点。以甲基异丁酮为溶剂，用四丁基氢氧化铵为滴定剂，连续滴定 $HClO_4$、HCl、水杨酸、HAc、苯酚等 5 种酸，用电位法得到了明显的转折点。5 种混合酸的区分滴定曲线如图 4-1 所示。

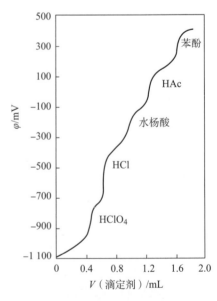

图4-1 以甲基异丁酮为溶剂，用四丁基氢氧化铵为滴定剂滴定五种酸混合物的区分曲线

4.2　酸碱溶液中各型体的分布

一、分析浓度、平衡浓度和酸度

弱酸（碱）在水中部分解离。以弱酸 HA 为例

$$HA \rightleftharpoons H^+ + A^-$$

在溶液中 HA 以 HA 和 A^- 两种型体存在。它们的总浓度 c 称为分析浓度，又称为标示浓度。

当弱酸 HA 解离达到平衡时，各型体的浓度称为平衡浓度，分别以 $[HA]$、$[A^-]$ 表示。分析浓度 c 和各型体平衡浓度 $[HA]$、$[A^-]$ 之间的关系为

$$c_{HA} = [HA] + [A^-] \tag{4-2}$$

分析浓度是溶液体系达平衡时各种型体平衡浓度之和。溶液酸度是指溶液中氢离子的浓度，严格地讲，应为氢离子的活度。溶液酸度常用 pH 表示，pH 大小与酸的种类及其浓度有关。

二、酸碱溶液中各型体的分布

酸碱平衡体系中各种型体的分布，可用各型体的平衡浓度除以溶液的分析浓度的分数表示，此分数称为分布分数，以 δ 表示。分布分数 δ 与溶液 pH 间的关系曲线称为分布曲线。

1. 一元弱酸（碱）各型体的分布

以 HAc 为例，设其分析浓度为 c。HAc 在溶液中以 HAc 和 Ac^- 两种型体存在，平衡浓度分别为 $[HAc]$ 和 $[Ac^-]$。设 HAc 和 Ac^- 的分布分数分别为 δ_1 和 δ_0，则

$$\delta_1 = \frac{[HAc]}{c} = \frac{[HAc]}{[HAc]+[Ac^-]} = \frac{1}{1+\dfrac{[Ac^-]}{[HAc]}} = \frac{1}{1+\dfrac{K_a}{[H^+]}} = \frac{[H^+]}{[H^+]+K_a}$$

$$\delta_0 = \frac{[Ac^-]}{c} = \frac{[Ac^-]}{[HAc]+[Ac^-]} = \frac{K_a}{[H^+]+K_a}$$

因为

$$\frac{[H^+]}{[H^+]+K_a} + \frac{K_a}{[H^+]+K_a} = 1$$

所以

$$\delta_1 + \delta_0 = 1$$

即各种型体分布分数之和等于 1。从以上 δ_1 和 δ_0 计算式可见，分布分数取决于酸（碱）的 $K_a(K_b)$ 和溶液的 $[H^+]$，而与酸（碱）的分析浓度无关。如果以 pH 为横坐标，以 HAc 各型体的分布分数为纵坐标，可得如图 4-2 所示的分布曲线（δ_i-pH）。

由图 4-2 可见，δ_1 随 pH 增加而减小，δ_0 随 pH 增加而增大。醋酸溶液 pH 与 δ 及溶液中各型体浓度的关系如下：

（1）当 pH = pK_a 时，两曲线相交，此时 $\delta_1 = \delta_0 = 0.5$，$[HAc] = [Ac^-]$。

（2）当 pH < pK_a 时，$\delta_1 \to 1$，溶液中的主要型

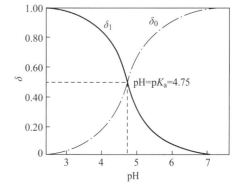

图 4-2　醋酸溶液中各型体分布分数 δ_i 随溶液 pH 变化的分布曲线（δ_i-pH）

61

体是 HAc。

（3）当 pH＞pK_a 时，$\delta_0 \rightarrow 1$，溶液中的主要型体是 Ac^-。

例 4-1 计算 pH＝5.00 时，0.10 mol·L^{-1} HAc 溶液中各型体的分布分数及其平衡浓度。

解： 已知 $K_a = 1.8 \times 10^{-5}$，$[H^+] = 1.0 \times 10^{-5}$ mol·L^{-1}，可以计算出各型体的分布分数

$$\delta_{HAc} = \frac{[H^+]}{K_a + [H^+]} = \frac{1.0 \times 10^{-5}}{1.8 \times 10^{-5} + 1.0 \times 10^{-5}} = 0.36$$

$$\delta_{Ac^-} = 1 - \delta_{HAc} = 1 - 0.36 = 0.64$$

各型体的平衡浓度为

$$[HAc] = c\delta_{HAc} = 0.10 \times 0.36 = 0.036 \ (mol \cdot L^{-1})$$

$$[Ac^-] = c\delta_{Ac^-} = 0.10 \times 0.64 = 0.064 \ (mol \cdot L^{-1})$$

上述类似的方法也可用于计算一元弱碱的各种型体的分布分数和平衡浓度。

2. 多元弱酸（碱）各型体的分布

先以二元弱酸 $H_2C_2O_4$（$pK_{a1} = 1.23$；$pK_{a2} = 4.19$）为例进行讨论。在水溶液中 $H_2C_2O_4$ 以 $H_2C_2O_4$、$HC_2O_4^-$ 和 $C_2O_4^{2-}$ 三种型体存在，设其分析浓度为 c，则

$$c = [H_2C_2O_4] + [HC_2O_4^-] + [C_2O_4^{2-}]$$

若以 δ_2、δ_1、δ_0 分别代表 $H_2C_2O_4$、$HC_2O_4^-$ 和 $C_2O_4^{2-}$ 等型体的分布分数，则

$$\delta_2 = \frac{[H^+]^2}{[H^+]^2 + K_{a_1}[H^+] + K_{a_1}K_{a_2}}$$

$$\delta_1 = \frac{K_{a_1}[H^+]}{[H^+]^2 + K_{a_1}[H^+] + K_{a_1}K_{a_2}}$$

$$\delta_0 = \frac{K_{a_1}K_{a_2}}{[H^+]^2 + K_{a_1}[H^+] + K_{a_1}K_{a_2}}$$

并且 $\qquad \delta_2 + \delta_1 + \delta_0 = 1$

草酸溶液中各型体的分布分数与 pH 的关系如图 4-3 所示。由图 4-3 可知，$H_2C_2O_4$ 溶液 pH 与 δ_i 及溶液中各型体浓度的关系如下：

（1）当 pH＜pK_{a1} 时，$\delta_2 > \delta_1$，溶液中 $H_2C_2O_4$ 为主要型体。

（2）当 pH＝pK_{a1} 时，$\delta_2 = \delta_1$，$[H_2C_2O_4] = [HC_2O_4^-]$。

（3）当 $pK_{a1} < pH < pK_{a2}$ 时，$\delta_1 > \delta_2$ 且 $\delta_1 > \delta_0$，溶液中 $HC_2O_4^-$ 为主要型体

（4）当 pH＝pK_{a2} 时，$\delta_1 = \delta_0$，$[HC_2O_4^-] = [C_2O_4^{2-}]$。

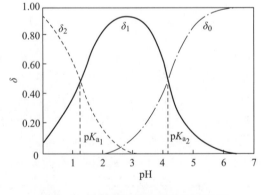

图 4-3 草酸溶液中各型体 δ_i 随溶液 pH 变化的分布曲线（δ_i-pH）

（5）当 pH＞pK_{a2} 时，$\delta_0 > \delta_1$，溶液中 $C_2O_4^{2-}$ 为主要型体。

由于草酸的 $pK_{a1} = 1.23$ 与 $pK_{a2} = 4.19$ 比较接近，因此在 $HC_2O_4^-$ 的优势区内，各种型体的存在情况比较复杂。在 pH＝2.2～3.2 时，三种型体同时存在；在 pH＝2.71 时，

$HC_2O_4^-$ 的分布分数 δ_1 达到最大（$\delta_1=0.938$），δ_2 与 δ_0 各占 0.031（$\delta_2=\delta_0=0.031$）。

如果是三元弱酸，例如 H_3PO_4（$pK_{a1}=2.12$，$pK_{a2}=7.20$，$pK_{a3}=12.36$），情况更为复杂。若以 δ_3、δ_2、δ_1 和 δ_0 分别表示 H_3PO_4、$H_2PO_4^-$、HPO_4^{2-} 和 PO_4^{3-} 的分布分数，经推导可得到各型体分布分数 δ_i 的计算式。图 4—4 为磷酸溶液中各种型体的分布曲线。

$$\delta_3=\frac{[H^+]^3}{[H^+]^3+K_{a_1}[H^+]^2+K_{a_1}K_{a_2}[H^+]+K_{a_1}K_{a_2}K_{a_3}}$$

$$\delta_2=\frac{K_{a_1}[H^+]^2}{[H^+]^3+K_{a_1}[H^+]^2+K_{a_1}K_{a_2}[H^+]+K_{a_1}K_{a_2}K_{a_3}}$$

$$\delta_1=\frac{K_{a_1}K_{a_2}[H^+]}{[H^+]^3+K_{a_1}[H^+]^2+K_{a_1}K_{a_2}[H^+]+K_{a_1}K_{a_2}K_{a_3}}$$

$$\delta_0=\frac{K_{a_1}K_{a_2}K_{a_3}}{[H^+]^3+K_{a_1}[H^+]^2+K_{a_1}K_{a_2}[H^+]+K_{a_1}K_{a_2}K_{a_3}}$$

并且 $$\delta_0+\delta_1+\delta_2+\delta_3=1$$

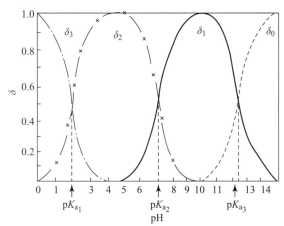

图 4—4　磷酸溶液中各型体 δ_i 随溶液 pH 变化的分布曲线（δ_i—pH）

由于 H_3PO_4 的三级解离常数相差较大，因而在分布曲线中各型体共存的情况不如草酸明显。由图 4—4 可知，磷酸溶液中各型体 δ_i 与溶液 pH 及溶液中各型体浓度的关系如下：

（1）当 $pH<pK_{a1}$ 时，$\delta_3>\delta_2$，H_3PO_4 为主要型体。

（2）当 $pH=pK_{a1}$ 时，$\delta_3=\delta_2=0.5$，为 H_3PO_4 和 $H_2PO_4^-$ 两种型体，且 $[H_3PO_4]=[H_2PO_4^-]$。

（3）当 $pK_{a1}<pH<pK_{a2}$ 时，$\delta_2>\delta_3$ 且 $\delta_2>\delta_1$，$H_2PO_4^-$ 为主要型体。

（4）当 $pH=pK_{a2}$ 时，$\delta_2=\delta_1=0.5$，为 $H_2PO_4^-$ 和 HPO_4^{2-} 两种型体，且 $[H_2PO_4^-]=[HPO_4^{2-}]$。

（5）当 $pK_{a2}<pH<pK_{a3}$ 时，$\delta_1>\delta_2$ 且 $\delta_1>\delta_0$，HPO_4^{2-} 为主要型体。

（6）当 $pH=pK_{a3}$ 时，$\delta_1=\delta_0=0.5$，为 HPO_4^{2-} 和 PO_4^{3-} 两种型体，且 $[HPO_4^{2-}]=[PO_4^{3-}]$。

（7）当 $pH>pK_{a3}$ 时，$\delta_0>\delta_1$，PO_4^{3-} 为主要型体。

值得关注的是，pH=4.7 时，$\delta_2=0.994$（$H_2PO_4^-$），$\delta_3=\delta_1=0.003$（型体 H_3PO_4 和 HPO_4^{2-}）；pH=9.8 时，$\delta_1=0.994$（HPO_4^{2-}），$\delta_2=\delta_0=0.003$（型体 $H_2PO_4^-$ 和 PO_4^{3-}）。在

这两种情况下，由于其他存在型体所占分数低，因而不能在分布曲线图中表达出来。

对于其他多元弱酸（碱），也可采用上述方法照此类推。熟悉上述分布曲线有助于了解各类弱酸的各个型体随溶液 pH 变化的规律；根据溶液的酸度和弱酸的分析浓度计算弱酸各型体的平衡浓度；还有助于确定酸碱滴定终点及多元酸进行分步滴定的可能性。了解溶液 pH 对弱酸（碱）溶液中各型体分布的影响，对掌控酸碱滴定反应条件有着重要的意义。

4.3　酸碱溶液氢离子浓度的计算

计算溶液的 H^+ 浓度及其他型体的浓度涉及溶液的酸碱平衡。酸碱平衡常数表达式是进行酸碱平衡计算的基本关系式。此外，计算中还涉及溶液中其他平衡关系，包括物料平衡、电荷平衡和质子平衡。在了解溶液中上述各种平衡的基础上，本节主要介绍应用质子平衡计算各类酸碱溶液 H^+ 浓度。

一、溶液中的其他相关平衡——物料平衡、电荷平衡、质子平衡

1. 物料平衡

在一个化学平衡体系中，某一组分的分析浓度等于该组分各型体平衡浓度之和。其数学表达式称为物料平衡式（mass balance equation，MBE）。

例如，浓度为 c 的 HAc 溶液，其物料平衡式为

$$[HAc]+[Ac^-]=c$$

2. 电荷平衡

由于溶液呈电中性，因此，同一溶液中阳离子所带正电荷的量等于阴离子所带负电荷的量，这种关系称为电荷平衡。其数学表达式称为电荷平衡式（charge balance equation，CBE）。

例如，在浓度为 c 的 NaAc 溶液中

$$[H^+]+[Na^+]=[Ac^-]+[OH^-]$$

或

$$[H^+]+c=[Ac^-]+[OH^-]$$

又如，在浓度为 c 的 $NaHCO_3$ 溶液中

$$[Na^+]+[H^+]=[HCO_3^-]+2[CO_3^{2-}]+[OH^-]$$

$[CO_3^{2-}]$ 前的系数为 2，是因为 CO_3^{2-} 带 2 个负电荷。

3. 质子平衡

酸碱反应的实质是质子的转移。达到平衡时，酸给出的质子数和碱得到的质子数相等，这一数量关系的数学表达式称为质子平衡式（proton balance equation，PBE），又称为质子条件式。

根据酸碱反应得失质子的平衡关系可以列出 PBE。需注意以下问题：

（1）在酸碱平衡体系中选取质子参考水准。参考水准应是溶液中大量存在并参与质子转移的组分。通常以起始的酸碱组分和溶剂分子作参考水准。

（2）以质子参考水准为基准，将溶液中可能存在的其他酸碱组分与之比较，判断得失质子的产物和得失质子数。绘出得失质子示意图有助于判断。

（3）根据得失质子的物质的量（单位 mol）相等的原则列出 PBE。PBE 应不含参考水准

及与质子转移无关的组分。

例 4—2　写出 $NaNH_4HPO_4$ 水溶液的质子平衡式。

解：参考水准为 NH_4^+、HPO_4^{2-} 和 H_2O。得失质子示意图为

PBE 为　　　$[H^+]+2[H_3PO_4]+[H_2PO_4^-]=[PO_4^{3-}]+[NH_3]+[OH^-]$

应注意的是，$[H_3PO_4]$ 的系数为 2，是因为 HPO_4^{2-} 需得到 2 个 H^+ 才生成 H_3PO_4。在 PBE 中既考虑了 HPO_4^{2-} 的酸式解离和碱式解离，又考虑了 H_2O 的质子的自递作用，同时还考虑了 NH_4^+ 可能的酸式解离。因此 PBE 反映了酸碱平衡体系中得失质子的数量关系，它是处理酸碱平衡问题的依据。

例 4—3　写出浓度为 c 的 Na_2CO_3 水溶液的质子平衡式。

解：物料平衡式　　　　　　　　$[Na^+]=2c$

$$[H_2CO_3]+[HCO_3^-]+[CO_3^{2-}]=c$$

电荷平衡式　　　$[Na^+]+[H^+]=[HCO_3^-]+2[CO_3^{2-}]+[OH^-]$

将两物料平衡式带入电荷平衡式，得到质子平衡式

$$[H^+]+2[H_2CO_3]+[HCO_3^-]=[OH^-]$$

计算各类酸碱溶液中的 $[H^+]$ 时，上述三种平衡式是处理溶液中酸碱平衡的依据。其中质子平衡式反映了酸碱平衡体系中得失质子的量的关系，最为常用。了解这些平衡有助于理解酸碱水溶液 $[H^+]$ 的相关计算。

二、酸碱溶液 $[H^+]$ 的计算

1. 强酸及强碱溶液 $[H^+]$

强酸、强碱在水溶液中全部解离，其溶液 $[H^+]$ 及 pH 的计算比较简单。

设一元强酸 HA 的浓度为 c_a，得失质子关系示意图为

PBE 为　　　$[H^+]=[A^-]+[OH^-]=c_a+\dfrac{K_w}{[H^+]}$

整理得　　　　　　　　　　$[H^+]^2-c_a[H^+]-K_w=0$

$$[H^+]=\frac{c_a+\sqrt{c_a^2+4K_w}}{2}$$

(4—3)

式（4—3）为计算一元强酸溶液 H^+ 浓度的精确式。如果 HA 浓度比较大（$c_a \geqslant 1.0 \times 10^{-6}$ mol·L^{-1}），溶液中 H^+ 主要由 HA 解离所提供，H_2O 解离产生的 H^+ 可以忽略不计，即在 PBE 中的 [OH^-] 这一项可以忽略，则得

$$[H^+] = c_a, \qquad pH = -\lg c_a \tag{4—4}$$

式（4—4）是计算一元强酸 HA 溶液 [H^+] 和 pH 的近似式，滴定分析中最常用。

但当 HA 的浓度较低（1.0×10^{-8} mol·L^{-1} < c_a < 1.0×10^{-6} mol·L^{-1}），接近水的固有酸度时，则水解离所提供的 H^+ 就不能忽略，即在 PBE 中 [OH^-] 这一项就不能舍去。这时就应该用精确式计算 HA 溶液的 [H^+]。例如，浓度为 1.0×10^{-7} mol·L^{-1} 的 HCl 溶液，用近似式计算得 pH = 7.00，而用精确式计算得 pH = 6.79。当强酸溶液 c_a < 1.0×10^{-8} mol·L^{-1} 时，解离产生的 H^+ 可以忽略不计。

同样，对于一元强碱，不同碱浓度采用不同的计算式：

(1) 当 $c_b \geqslant 1.0 \times 10^{-6}$ mol·L^{-1} 时，用近似式计算：

$$[OH^-] = c_b, \qquad pOH = -\lg c_b \tag{4—5}$$

(2) 当 1.0×10^{-8} mol·L^{-1} < c_b < 1.0×10^{-6} mol·L^{-1} 时，用精确式计算：

$$[OH^-] = \frac{c_b + \sqrt{c_b^2 + 4K_w}}{2} \tag{4—6}$$

2. 一元弱酸及弱碱溶液 [H^+]

设一元弱酸 HA 浓度为 c_a mol·L^{-1}，溶液中得失质子关系示意图为

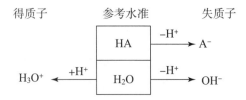

PBE 为 $\qquad\qquad [H^+] = [A^-] + [OH^-]$

设弱酸 HA 的解离常数为 K_a，根据解离平衡，有

$$[H^+] = \frac{K_a[HA]}{[H^+]} + \frac{K_w}{[H^+]}$$

即 $\qquad\qquad [H^+] = \sqrt{K_a[HA] + K_w} \tag{4—7}$

[HA] 可由 HA 的分布分数得到

$$[HA] = c_a \delta_{HA} = c_a \frac{[H^+]}{[H^+] + K_a}$$

将 [HA] 代入式（4—7）并整理得

$$[H^+]^3 + K_a[H^+]^2 - (c_a K_a + K_w)[H^+] - K_a K_w = 0 \tag{4—8}$$

式（4—8）是计算一元弱酸溶液 [H^+] 的精确式。由式可见计算比较烦琐，实际应用较少。在滴定分析中，通常根据 [H^+] 的允许误差及弱酸的 c_a 和 K_a 值的大小，采用该精确式的近似式或最简式计算弱酸溶液 [H^+]。当 $K_a[HA] \geqslant 10K_w$ 时，K_w 可忽略，此时计算结果的相对误差不大于 ±5%。由于弱酸的解离一般较小，常以 $K_a[HA] \approx K_a c_a \geqslant 10K_w$ 作为简化计算的判定条件。

当 $c_aK_a \geqslant 10K_w$ 时，可忽略式（4－7）中的 K_w。根据解离平衡，$[HA]=c_a-[H^+]$，将其代入得到计算一元弱酸溶液 $[H^+]$ 的近似式，即式（4－9）：

$$[H^+]=\sqrt{K_a(c_a-[H^+])}=\frac{-K_a+\sqrt{K_a^2+4c_aK_a}}{2} \qquad (4-9)$$

当平衡时溶液 $[H^+]$ 远小于弱酸的原始浓度 c_a 时，式（4－9）中 $c_a-[H^+] \approx c_a$，则得到计算一元弱酸溶液 $[H^+]$ 的最简式，即式（4－10）：

$$[H^+]=\sqrt{K_ac_a} \qquad (4-10)$$

当 $c_aK_a \geqslant 10K_w$ 并且 $c_a/K_a \geqslant 100$ 时，即可采用最简式计算一元弱酸溶液 $[H^+]$。

当 $c_aK_a < 10K_w$ 时，水分子解离产生的 H^+ 不能忽略，当弱酸浓度符合 $c_a/K_a \geqslant 100$ 时，则弱酸的平衡浓度近似等于它的原始浓度，即 $[HA] \approx c_a$，由式（4－7）即可得到式（4－11），用于 $c_aK_a < 10K_w$ 并且 $c_a/K_a \geqslant 100$ 时的一元弱酸溶液 $[H^+]$ 的计算。

$$[H^+]=\sqrt{K_ac_a+K_w} \qquad (4-11)$$

采用上述类似方法，可以得到计算一元弱碱溶液 $[OH^-]$ 的近似式和最简式，进而计算得到溶液 $[H^+]$ 及 pH。

对于一元弱碱，当 $c_bK_b \geqslant 10K_w$，采用近似式（4－12）计算溶液 $[OH^-]$：

$$[OH^-]=\frac{-K_b+\sqrt{K_b^2+4K_bc_b}}{2} \qquad (4-12)$$

当 $c_bK_b \geqslant 10K_w$ 并且 $c_b/K_b \geqslant 100$ 时，采用最简式（4－13）计算溶液 $[OH^-]$：

$$[OH^-]=\sqrt{c_bK_b} \qquad (4-13)$$

当 $c_bK_b < 10K_w$ 并且 $c_b/K_b \geqslant 100$ 时，采用近似式（4－14）计算溶液 $[OH^-]$：

$$[OH^-]=\sqrt{K_bc_b+K_w} \qquad (4-14)$$

3. 多元酸及多元碱溶液 $[H^+]$

以二元酸 H_2A 为例，其溶液中存在着三种解离平衡：

$$H_2A \rightleftharpoons H^+ + HA^- \qquad K_{a1}=\frac{[H^+][HA^-]}{[H_2A]}$$

$$HA^- \rightleftharpoons H^+ + A^{2-} \qquad K_{a2}=\frac{[H^+][A^{2-}]}{[HA^-]}$$

$$H_2O \rightleftharpoons H^+ + OH^- \qquad K_w=1.0 \times 10^{-14}$$

当 $K_{a1} \gg K_{a2}$ 并且 $K_{a1} \gg K_w$ 时，二元酸的第一步解离平衡是主要的。由于同离子效应第一步解离出来的 H^+ 会大大抑制第二步的解离，故第二步解离的 H^+ 可以忽略，因此

$$[H^+] \approx [HA^-]$$

这样二元弱酸只需考虑第一步解离。此时可以按前述一元弱酸的计算公式来计算溶液中的 $[H^+]$。同样，多元弱碱也可仿照多元弱酸溶液 $[H^+]$ 的计算方法。

例 4－4　计算 $0.10 \ mol \cdot L^{-1} \ Na_2CO_3$ 溶液的 pH。已知 $K_{b1}=1.8 \times 10^{-4}$，$K_{b2}=4.2 \times 10^{-8}$。

解：因为 $K_{b1} \gg K_{b2}$ 并且 $K_{b1} \gg K_w$，所以碱的二级解离和水的解离均可略而不计，可以按一元弱碱计算 pH。

根据 $c_bK_{b1}=0.10 \times 1.8 \times 10^{-4}=1.8 \times 10^{-5} \geqslant 10K_w$，$c_b/K_{b1}=0.10/(1.8 \times 10^{-4})=556 > 100$，可用最简式计算溶液 $[OH^-]$

67

$$[OH^-] = \sqrt{c_b K_{b1}} = \sqrt{0.10 \times 1.8 \times 10^{-4}} = 4.2 \times 10^{-3} \ (mol \cdot L^{-1})$$

则得 $\qquad\qquad\qquad$ $pOH = 2.37 \qquad pH = 11.63$

4. 两性物质溶液 [H⁺]

两性物质指在溶液中既能给出质子又能接受质子的物质。除溶剂水外，多元酸的酸式盐（例如 $NaHCO_3$）和弱酸弱碱盐（例如 NH_4Ac）都属两性物质。下面以酸式盐（NaHA）为例进行讨论。设其浓度为 c mol·L^{-1}，其溶液中得失质子的示意图为

PBE 为 $\qquad\qquad$ $[H^+] + [H_2A] = [OH^-] + [A^{2-}]$

二元酸 H_2A 的解离平衡式为

$$K_{a1} = \frac{[H^+][HA^-]}{[H_2A]}; \quad K_{a2} = \frac{[H^+][A^{2-}]}{[HA^-]}$$

将上平衡关系代入 PBE 中

$$[H^+] + \frac{[H^+][HA^-]}{K_{a1}} = \frac{K_{a2}[HA^-]}{[H^+]} + \frac{K_w}{[H^+]}$$

上式两边同乘以 $K_{a1}[H^+]$ 得

$$K_{a1}[H^+]^2 + [H^+]^2[HA^-] = K_{a1}K_{a2}[HA^-] + K_{a1}K_w$$

$$[H^+]^2(K_{a1} + [HA^-]) = K_{a1}(K_{a2}[HA^-] + K_w)$$

则 $\qquad\qquad$ $$[H^+] = \sqrt{\frac{K_{a1}(K_{a2}[HA^-] + K_w)}{K_{a1} + [HA^-]}} \qquad\qquad (4-15)$$

通常，HA^- 的酸式解离和碱式解离都较小，因此溶液中 HA^- 消耗很少，式（4-15）中的平衡浓度 $[HA^-]$ 近似等于其原始浓度 c，即 $[HA^-] \approx c$，因而式（4-15）可以简化为

$$[H^+] = \sqrt{\frac{K_{a1}(cK_{a2} + K_w)}{K_{a1} + c}} \qquad\qquad (4-16)$$

式（4-16）是考虑了水的解离时计算 NaHA 溶液 $[H^+]$ 的近似式。

当 $cK_{a2} > 10K_w$ 时，可忽略水的解离常数 K_w，因而式（4-16）可进一步简化为

$$[H^+] = \sqrt{\frac{cK_{a1}K_{a2}}{K_{a1} + c}} \qquad\qquad (4-17)$$

当 $c > 10K_{a1}$ 时，$K_{a1} + c \approx c$，则水的解离和 H_2A 的第二级解离均可忽略不计，式（4-17）进一步简化为最简式（4-18）或式（4-19）：

$$[H^+] = \sqrt{K_{a1}K_{a2}} \qquad\qquad (4-18)$$

或 $\qquad\qquad$ $$pH = \frac{1}{2}(pK_{a1} + pK_{a2}) \qquad\qquad (4-19)$$

可见，最简式大大方便了计算。但应注意的是，最简式在两性物质的浓度不是很小，同时水的解离可忽略的情况下才能应用。

对于其他形式的两性物质，可将上式中的 K_{a1} 和 K_{a2} 做相应的变换，然后根据具体情况选用公式。变换方法：各公式中的 K_{a2} 相当于两性物质中酸组分的 K_a，K_{a1} 相当于两性物质中碱组分的共轭酸的 K_a。

例如，两性物质 Na_2HPO_4 溶液，其溶液的 $[H^+]$ 及 pH 计算的最简式为

$$[H^+] = \sqrt{K_{a2} K_{a3}}$$

$$pH = \frac{1}{2}(pK_{a2} + pK_{a3})$$

又如 NH_4Ac 溶液，其相应的最简式为

$$[H^+] = \sqrt{K_{a(HAc)} K_{a(NH_4^+)}}$$

$$pH = \frac{1}{2}(pK_{a(HAc)} + pK_{a(NH_4^+)})$$

4.4　酸碱缓冲溶液

一、缓冲溶液和缓冲作用

酸碱缓冲溶液（buffer solution）是一种能对溶液 pH 起稳定作用的溶液。向缓冲溶液中加入少量的酸或碱，或对其稍加稀释时，溶液 pH 基本保持不变，不会发生明显变化。这种能对抗少量的酸碱或稍加稀释仍能使其 pH 稳定不变的性质称为缓冲作用。

那么，什么样的溶液具有缓冲作用呢？缓冲溶液一般由浓度较大的弱酸及其共轭碱组成，例如 HAc-NaAc、NH_3-NH_4Cl 等。在这样的溶液中，加入少量强酸时，其会与共轭碱作用生成对应的弱酸，使溶液的 $[H^+]$ 变化不大；当加入少量强碱时，其会与弱酸相作用生成对应的共轭碱，所以溶液 $[OH^-]$ 也变化不大。因此，可以使溶液保持稳定的 pH。除上述典型的弱酸—共轭碱缓冲溶液外，一些强酸（强碱）溶液因其酸碱性较强，加入少量的碱或酸时，对溶液的 pH 也不会有明显影响，因而也具有一定的缓冲作用。所以强酸性（pH<2）时，可用 HCl 溶液作缓冲溶液；强碱性时（pH>12），可用 NaOH 或 KOH 溶液作缓冲溶液。

缓冲溶液在化学、化工、医药、农业、生物学、生命科学等众多领域中具有重要意义。例如，在分析测定中，许多化学反应都需在一定 pH 下才能定量进行完全。缓冲溶液按其作用可以分为两类：一类是常规使用的缓冲溶液。在分析测定中用于控制溶液 pH，大多由一定浓度的共轭酸碱组成。另一类是标准缓冲溶液。它大多数由一定浓度的分级解离常数相差较小的两性物质组成，或者由不同形式的两性物质组成。标准缓冲溶液的 pH 是在一定温度下经实验准确测定的，常作为常规 pH 测定的参照溶液或校准溶液。用酸度计测量样品溶液 pH 之前，需先用标准缓冲溶液校准 pH 计。校正时，应尽量选用与被测溶液的 pH 相近的标准缓冲溶液，有助于提高 pH 测量的准确度。

二、缓冲溶液 pH 的计算

以一元弱酸及其共轭碱体系为例，说明缓冲溶液 pH 的计算。设弱酸（HA）浓度为 c_a，共轭碱（A^-）的浓度为 c_b。在 HA-A^- 水溶液中，先按 HA-H_2O 和 A^--H_2O 分别列出相应

的 PBE，根据平衡关系计算得出 $[H^+]$。

对 HA-H$_2$O，其 PBE 为

$$[H^+]=[A^-]+[OH^-]$$

$$[HA]=c_a-[A^-]=c_a-[H^+]+[OH^-] \tag{4-20}$$

对 A$^-$-H$_2$O，其 PBE 为

$$[H^+]+[HA]=[OH^-]$$

$$[A^-]=c_b-[HA]=c_b+[H^+]-[OH^-] \tag{4-21}$$

根据平衡关系

$$K_a=\frac{[H^+][A^-]}{[HA]}$$

得

$$[H^+]=K_a\frac{[HA]}{[A^-]} \tag{4-22}$$

将式（4-20）、式（4-21）代入式（4-22）得

$$[H^+]=K_a\times\frac{c_a-[H^+]+[OH^-]}{c_b+[H^+]-[OH^-]} \tag{4-23}$$

式（4-23）为计算一元弱酸及其共轭碱或一元弱碱及其共轭酸缓冲体系 pH 的通用精确式。若是一元弱碱及其共轭酸的缓冲体系，式中的 c_a 和 K_a 分别表示弱碱的共轭酸的浓度和解离常数。如果将 $[H^+]=K_w/[OH^-]$ 或 $[OH^-]=K_w/[H^+]$ 代入上式，展开整理后得到的是含 $[OH^-]$ 或 $[H^+]$ 的一元三次方程式。为了便于计算，一般情况下需做以下近似处理。

（1）当缓冲溶液处于酸性区（pH<6），例如 HAc-NaAc 等，因 $[H^+]\gg[OH^-]$，式（4-23）可简化为

$$[H^+]=K_a\frac{c_a-[H^+]}{c_b+[H^+]} \quad \text{或} \quad pH=pK_a-\lg\frac{c_a-[H^+]}{c_b+[H^+]} \tag{4-24}$$

（2）当缓冲溶液处于碱性区（pH>8），例如 NH$_3$-NH$_4$Cl 等，因 $[OH^-]\gg[H^+]$，式（4-23）可简化为

$$[H^+]=K_a\frac{c_a+[OH^-]}{c_b-[OH^-]} \quad \text{或} \quad pH=pK_a-\lg\frac{c_a+[OH^-]}{c_b-[OH^-]} \tag{4-25}$$

式（4-24）和式（4-25）均为忽略了水的解离的近似计算式。

（3）当 $c_a\gg[H^+]$、$c_b\gg[OH^-]$ 时，既可忽略水的解离，又可忽略弱酸及其共轭碱（或弱碱及其共轭酸）的解离，这样可以进一步简化得到最常用的计算缓冲溶液 $[H^+]$ 的最简式

$$[H^+]=K_a\frac{c_a}{c_b} \tag{4-26}$$

$$pH=pK_a+\lg\frac{c_b}{c_a} \tag{4-27}$$

因此，弱酸 HA 及其共轭碱 A$^-$ 组成的缓冲溶液可将溶液 pH 控制在弱酸的 pK_a 附近。例如，HAc-NaAc 缓冲溶液可以控制溶液 pH 在 5 左右；NH$_3$-NH$_4$Cl 缓冲溶液可以控制溶液 pH 在 9 左右。不同的共轭酸碱由于它们的 pK_a 不同，组成缓冲溶液所能控制的 pH 范围也不同。

三、缓冲容量和缓冲范围

缓冲溶液的缓冲作用是有一定限度的，如果加入的酸（或碱）的量太多，或是稀释的倍数太大，缓冲溶液的 pH 将不再保持不变。所以，每种缓冲溶液只具有一定的缓冲能力。缓冲溶液的缓冲能力常用缓冲容量（buffer capacity）来衡量，以 β 表示。缓冲容量的物理意义是：使 1 L 缓冲溶液的 pH 增加 dpH 单位所需加入的强碱的量 db（mol），或使 1 L 缓冲溶液的 pH 减小 dpH 单位所需加入的强酸的量 da（mol）。缓冲容量的数学表达式为

$$\beta = \frac{db}{dpH} = -\frac{da}{dpH} \tag{4-28}$$

由于加入酸使 pH 降低，故在 da/dpH 前加负号以使 β 为正值。可见，β 越大，表示溶液的缓冲能力越强。

缓冲容量 β 的大小与缓冲溶液的总浓度及缓冲组分的比值有关。下面以 HA-A$^-$ 缓冲体系为例说明其影响。设总浓度为 c，其中 A$^-$ 的浓度为 b。由式（4-28）和溶液的质子条件式经推导和简化后可以得到计算 β 的近似式（4-29）。

$$\beta = \frac{2.30cK_a[H^+]}{([H^+]+K_a)^2} = 2.30\delta_0\delta_1 c \tag{4-29}$$

对式（4-29）求导数并令其等于零，则

$$\beta_{max} = 2.30c/4 = 0.575c \tag{4-30}$$

由上可知，缓冲溶液 β 的大小与其总浓度及缓冲组分所占的比例有关。总浓度越大，β 越大；总浓度一定时，缓冲组分的浓度比越接近于 $1:1$，β 越大；远离 $1:1$ 时，则 β 减小。因此，缓冲溶液能发挥有效缓冲作用的 pH 范围，称为缓冲范围。一般认为，当缓冲组分的浓度比在 $1:10$ 和 $10:1$ 之间时，缓冲溶液具有缓冲作用，即有效缓冲范围的 pH 为 pH = p$K_a \pm 1$。当 pH = pK_a 时，β 达到最大值。

根据缓冲剂的 pK_a 可以很容易计算出缓冲溶液的 pH 缓冲范围。例如，对于 HAc-NaAc 缓冲溶液，HAc 的 pK_a = 4.74，其缓冲范围为 $3.74 \sim 5.74$。对于 NH$_3$-NH$_4$Cl 缓冲溶液，NH$_3$ 的 pK_b = 4.74，NH$_4^+$ 的 pK_a = 9.26，其缓冲范围为 $8.26 \sim 10.26$。此外，在配制缓冲溶液时，所选缓冲剂的 pK_a 应尽量接近所需配制溶液的 pH，以使制得的缓冲溶液具有强的缓冲能力。

四、缓冲溶液的选择和配制

缓冲溶液的选择应注意以下几点：

（1）要求缓冲溶液中的各组分对分析测定没有干扰。加入缓冲溶液后不影响分析结果。

（2）缓冲溶液应具有足够的缓冲容量。应该根据需要配制一定浓度并需加入足够量的缓冲溶液。

（3）选用的缓冲溶液的缓冲范围应涵盖所需控制的溶液 pH。因此，如果缓冲溶液是由弱酸及其共轭碱组成的，其 pK_a 应尽量接近所需控制的 pH。如果缓冲溶液是由弱碱及其共轭酸所组成的，那么 pK_b 应尽量接近所需控制的 pOH。

例 4-5 欲配制 pH = 5.0 的缓冲溶液，现有 HAc、苯甲酸、HCOOH 及其对应的共轭碱供选用。已知：醋酸的 pK_a = 4.74、苯甲酸的 pK_a = 4.18、甲酸的 pK_a = 3.68，问选用哪种体系最合适？其酸与共轭碱的比例应如何确定？

解：因 HAc 的 pK_a 最接近所需配制缓冲溶液的 pH，故选用 HAc-NaAc 体系。

根据

$$pH = pK_a + \lg \frac{c_{NaAc}}{c_{HAc}}$$

带入数据得

$$5.0 = 4.74 + \lg \frac{c_{NaAc}}{c_{HAc}}$$

故

$$\frac{c_{NaAc}}{c_{HAc}} = 10^{0.26} = 1.8$$

因此，配制时 NaAc 与 HAc 的浓度比应为 1.8∶1。

例 4—6 在 500 mL 0.020 mol·L^{-1} 的 NH_3 溶液中，若使溶液稀至 1 L 时 pH=9.30，应加多少克 NH_4Cl?

解：由 NH_3 的 pK_b=4.74，得 NH_4^+ 的 pK_a=9.26。

根据

$$pH = pK_a + \lg \frac{c_{NH_3}}{c_{NH_4^+}}$$

$$9.30 = 9.26 + \lg \frac{c_{NH_3}}{c_{NH_4^+}}$$

代入数据得

所以

$$\frac{c_{NH_3}}{c_{NH_4^+}} = 10^{0.04} = 1.1$$

因稀释至 1 L，所以 c_{NH_3}=0.010 mol·L^{-1}。则

$$c_{NH_4^+} = \frac{c_{NH_3}}{1.1} = \frac{0.010}{1.1} = 0.009\ 1\ (mol·L^{-1})$$

$$m_{NH_4Cl} = c_{NH_4Cl} V M_{NH_4Cl} = 0.009\ 1 \times 1 \times 53.49 = 0.49\ (g)$$

即需加入 0.49 g 的 NH_4Cl。

4.5 酸碱指示剂

一、酸碱指示剂的作用原理

滴定过程中常需加入指示剂，通过其在化学计量点附近发生的颜色突变来指示滴定终点。酸碱滴定中用到的指示剂称为酸碱指示剂（acid-base indicator）。酸碱指示剂一般是有机弱酸或有机弱碱，其共轭酸碱具有明显不同的颜色。当酸碱滴定反应接近化学计量点时，被测溶液的 pH 发生明显变化，使得指示剂的共轭酸碱结构随之发生转变，引起被测溶液颜色的突变而指示滴定终点。

例如，甲基橙（methyl orange，MO）是一种双色指示剂，其共轭酸碱具有不同的颜色，为有机弱碱（pK_a=3.4）。在溶液中存在以下平衡

当溶液 [H$^+$] 增大时，平衡向右移动，甲基橙主要以酸色型（醌式）存在，溶液呈红色；

当降低溶液 $[H^+]$ 时，平衡向左移动，甲基橙主要以碱色型（偶氮式）存在，溶液呈黄色。

又如酚酞（phenolphthalein，PP）是一种单色指示剂，为有机弱酸（$pK_a=9.1$）。在溶液中存在以下平衡

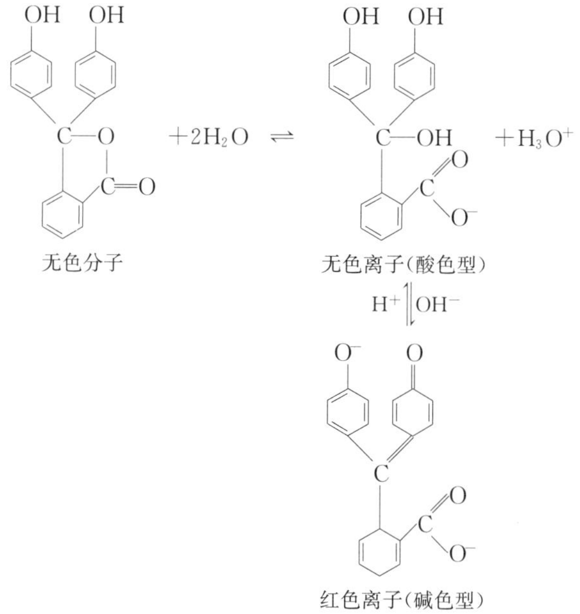

无色分子　　　　　　无色离子(酸色型)

红色离子(碱色型)

在酸性溶液中，酚酞主要以无色分子或无色离子存在，溶液无色；在碱性溶液中，酚酞主要以碱色型（醌式）存在，溶液呈红色。但在浓碱溶液中，酚酞转变为无色的羧酸盐，溶液又变为无色。

由上可见，溶液 pH 的变化可以使指示剂的颜色发生改变。这是因为 pH 的变化使得溶液中指示剂的结构发生转变而显示出颜色的变化。但是，并不是溶液 pH 的任何微小的变化都能引起指示剂颜色的变化，指示剂的颜色变化只在一定的 pH 范围内发生。

二、酸碱指示剂的变色范围

若以 HIn 表示指示剂的酸色型，其颜色称为酸色；In^- 表示指示剂的碱色型，其颜色称为碱色。HIn 在溶液中的解离为

$$HIn \rightleftharpoons H^+ + In^- \tag{4-31}$$
酸色型　　　　碱色型

当解离达到平衡时

$$K_{HIn} = \frac{[H^+][In^-]}{[HIn]} \tag{4-32}$$

K_{HIn} 为指示剂的解离常数，简称指示剂常数，在一定温度下是定值。式（4-32）可改写成

$$\frac{[In^-]}{[HIn]} = \frac{K_{HIn}}{[H^+]} \tag{4-33}$$

由式（4-33）可知：

（1）$[In^-]/[HIn]$ 为指示剂碱色型平衡浓度与酸色型平衡浓度的比值，该比值的大小决定溶液的颜色。

（2）$[In^-]/[HIn]$ 比值的大小取决于溶液 $[H^+]$ 和指示剂 K_{HIn}。因为 K_{HIn} 在一定的温度下为常数，因此该比值的大小只受溶液 $[H^+]$ 的影响。也就是说，溶液的颜色只与溶

73

液 pH 有关。

（3）需要指出的是，由于人眼辨别颜色的能力有限，因此并不是溶液 pH 的任何微小变化都会使人们观察到溶液颜色的变化。具体颜色变化如下所示

$$\frac{[In^-]}{[HIn]} < \frac{1}{10} \quad = \frac{1}{10} \quad = 1 \quad = \frac{10}{1} \quad > \frac{10}{1}$$

酸色　　略带　　中间　　略带　　碱色

碱色　　颜色　　酸色

酸色　　←变　色　范　围→　　碱色

变色点

$$pH = pK_{HIn}$$

由上可见，只有当 $[In^-]/[HIn]$ 比值在 10/1～1/10 之间，即 pH 在 $(pK_{HIn}+1)$～$(pK_{HIn}-1)$ 之间时，才能看到指示剂酸色和碱色的变化过程。例如，当 pH 由 $pK_{HIn}+1$ 变化到 $pK_{HIn}-1$ 时，可以观察到指示剂从碱色变成酸色的变化，反之亦然。所以，$pH = pK_{HIn} \pm 1$ 称为指示剂的变色范围，也常称为指示剂的理论变色范围。当 $pH = pK_{HIn}$ 时，$[In^-]/[HIn]=1$，称为指示剂的理论变色点。计算时常将理论变色点视为滴定终点。指示剂的实际变色点与理论变色点常存在一定的差异。差异的大小与指示剂酸碱色的颜色及其深浅有关，此外，还与观察者对颜色敏感程度的个体差异有关。常用酸碱指示剂见表 4-1。

表 4-1　常用酸碱指示剂

指示剂	变色范围 pH	颜色		pK_{HIn}	浓　　度
		酸色	碱色		
百里酚蓝（第一步解离）	1.2～2.8（第一次变色）	红	黄	1.7	0.1％乙醇（20％）溶液
甲基黄	2.9～4.0	红	黄	3.3	0.1％乙醇（90％）溶液
甲基橙	3.1～4.4	红	黄	3.4	0.1％水溶液
溴酚蓝	3.0～4.6	黄	紫	4.1	0.1％乙醇（20％）溶液或其钠盐 0.1％水溶液
溴甲酚绿	3.8～5.4	黄	蓝	4.9	0.1％乙醇（20％）溶液或其钠盐 0.1％水溶液
甲基红	4.4～6.2	红	黄	5.2	0.1％乙醇（60％）溶液
溴百里酚蓝	6.0～7.6	黄	蓝	7.3	0.1％乙醇（20％）溶液或其钠盐 0.1％水溶液
中性红	6.8～8.0	红	黄橙	7.4	0.1％乙醇（60％）溶液
酚红	6.7～8.4	黄	红	8.0	0.1％乙醇（20％）溶液或其钠盐 0.1％水溶液
百里酚蓝（第二步解离）	8.0～9.6（第二次变色）	黄	蓝	8.9	0.1％乙醇（20％）溶液
酚酞	8.2～10.0	无	红	9.1	0.1％乙醇（60％）溶液
百里酚酞	9.4～10.6	无	蓝	10.0	0.1％乙醇（90％）溶液

由指示剂变色 pH 范围可见：

（1）指示剂变色 pH 范围与指示剂常数 K_{HIn} 有关。不同的指示剂具有不同的 K_{HIn}，因而具有不同的变色范围。

（2）指示剂理论上应在以 pK_{HIn} 为中心的两个 pH 单位内变色。但在常用指示剂列表中，我们会发现指示剂的实际变色范围与理论变色范围并不完全一致，而是上下略有变化。这主要是由于人眼对颜色的辨别能力有限及指示剂两种颜色间互相掩盖所致。

例如，甲基橙的酸色型 HIn 为红色，碱色型 In^- 为黄色，$pK_{HIn}=3.4$，其理论变色范围应为 $2.4 \sim 4.4$。但实测的变色范围为 $3.1 \sim 4.4$。这说明甲基橙由红色变黄色时，其碱色型的浓度是酸色型浓度的 10 倍时才能看到明显黄色而看不到红色，即

$$\frac{[In^-]}{[HIn]}=\frac{K_{HIn}}{[H^+]}=10$$

$$[H^+]=\frac{1}{10}K_{HIn}, \quad pH=pK_{HIn}+1=3.4+1=4.4$$

而当甲基橙由黄色变为红色时，其酸色型浓度是碱色型浓度的两倍时就能看到明显的红色，即

$$\frac{[In^-]}{[HIn]}=\frac{K_{HIn}}{[H^+]}=\frac{1}{2}$$

$$[H^+]=2K_{HIn}, \quad pH=pK_{HIn}-\lg2=3.4-0.31=3.1$$

产生这种差异的主要原因是人眼对红色相比黄色更为敏感。所以甲基橙实测变色范围在 pH 小的一端就比理论范围缩小一些。

（3）指示剂变色范围窄可以减少过渡色，减小测定误差。这样在变色范围内，只要溶液 pH 稍有变化，指示剂就可立即从一种颜色变到另一种颜色。指示剂变色灵敏有利于提高滴定分析结果的准确度。

三、影响指示剂变色范围的因素

1. 指示剂用量

根据上述指示剂的解离平衡可以看出，对于双色指示剂，例如甲基橙，变色点仅与 $[In^-]/[HIn]$ 比值有关，与指示剂用量无关。但也不宜过多，因为指示剂本身也会消耗滴定剂，引起滴定误差。此外，过量时也会使颜色变化不明显。

对于单色指示剂，指示剂用量对变色点会有一定影响。例如酚酞，酸色型 HIn 无色，颜色深度仅取决于碱色型 In^- 的红色。设人眼观察到红色时所要求的最低碱色型的浓度为 a，可视为固定值。若指示剂的总浓度为 c，由指示剂的解离平衡式可得

$$\frac{K_{HIn}}{[H^+]}=\frac{[In^-]}{[HIn]}=\frac{a}{c-a}$$

因为 K_{HIn} 和 a 都是定值，所以，如果 c 增大，维持溶液中 $[In^-]=a$ 所需要的 $[H^+]$ 就要相应增大，即指示剂会在较低 pH 时变微红色。例如，在 $50 \sim 100$ mL 溶液中加入 0.1% 酚酞 $2 \sim 3$ 滴，$pH \approx 9$ 时出现微红色；而在同样条件下加入 $10 \sim 15$ 滴酚酞，则在 $pH \approx 8$ 时出现微红色。因此，单色指示剂需要控制用量。

2. 温度

温度改变时，指示剂的解离常数 K_{HIn} 和水的自递常数 K_w 都会变化，因而指示剂变色范

围也随之改变。温度对一些指示剂变色范围的影响见表 4－2。例如，甲基橙在 18 ℃时的变色范围是 3.2～4.4，在 100 ℃时为 2.5～3.7。因此，滴定宜在室温下进行。如果反应需加热，应将溶液温度降至室温后再进行滴定。

表 4－2　温度对指示剂变色范围的影响

指示剂	变色范围（pH）		指示剂	变色范围（pH）	
	18 ℃	100 ℃		18 ℃	100 ℃
百里酚蓝	1.2～2.8	1.2～2.6	甲基橙	3.2～4.4	2.5～3.7
溴酚蓝	3.0～4.6	3.0～4.5	甲基红	4.2～6.3	4.0～6.0
酚红	6.4～8.0	6.6～8.2	酚酞	8.0～10.0	8.0～9.2

3. 电解质

电解质的存在对酸碱指示剂的影响主要有两个方面：一方面是改变了溶液的离子强度，因而会改变指示剂的表观解离常数，进而影响指示剂变色范围；另一方面是如果电解质具有吸收不同波长光波的性质，也会影响指示剂的颜色变化。因此，滴定溶液中不应有大量盐类存在。

四、混合指示剂

表 4－1 中所列指示剂都是单一指示剂，在各个领域都有广泛应用。但在某些应用中，有时单一指示剂不能满足实际要求，例如存在变色范围比较宽，或者有些指示剂在变色过程中出现一些难以辨别的过渡色等问题。此时，可以考虑采用混合指示剂。混合指示剂利用单一指示剂之间颜色的互补作用，具有变色范围窄、变色敏锐等优点。常用的酸碱混合指示剂见表 4－3。通常采用以下两种方法配制混合指示剂。

表 4－3　常用酸碱混合指示剂

混合指示剂组成	变色点 pH	颜色		备　注
		酸色	碱色	
1 份 0.1%甲基黄乙醇溶液 1 份 0.1%亚甲基蓝乙醇溶液	3.25	蓝紫	绿	pH＝3.2，蓝紫色 pH＝3.4，绿色
1 份 0.1%甲基橙水溶液 1 份 0.25%靛蓝二磺酸钠水溶液	4.1	紫	黄绿	pH＝4.1，灰色
3 份 0.1%溴甲酚绿乙醇溶液 1 份 0.2%甲基红乙醇溶液	5.1	酒红	绿	pH＝5.1，灰色 颜色变化极显著
1 份 0.1%溴甲酚绿钠盐水溶液 1 份 0.1%氯酚红钠盐水溶液	6.1	黄绿	蓝紫	pH＝5.4，蓝绿色 pH＝5.8，蓝色 pH＝6.0，蓝微带紫色 pH＝6.2，蓝紫色
1 份 0.1%中性红乙醇溶液 1 份 0.1%亚甲基蓝乙醇溶液	7.0	蓝紫	绿	pH＝7.0，蓝紫色
1 份 0.1%甲基红钠盐水溶液 3 份 0.1%百里酚蓝钠盐水溶液	8.3	黄	紫	pH＝8.2，玫瑰色 pH＝8.4，紫色

续表

混合指示剂组成	变色点 pH	颜色		备　　注
		酸色	碱色	
1 份 0.1％酚酞乙醇溶液 2 份 0.1％甲基绿乙醇溶液	8.9	绿	紫	pH＝8.8，浅蓝色 pH＝9.0，紫色
1 份 0.1％酚酞乙醇溶液 1 份 0.1％百里酚酞乙醇溶液	9.9	无	紫	pH＝9.6，玫瑰色 pH＝10.0，紫色

1. 由两种以上指示剂混合而成

例如，将 0.1％溴甲酚绿（变色范围 3.8～5.4）与 0.2％甲基红（变色范围 4.4～6.2）以 3∶1 体积比混合制得混合指示剂。混合前后颜色变化如下所示。在 pH＝5.1 时，由于绿色和橙色互补，溶液呈现灰色，变色范围变窄，颜色变化灵敏。

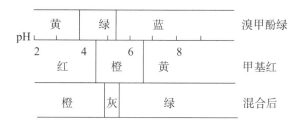

2. 由一种指示剂和一种惰性染料混合而成

所谓惰性染料，是指它的颜色不随溶液 pH 变化而改变，例如亚甲基蓝、靛蓝二磺酸钠等。例如，在甲基橙中加入靛蓝二磺酸钠可以制得这类混合指示剂。混合前后颜色变化如下所示。当 pH 增大时，溶液由紫色→灰色→绿色，灰色范围很窄，颜色变化明显，即使在灯光下也容易辨别。

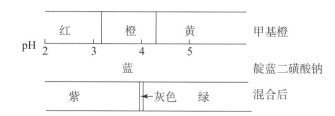

4.6　酸碱滴定法的基本原理

在酸碱指示剂的讨论中，我们知道指示剂的颜色变化与溶液 pH 有关。因而，研究酸碱滴定过程中溶液 pH 变化规律，有助于滴定反应指示剂的选择和滴定终点的确定，提高滴定分析的准确度。不同类型的酸碱滴定，滴定过程的 pH 变化规律各不相同。因此，下面就不同类型的酸碱滴定分别加以讨论。

在酸碱滴定中，滴定剂一般都是强酸或强碱，最常用的是 HCl 标准溶液和 NaOH 标准溶液；被测物为各种具有一定碱性或酸性的物质。有关弱酸与弱碱之间的滴定，因其滴定突跃太小，实际意义不大，故本书不予以讨论。

一、强碱滴定强酸或强酸滴定强碱

强碱 NaOH 与强酸 HCl 之间的相互滴定，由于它们在溶液中全部解离，故滴定反应为

$$H^+ + OH^- = H_2O$$

现以 NaOH 标准溶液滴定同浓度的 HCl 溶液为例进行讨论。设 HCl 溶液的浓度 $c_{HCl} = 0.100\,0\ mol \cdot L^{-1}$，体积 $V_{HCl} = 20.00\ mL$；NaOH 标准溶液的浓度 $c_{NaOH} = 0.100\,0\ mol \cdot L^{-1}$，滴定时加入的体积为 $V_{NaOH}\ mL$。

将滴定过程分为滴定前、化学计量点前、化学计量点、化学计量点后等四个阶段来考虑。

1. 滴定前（$V_{NaOH} = 0$）

滴定前，被测溶液中 $[H^+]$ 等于 HCl 溶液的原始浓度，即

$$[H^+] = c_{HCl} = 0.100\,0\ mol \cdot L^{-1}$$
$$pH = 1.00$$

2. 滴定开始至化学计量点前（$V_{NaOH} < V_{HCl}$）

滴定开始后，随着 NaOH 标准溶液的不断滴入，被测 HCl 溶液中 $[H^+]$ 逐渐减小。滴入一定体积 NaOH 溶液后，被测溶液中 $[H^+]$ 取决于反应剩余的 HCl 物质的量和溶液的体积。即

$$[H^+] = \frac{c_{HCl}V_{HCl} - c_{NaOH}V_{NaOH}}{V_{HCl} + V_{NaOH}} = \frac{c_{HCl}(V_{HCl} - V_{NaOH})}{V_{HCl} + V_{NaOH}}$$

例如，当滴入 NaOH 溶液 18.00 mL 时：

$$[H^+] = 0.100\,0 \times \frac{2.00}{20.00 + 18.00} = 5.26 \times 10^{-3}\ (mol \cdot L^{-1})$$
$$pH = 2.28$$

当滴入 NaOH 溶液 19.98 mL，即离化学计量点相差半滴（相对误差 -0.1%）时

$$[H^+] = 0.100\,0 \times \frac{2.00}{20.00 + 19.98} = 5.00 \times 10^{-5}\ (mol \cdot L^{-1})$$
$$pH = 4.30$$

3. 化学计量点时（$V_{NaOH} = V_{HCl}$）

滴入 NaOH 溶液 20.00 mL 时，NaOH 和 HCl 恰好按化学计量关系反应完全，达到化学计量点。此时被测溶液的 $[H^+]$ 由水的解离决定，即

$$[H^+] = [OH^-] = 1.00 \times 10^{-7}\ (mol \cdot L^{-1})$$
$$pH = 7.00$$

4. 化学计量点后（$V_{NaOH} > V_{HCl}$）

此时 NaOH 溶液过量，溶液的酸碱性取决于过量的 NaOH 溶液体积和溶液体积，即

$$[OH^-] = \frac{c_{NaOH}V_{NaOH} - c_{HCl}V_{HCl}}{V_{HCl} + V_{NaOH}} = \frac{c_{NaOH}(V_{NaOH} - V_{HCl})}{V_{HCl} + V_{NaOH}}$$

例如，当滴入 NaOH 溶液 20.02 mL，即超过化学计量点半滴（相对误差 $+0.1\%$）时

$$[OH^-] = 0.100\,0 \times \frac{0.02}{20.00 + 20.02} = 5.0 \times 10^{-5}\ (mol \cdot L^{-1})$$
$$pOH = 4.30$$

$$pH=14.00-4.30=9.70$$

按照上述方法，可以计算出每加入一定体积的 NaOH 标准溶液后被测溶液的 ［H^+］ 及 pH。滴定过程中溶液 pH 计算结果见表 4—4。如果以 NaOH 标准溶液的加入量（或滴定百分数）为横坐标，以 pH 为纵坐标来绘制曲线，即可得到酸碱滴定曲线（图 4—5）。

表 4—4　$0.100\ 0\ mol \cdot L^{-1}$ NaOH 标准溶液滴定同浓度 20.00 mL HCl 溶液的 pH 变化

加入 NaOH/mL	剩余的 HCl/mL	HCl 被滴定的百分数/%	过量的 NaOH/mL	［H^+］/(mol $\cdot$ L^{-1})	pH	
0	20.00	0		1.00×10^{-1}	1.00	
18.00	2.00	90.00		5.26×10^{-3}	2.28	
19.80	0.20	99.00		5.02×10^{-4}	3.30	
19.98	0.02	99.90		5.00×10^{-5}	4.30	滴定突跃
20.00	0	100.0		1.00×10^{-7}	7.00	
20.02		100.1	0.02	2.00×10^{-10}	9.70	
20.20		101.0	0.20	2.01×10^{-11}	10.70	
22.00		110.0	2.00	2.10×10^{-12}	11.68	
40.00		200.0	20.00	5.00×10^{-13}	12.62	

从表 4—4 和图 4—5 中可以看出：

（1）在整个滴定过程中，溶液 pH 并不是均匀变化的。从滴定开始至加入 NaOH 溶液 19.98 mL，即有 99.9% 的 HCl 被滴定时，这一阶段中溶液的 pH 只改变了 4.30−1.00=3.30 pH 单位。但在这之后，即从加入 NaOH 溶液 19.98 mL 至 20.02 mL 阶段，加入的 NaOH 溶液体积只有 0.04 mL（1 滴左右，相当于化学计量点前后±0.1% 的误差范围），溶液 pH 却从 4.30 突跃至 9.70，变化了 5.40 个 pH 单位。此时溶液也由酸性变为碱性，发生了由量变到质变的转折。该转折之后再继续加入 NaOH 溶液，溶液的 pH 变化又变小，类似于化学计量点之前的 pH 变化。

（2）在化学计量点前后±0.1% 相对误差内，溶液 pH 发生突变，这段曲线几乎是垂线。这种 pH 突

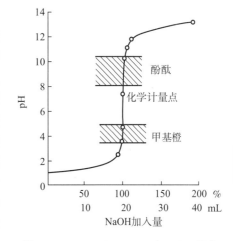

图 4—5　$0.100\ 0\ mol \cdot L^{-1}$ NaOH 标准溶液滴定同浓度 HCl 溶液的滴定曲线

变现象称为"滴定突跃"，其所处的 pH 范围称为"滴定突跃范围"。滴定突跃范围在滴定分析中具有十分重要的意义，它是指示剂选择的依据。指示剂选择的一般原则是：凡是变色范围全部或部分处于滴定突跃范围内的指示剂，均可用来指示滴定终点，可以保证测定有足够的准确度。例如，用 $0.100\ 0\ mol \cdot L^{-1}$ 的 NaOH 标准溶液滴定 $0.100\ 0\ mol \cdot L^{-1}$ HCl 溶液时，其滴定突跃范围为 4.30～9.70，酚酞、甲基红、甲基橙都是适用的指示剂。此外，滴定突跃还启示我们，当滴定至接近化学计量点时，必须小心地半滴半滴地滴加溶液，以免滴

过终点带来测定误差。

（3）从选择指示剂的角度出发，滴定突跃范围越大，越有利于指示剂的选择。突跃范围小会影响指示剂的选择，有时会因选不到合适的指示剂而使滴定分析无法进行。对于强碱滴定强酸，滴定突跃范围的大小还与溶液的浓度有关。溶液浓度对滴定突跃范围的影响如图 4—6 所示。

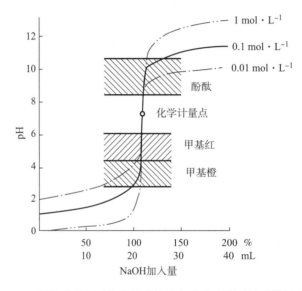

图 4—6　不同浓度的强碱标准溶液滴定相应浓度强酸溶液的滴定曲线

由图 4—6 可见，分别用 $0.01\ mol \cdot L^{-1}$、$0.1\ mol \cdot L^{-1}$ 和 $1\ mol \cdot L^{-1}$ 的 NaOH 溶液滴定相同浓度的 HCl 溶液时，其滴定突跃范围分别为 $5.3 \sim 8.7$、$4.3 \sim 9.7$ 和 $3.3 \sim 10.7$。可见溶液的浓度越大，滴定突跃范围也越大。例如，用 $0.01\ mol \cdot L^{-1}$ 的 NaOH 溶液滴定等浓度的 HCl 溶液时，其突跃范围减小到 $5.3 \sim 8.7$，已不能选用甲基橙作指示剂。因而，在常规滴定分析中不能采用浓度太低的标准溶液和试样溶液。

上面讨论的是强碱滴定强酸。如果反过来，用强酸滴定强碱，情况又是怎样呢？其滴定曲线与强碱滴定强酸的滴定曲线呈对称状，pH 变化的方向相反，酚酞和甲基红都可用作指示剂。如果用甲基橙作指示剂，终点时由黄色变为橙色（pH＝4）时约有＋0.2% 以上的误差。此时需对测定结果进行校正。校正的方法是取 40 mL 0.05 mol·L^{-1} NaCl 溶液，加入与滴定时相同量的甲基橙（终点时溶液的组成），然后滴加 0.1 mol·L^{-1} HCl 溶液至溶液颜色正好与被滴定的溶液颜色相同为止，将消耗的 HCl 溶液体积从滴定 NaOH 溶液时消耗的 HCl 体积中减去。

由上可见，酸碱滴定曲线揭示了酸碱滴定过程中溶液 pH 变化的规律，特别是滴定突跃，它是选择指示剂的依据。因此，任何一种酸碱滴定，为了正确地确定终点，都离不开对滴定曲线的讨论。

二、强碱滴定弱酸或强酸滴定弱碱

现以 NaOH 标准溶液滴定同浓度的 HAc 溶液为例，讨论强碱滴定弱酸的滴定曲线及其指示剂的选择。设 HAc 溶液的浓度 $c_{HAc} = 0.100\ 0\ mol \cdot L^{-1}$，体积 $V_{HAc} = 20.00\ mL$；

NaOH 标准溶液的浓度 $c_{NaOH}=0.100\ 0\ mol \cdot L^{-1}$，滴定时加入的 NaOH 溶液的体积为 V_{NaOH}。

为了掌握强碱滴定弱酸的滴定过程中溶液 pH 变化的规律，与讨论强碱滴定强酸一样，将滴定过程分为滴定前、化学计量点前、化学计量点、化学计量点后等四个阶段进行讨论。

1. 滴定前（$V_{NaOH}=0$）

滴定开始前，$0.100\ 0\ mol \cdot L^{-1}$ HAc 溶液的 $[H^+]$ 为

$$[H^+]=\sqrt{K_a c_{HAc}}=\sqrt{1.76\times 10^{-5}\times 0.100\ 0}=1.36\times 10^{-3}\ (mol \cdot L^{-1})$$
$$pH=2.88$$

2. 滴定开始至化学计量点前（$V_{NaOH}<V_{HAc}$）

NaOH 标准溶液滴入 HAc 溶液中发生反应，生成 NaAc，并与溶液中剩余的 HAc 组成 HAc－NaAc 缓冲体系，故溶液的 pH 应按缓冲溶液 pH 计算公式进行计算，即

$$pH=pK_a+\lg \frac{[Ac^-]}{[HAc]}$$

其中　　　$[HAc]=\dfrac{c_{HAc}V_{HAc}-c_{NaOH}V_{NaOH}}{V_{HAc}+V_{NaOH}}$；$[Ac^-]=\dfrac{c_{NaOH}V_{NaOH}}{V_{HAc}+V_{NaOH}}$

因为 $c_{HAc}=c_{NaOH}=0.100\ 0\ mol \cdot L^{-1}$，于是有

$$pH=pK_a+\lg \frac{V_{NaOH}}{V_{HAc}-V_{NaOH}}$$

当加入 NaOH 溶液 19.98 mL，即离化学计量点相差半滴（相对误差 -0.1%）时

$$pH=4.75+\lg \frac{19.98}{0.02}=7.75$$

3. 化学计量点时（$V_{NaOH}=V_{HAc}$）

加入 NaOH 溶液 20.00 mL，此时 NaOH 与溶液中 HAc 恰好按化学计量关系完全反应，达到化学计量点。由于 NaAc 为弱碱，根据弱碱溶液 pH 计算公式，可得到溶液 pH，即

$$[OH^-]=\sqrt{K_b c_{NaAc}}=\sqrt{\frac{K_w}{K_a}c_{NaAc}}=\sqrt{\frac{1.00\times 10^{-14}}{1.76\times 10^{-5}}\times 0.050\ 00}=5.33\times 10^{-6}\ (mol \cdot L^{-1})$$
$$pOH=5.28 \qquad pH=14.00-5.28=8.72$$

4. 化学计量点后（$V_{NaOH}>V_{HAc}$）

因加入的过量 NaOH 溶液抑制了 Ac^- 的解离，故此时溶液的 pH 主要取决于过量的 NaOH 浓度，其计算方法与强碱滴定强酸的相同。

例如，滴入 NaOH 溶液 20.02 mL 时，NaOH 过量 0.02 mL，即超过化学计量点半滴（相对误差 $+0.1\%$），此时溶液的 pH 为

$$[OH^-]=\frac{c_{NaOH}(V_{NaOH}-V_{HAc})}{V_{NaOH}+V_{HAc}}=\frac{0.100\ 0\times 0.02}{20.02+20.00}=5.00\times 10^{-5}\ (mol \cdot L^{-1})$$
$$pOH=4.30 \qquad pH=14.00-4.30=9.70$$

按照上述方法可以计算出每加入一定体积 NaOH 溶液后溶液的 pH。现将计算结果列于表 4－5 中，并据此绘制得到相应的滴定曲线，如图 4－7 所示。

表 4－5　0.100 0 mol · L^{-1} NaOH 标准溶液滴定同浓度 20.00 mL HAc 溶液的 pH 变化

加入 NaOH /mL	HAc 被滴定的百分数/%	溶液组成	［H$^+$］或［OH$^-$］计算公式	pH
0	0	HAc	［H$^+$］$=\sqrt{K_a c_{\text{HAc}}}$	2.88
10.00	50.0			4.75
18.00	90.0	HAc＋Ac$^-$	［H$^+$］$=K_a \dfrac{[\text{HAc}]}{[\text{Ac}^-]}$	5.70
19.80	99.0			6.74
19.98	99.9			7.75
20.00	100.0	Ac$^-$	［OH$^-$］$=\sqrt{K_b c_{\text{NaAc}}}=\sqrt{\dfrac{K_w}{K_a}c_{\text{NaAc}}}$	8.72
20.02	100.1			9.70
20.20	101.0	OH$^-$＋Ac$^-$	［OH$^-$］$=\dfrac{c_{\text{NaOH}}(V_{\text{NaOH}}-V_{\text{HAc}})}{V_{\text{NaOH}}+V_{\text{HAc}}}$	10.70
22.00	110.0			11.68
40.00	200.0			12.50

（7.75～9.70 区间标注：滴定突跃）

对比强碱滴定强酸的滴定曲线，可以发现强碱滴定弱酸的滴定曲线有以下特点：

（1）滴定曲线起始点的 pH 高（pH＝2.88）。这是因为 HAc 是弱酸，在水溶液中不能全部解离。因此，溶液［H$^+$］小于强酸的起始浓度。

（2）从滴定开始到化学计量点前的这段滴定曲线，开始时 pH 增加较快，其后减缓，而接近化学计量点时，pH 增加又逐渐变大。这一现象是由于滴定刚开始时，加入的 NaOH 与 HAc 作用，中和了部分 H$^+$，而产生 Ac$^-$ 因其同离子效应抑制了 HAc 的解离，致使溶液中［H$^+$］迅速降低，即 pH 增加较快，曲线的斜率较大。随着滴定的进行，HAc 的浓度不断降低，而 NaAc 的浓度逐渐增大，溶液中形成 HAc-NaAc 的缓冲体系。因此，

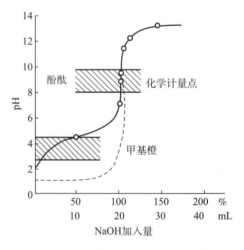

图 4－7　0.100 0 mol · L^{-1} NaOH 标准溶液滴定同浓度 HAc 溶液的滴定曲线

溶液的 pH 变化减缓，使得该部分曲线较为平缓。当 50% 的 HAc 被滴定时，［HAc]/［Ac$^-$]＝1，此时溶液的缓冲能力最大。接近化学计量点时，由于溶液中绝大部分 HAc 已被中和，缓冲作用减弱，溶液 pH 增加变大，曲线的斜率又迅速增大。

（3）滴定突跃范围小。由于上述原因，强碱滴定弱酸的滴定突跃较相同浓度的强碱滴定强酸的滴定突跃要小得多。由 4.3～9.7 减小到 7.7～9.7，减小了 3.4 个 pH 单位。在化学计量点时，由于 Ac$^-$ 是弱碱，溶液 pH＝8.7，显碱性。显然不能采用在酸性范围内变色的指示剂，例如甲基橙、甲基红等，否则会引起较大的滴定误差。酚酞的变色范围恰好在此滴定突跃范围内，所以强碱滴定弱酸应选用酚酞作指示剂。

（4）影响强碱滴定弱酸滴定突跃范围大小的主要因素有浓度和弱酸强度。浓度的影响与

前述的强碱滴定强酸一样，即溶液的浓度越大，滴定突跃范围也越大。弱酸的 K_a 越大，酸性越强，则滴定突跃范围也越大。图 4－8 是用 $0.100\ 0\ mol \cdot L^{-1}$ NaOH 溶液分别滴定同浓度 20.00 mL 不同酸强度的弱酸溶液的滴定曲线。由图可见，当弱酸浓度一定时，滴定突跃范围随弱酸 K_a 的减小而减小。当酸性太弱时，例如 $K_a \leqslant 10^{-9}$，已经没有明显的滴定突跃，难以选到合适的酸碱指示剂指示滴定终点。

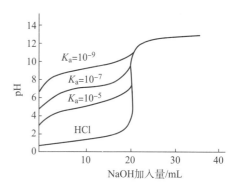

图 4－8　$0.100\ 0\ mol \cdot L^{-1}$ NaOH 标准溶液滴定同浓度不同强度酸溶液的滴定曲线

表 4－6 综合了酸浓度和酸强度对滴定突跃范围的影响。由表可见，K_a 一定时，浓度越大，或浓度一定，K_a 越大时，滴定突跃范围越大。即 cK_a 越大，滴定突跃范围越大。当浓度为 $0.1\ mol \cdot L^{-1}$、$K_a \leqslant 10^{-9}$ 时，已无明显的滴定突跃，实践证明，人眼借助指示剂能够准确判断的滴定突跃的 ΔpH 在 0.3 单位以上，即当 $\Delta pH \geqslant 0.3$ 时，才能保证滴定分析相对误差 $\leqslant \pm 0.1\%$。由表 4－6 中的 ΔpH 可知，只有当弱酸的 $cK_a \geqslant 10^{-8}$ 时，才能满足这一要求。因此，通常以 $cK_a \geqslant 10^{-8}$ 作为判断弱酸能否被准确滴定的条件。

表 4－6　强碱滴定弱酸时化学计量点附近 pH 的变化

解离常数 K_a	$1\ mol \cdot L^{-1}$ 溶液			$0.1\ mol \cdot L^{-1}$ 溶液			$0.01\ mol \cdot L^{-1}$ 溶液		
	-0.1%	$+0.1\%$	ΔpH	-0.1%	$+0.1\%$	ΔpH	-0.1%	$+0.1\%$	ΔpH
10^{-5}	9.00	10.70	1.70	9.00	9.77	0.77	8.70	9.00	0.30
10^{-7}	10.00	10.70	0.70	9.70	10.00	0.30	9.30	9.40	0.10
10^{-8}	10.70	11.00	0.30	10.30	10.40	0.10			
10^{-9}	11.30	11.40	0.10	10.83	10.87	0.04			

对于强酸滴定弱碱，其滴定过程处理方法与强碱滴定弱酸的相似，但得到的滴定曲线 pH 变化方向相反。例如，$0.100\ 0\ mol \cdot L^{-1}$ HCl 滴定同浓度 20.00 mL $NH_3 \cdot H_2O$ 溶液的滴定曲线如图 4－9 所示。

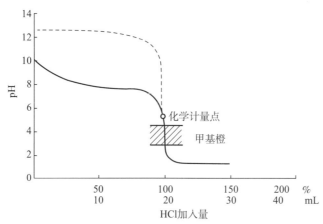

图 4－9　$0.100\ 0\ mol \cdot L^{-1}$ HCl 标准溶液滴定同浓度 $NH_3 \cdot H_2O$ 溶液的滴定曲线

用 HCl 滴定氨水的滴定反应产物为 NH_4^+。从图 4—9 可以看出，由于 NH_4^+ 显酸性，化学计量点的 pH 偏酸性（pH＝5.28），滴定突跃也在酸性区（pH＝6.24～4.30），因此只能选用在酸性范围内变色的指示剂来指示终点，例如甲基橙、甲基红等。

与强碱滴定弱酸相似，弱碱的强度和弱碱溶液的浓度都影响反应的完全程度和滴定突跃的大小。碱性太弱或浓度太低的弱碱也不能直接滴定。只有当 $cK_b \geqslant 10^{-8}$ 时，这样的弱碱才能被准确滴定。

三、多元酸和多元碱的滴定

1. 多元酸的滴定

多元酸在水溶液中是分步解离的，例如 H_3PO_4 有三级解离

$$H_3PO_4 \Longrightarrow H^+ + H_2PO_4^- \qquad K_{a1}=6.9 \times 10^{-3}$$

$$H_2PO_4^- \Longrightarrow H^+ + HPO_4^{2-} \qquad K_{a2}=6.2 \times 10^{-8}$$

$$HPO_4^{2-} \Longrightarrow H^+ + PO_4^{3-} \qquad K_{a3}=4.8 \times 10^{-13}$$

磷酸每步解离产生的 H^+ 能否被准确滴定，可以依据弱酸滴定判别式 $cK_a \geqslant 10^{-8}$ 进行判断。磷酸的 $cK_{a1} > 10^{-8}$，$cK_{a2} > 10^{-8}$，而 $cK_{a3} < 10^{-8}$，表明磷酸第一级和第二级解离的 H^+ 能被准确滴定，而第三级解离的 H^+ 不能被准确滴定。

那么磷酸前两级解离的 H^+，是同时被滴定还是可以分步滴定？即在滴定曲线上只有一个滴定突跃，还是有两个滴定突跃？这取决于两个相邻 K_a 值相差的大小。当 $K_{a1}/K_{a2} \geqslant 10^5$ 时，表明可以明显区分两级解离，滴定曲线上出现两个滴定突跃，可以被分步滴定；当 $K_{a3}/K_{a2} < 10^5$ 时，表明该两级解离区分不明显，两级解离产生的 H^+ 同时被滴定。据此，因磷酸的 $K_{a1}/K_{a2} > 10^5$，$K_{a2}/K_{a3} > 10^5$，因此磷酸一级、二级解离的 H^+ 可以被分步滴定。

如果目测终点误差约为 0.3 pH 单位，要保证终点误差约为 0.5%，相邻两级解离常数的比值必须大于 10^5。这一结论的得出基于终点误差的计算结果。通常，对于多元酸的滴定，首先根据 $cK_a \geqslant 10^{-8}$ 判断能否对第一级解离出的 H^+ 进行准确滴定，然后再根据 $K_{a1}/K_{a2} > 10^5$ 来判断第二级解离产生的 H^+ 是否对第一级解离 H^+ 的滴定产生干扰。例如草酸，$K_{a1}=5.9 \times 10^{-2}$，$K_{a2}=6.5 \times 10^{-5}$，$K_{a1}/K_{a2} \approx 10^3 < 10^5$，故不能准确进行分步滴定。多数多元弱酸的情况与此相似，各级解离 K_a 值相差较小，只能形成一个滴定突跃，不能分步滴定。但草酸的 K_{a1} 和 K_{a2} 均较大，可以按二元酸一次滴定，在化学计量点附近有较大的突跃。

多元酸的滴定曲线计算比较复杂，通常用酸度计记录滴定过程中 pH 的变化，测定得到其滴定曲线。在实际工作中，为了选择指示剂，通常只须计算化学计量点的 pH，然后在此 pH 附近选择指示剂。

下面讨论用 0.100 0 mol·L^{-1} NaOH 标准溶液滴定同浓度 H_3PO_4 溶液的情况。为计算方便，采用最简式计算化学计量点的 pH。

第一化学计量点时为 NaH_2PO_4 的水溶液，溶液 pH 为

$$[H^+] = \sqrt{K_{a1}K_{a2}}$$

$$pH = \frac{1}{2}(pK_{a1} + pK_{a2}) = \frac{1}{2} \times (2.16 + 7.12) = 4.64$$

第一步滴定以甲基橙作指示剂时，终点由红变黄。因其滴定突跃较小，终点误差较大（误差为 -0.5%）。还可以选用混合指示剂（溴甲酚绿-甲基橙，变色点 pH＝4.3，橙色→

绿色），终点变色较明显。

第二化学计量点时为 Na_2HPO_4 的水溶液，溶液 pH 为

$$[H^+] = \sqrt{K_{a2}K_{a3}}$$

$$pH = \frac{1}{2}(pK_{a2} + pK_{a3}) = \frac{1}{2} \times (7.12 + 12.32) = 9.72$$

第二步滴定可选用百里酚酞指示剂（变色点 pH≈10），终点由无色变为浅蓝，终点误差约为 +0.3%。也可以选用混合指示剂（酚酞－百里酚酞，无色→紫色），终点变色较明显。

用 $0.1000\ mol \cdot L^{-1}$ NaOH 标准溶液滴定同浓度 H_3PO_4 溶液的滴定曲线如图 4－10 所示。从上述的讨论可以看出，多元酸的滴定可以看作是不同强度的一元酸混合物的滴定。HPO_4^{2-} 不能用 NaOH 溶液直接滴定，但可通过生成难溶化合物使弱酸强化的反应进行测定。在 HPO_4^{2-} 溶液中加入 Ca^{2+}，发生如下反应

$$2HPO_4^{2-} + 3Ca^{2+} = Ca_3(PO_4)_2 \downarrow + 2H^+$$

可以用 NaOH 溶液滴定定量释放出来的 H^+。为了避免 $Ca_3(PO_4)_2$ 溶解，选用酚酞作指示剂。

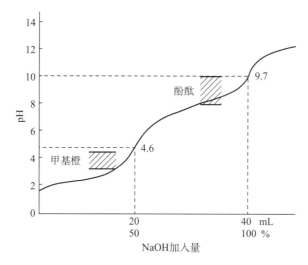

图 4－10　$0.1000\ mol \cdot L^{-1}$ NaOH 标准溶液滴定同浓度 H_3PO_4 溶液的滴定曲线

2. 多元碱的滴定

强酸滴定多元碱时，处理方式类似于上述强碱滴定多元酸。以 HCl 标准溶液滴定 Na_2CO_3 溶液为例。Na_2CO_3 为二元碱，在水溶液中分步解离

$$CO_3^{2-} + H^+ \Longrightarrow HCO_3^- \qquad K_{b1} = 10^{-3.77}$$

$$HCO_3^- + H^+ \Longrightarrow H_2CO_3 \qquad K_{b2} = 10^{-7.65}$$

因 $c_b K_{b1} > 10^{-8}$、$c_b K_{b2} \approx 10^{-8}$，$K_{b1}/K_{b2} = 10^{3.90} \approx 10^4$，两步滴定反应间有一定的交叉，分步滴定的准确性不如 NaOH 溶液滴定 H_3PO_4 的准确性高。

第一化学计量点时为酸式盐溶液，溶液 pH 为

$$[H^+] = \sqrt{K_{a1}K_{a2}}$$

$$pH=\frac{1}{2}(pK_{a1}+pK_{a2})=\frac{1}{2}\times(6.35+10.33)=8.34$$

可以选用酚酞作指示剂，但终点颜色较难判断（红至微红）。可以采用混合指示剂（例如甲酚红－百里酚蓝）指示终点，颜色变化比较明显。

第二化学计量点时产物为 $H_2CO_3(CO_2+H_2O)$，其饱和溶液的浓度约为 $0.040\ mol\cdot L^{-1}$，溶液 pH 为

$$[H^+]=\sqrt{K_{a1}c}=\sqrt{10^{-6.35}\times0.040}=1.3\times10^{-4}$$
$$pH=3.89$$

可以选用甲基橙或甲基橙－靛蓝磺酸钠混合指示剂。滴定到第二化学计量点时，易形成 CO_2 的过饱和溶液，使溶液的酸度稍有增大，终点出现稍稍早些。因此，在滴定至接近终点时，可加热煮沸除去 CO_2，冷却后再滴定至终点（或充分振摇除去 CO_2 后再滴定至终点）。由于排除了 CO_2 的干扰，终点敏锐。HCl 标准溶液滴定 Na_2CO_3 溶液的滴定曲线如图 4－11 所示。

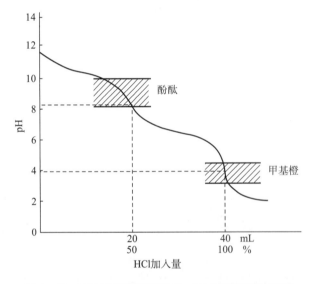

图 4－11　HCl 标准溶液滴定 Na_2CO_3 溶液的滴定曲线

3. 滴定误差

由上可知，酸碱滴定法的误差来源有多种，其中因滴定终点与化学计量点不相符所引起的滴定误差有主要影响。滴定误差产生的来源如下：

（1）指示剂误差：滴定终点时指示剂颜色的变色点与化学计量点不相符。例如，以强酸滴定强碱，化学计量点时溶液 pH＝7。当以甲基橙作指示剂时，其变色范围为 $3.1\sim4.4$，这样就要多消耗一些酸。因此，指示剂的变色点应尽可能地接近于化学计量点，有助于减小滴定误差。

（2）滴数误差：当滴定的液滴不是很小时，滴定终点可能会少许超过化学计量点。滴定的液滴越小，可能超过的量就越小。因此，当滴定至接近终点时，要注意放慢滴定速度，特别是最后几滴，必须半滴半滴地加，以便减小滴定误差。

此外，标准溶液的浓度、指示剂的用量等也会对滴定误差有影响。

4.7　酸碱滴定法的滴定终点误差

在酸碱滴定中，通常利用指示剂来确定滴定终点。若滴定终点 ep 与化学计量点 sp 不一致就会产生滴定误差，这种误差称为滴定终点误差（end point error，E_t）。滴定误差总是存在的，即使指示剂的变色点与化学计量点完全一致，人眼观察变色点时仍有 ± 0.3pH 的误差。下面为方便讨论，将指示剂的变色点 pH 作为滴定终点的 pH。滴定终点误差属于方法误差，不包括滴定操作本身引起的误差。其大小与被滴定溶液中剩余的酸（碱）或过量的标准溶液（滴定剂）有关，一般以百分数表示为

$$E_t = \frac{\text{标准溶液的过量或不足的物质的量}}{\text{被测物的物质的量}} \times 100\%$$

一、滴定强酸（或强碱）的终点误差

以 NaOH 标准溶液滴定 HCl 溶液为例。若滴定终点时 NaOH 少许过量或不足，则

$$E_t = \frac{n(\text{过量或不足的 NaOH})}{n(\text{sp 时应加入的 NaOH})} \times 100\% = \frac{n_{NaOH} - n_{HCl}}{n_{HCl}} \times 100\% = \frac{(c_{NaOH}^{ep} - c_{HCl}^{ep})V_{ep}}{c_{HCl}^{sp}V_{sp}} \times 100\%$$

$$(4-34)$$

式中，c_{sp}、V_{sp} 为化学计量点时 HCl 的实际浓度和体积；V_{ep} 为滴定终点时溶液的体积。因为通常 V_{ep} 与 V_{sp} 相差很小，故 $V_{sp} \approx V_{ep}$，代入式（4－34）得

$$E_t = \frac{c_{NaOH}^{ep} - c_{HCl}^{ep}}{c_{HCl}^{sp}} \times 100\% \qquad (4-35)$$

滴定中溶液的质子条件式为

$$[H^+] + c_{NaOH} = [OH^-] + c_{HCl}$$

即

$$c_{NaOH} - c_{HCl} = [OH^-] - [H^+]$$

于是，强碱滴定强酸的滴定终点误差为

$$E_t = \frac{[OH^-]_{ep} - [H^+]_{ep}}{c_{HCl}^{sp}} \times 100\% \qquad (4-36)$$

若滴定终点恰好在化学计量点处，则 $[OH^-]_{ep} = [H^+]_{ep}$，$E_t = 0$。若终点时指示剂在化学计量点后变色，NaOH 少许过量，即 $[OH^-]_{ep} > [H^+]_{ep}$，$E_t > 0$，终点误差为正值；若终点时指示剂在化学计量点前变色，NaOH 用量不足，即 $[OH^-]_{ep} < [H^+]_{ep}$，$E_t < 0$，终点误差为负值。当 NaOH 溶液滴定同浓度的 HCl 溶液至化学计量点时，理论上被测溶液体积增加一倍，溶液浓度应为其初始浓度的一半，故 $c_{HCl}^{sp} = (1/2)c_{HCl}^0$。

设滴定终点与化学计量点的 pH 差值为 ΔpH，即 ΔpH $=$ pH$_{ep}$ $-$ pH$_{sp}$，则

$$\Delta pH = pH_{ep} - pH_{sp} = -\lg[H^+]_{ep} - (-\lg[H^+]_{sp}) = -\lg \frac{[H^+]_{ep}}{[H^+]_{sp}}$$

则

$$[H^+]_{ep} = [H^+]_{sp} \times 10^{-\Delta pH}$$

而

$$[OH^-]_{ep} = [OH^-]_{sp} \times 10^{\Delta pH}$$

将 $[H^+]_{ep}$ 和 $[OH^-]_{ep}$ 代入式（4－36）可以得到

$$E_t = \frac{([OH^-]_{sp} \times 10^{\Delta pH}) - ([H^+]_{sp} \times 10^{-\Delta pH})}{c_{HCl}^{sp}} \times 100\%$$

而
$$[OH^-]_{sp}=[H^+]_{sp}=\sqrt{K_w}$$

故

$$E_t=\frac{\sqrt{K_w}(10^{\Delta pH}-10^{-\Delta pH})}{c_{HCl}^{sp}}=\frac{10^{\Delta pH}-10^{-\Delta pH}}{c_{HCl}^{sp}\sqrt{\dfrac{1}{K_w}}}\times100\% \tag{4-37}$$

式（4-37）为强碱滴定强酸时的终点误差计算公式，常称为林邦误差公式（Ringbom error formula）。

采用上述类似的方法，也可以得到强酸滴定强碱时的滴定终点误差计算式

$$E_t=\frac{[H^+]_{ep}-[OH^-]_{ep}}{c_{sp}}\times100\% \tag{4-38}$$

例 4-7 计算 0.100 0 mol·L^{-1} NaOH 溶液滴定同浓度 HCl 溶液，分别滴定至 (1) pH=4.0（甲基橙指示终点）和 (2) pH=9.0（酚酞指示终点）时的滴定终点误差。

解：(1) pH=4.0 时

$$[H^+]=10^{-4.0}\text{ mol·L}^{-1},\ [OH^-]=10^{-10.0}\text{ mol·L}^{-1},\ c_{HCl}^{sp}=0.050\ 00\text{ mol·L}^{-1}$$

$$E_t=\frac{10^{-10.0}-10^{-4.0}}{0.050\ 00}\times100\%=-0.2\%$$

(2) pH=9.0 时

$$[H^+]=10^{-9.0}\text{ mol·L}^{-1},\ [OH^-]=10^{-5.0}\text{ mol·L}^{-1},\ c_{HCl}^{sp}=0.050\ 00\text{ mol·L}^{-1}$$

$$E_t=\frac{10^{-5.0}-10^{-9.0}}{0.050\ 00}\times100\%=0.02\%$$

计算结果表明，用 NaOH 溶液滴定 HCl 溶液时，采用酚酞作为指示剂的终点误差更小，是甲基橙指示剂的终点误差的 1/10。

例 4-8 计算 0.010 0 mol·L^{-1} HCl 溶液滴定同浓度的 NaOH 溶液，分别滴定至 (1) pH=4.0（甲基橙指示终点），(2) pH=9.0（酚酞指示终点）的滴定终点误差。

解：(1) pH=4.0 时

$$[H^+]=10^{-4.0}\text{ mol·L}^{-1},\ [OH^-]=10^{-10.0}\text{ mol·L}^{-1},\ c_{HCl}^{sp}=0.005\ 00\text{ mol·L}^{-1}$$

$$E_t=\frac{10^{-4.0}-10^{-10.0}}{0.005\ 00}\times100\%=2\%$$

(2) pH=9.0 时

$$[H^+]=10^{-9.0}\text{ mol·L}^{-1},\ [OH^-]=10^{-5.0}\text{ mol·L}^{-1},\ c_{HCl}^{sp}=0.005\ 00\text{ mol·L}^{-1}$$

$$E_t=\frac{10^{-9.0}-10^{-5.0}}{0.005\ 00}\times100\%=-0.2\%$$

计算结果表明，用 HCl 溶液滴定同浓度 NaOH 溶液时，只能采用酚酞作为指示剂，不能采用甲基橙作为指示剂，因其终点误差 $E_t=2\%$，不符合滴定分析的要求。此外，对比例 4-7 和例 4-8 的计算结果可以看到，标准溶液浓度变为 1/10 后，滴定至相同 pH 时的终点误差增大了 10 倍。由于稀溶液的滴定突跃范围减小，甲基橙已不能用作 0.010 0 mol·L^{-1} 强酸滴定强碱的指示剂。

二、滴定弱酸的终点误差

设用 NaOH 标准溶液滴定一元弱酸 HA(解离常数为 K_a)。终点时的溶液相当于 c_{NaOH}^{ep} NaOH

和 c_{HA}^{ep} HA 的混合溶液。其质子条件式为

$$[H^+]_{ep}+c_{NaOH}=[A^-]_{ep}+[OH^-]_{ep}$$

物料平衡式为

$$c_{HA}^{ep}=[A^-]_{ep}+[HA]_{ep}$$

两式相减后整理得 $\quad c_{NaOH}^{ep}-c_{HA}^{ep}=[OH^-]_{ep}-[H^+]_{ep}-[HA]_{ep}\approx[OH^-]_{ep}-[HA]_{ep}$

因为强碱滴定弱酸，终点时溶液呈碱性，即 $[OH^-]_{ep}\gg[H^+]_{ep}$，因而 $[H^+]_{ep}$ 可以忽略。

因而，滴定误差 E_t 为

$$E_t=\frac{c_{NaOH}^{ep}-c_{HA}^{ep}}{c_{HA}^{sp}}\times100\%=\frac{[OH^-]_{ep}-[HA]_{ep}}{c_{HA}^{sp}}\times100\% \tag{4-39}$$

设滴定终点与化学计量点的 pH 差值为 ΔpH，即 $\Delta pH=pH_{ep}-pH_{sp}$，则

$$[OH^-]_{ep}=[OH^-]_{sp}\times10^{\Delta pH}\approx\sqrt{\frac{K_w}{K_a}c_{HA}^{sp}}\times10^{\Delta pH}$$

而

$$K_a=\frac{[A^-][H^+]}{[HA]}=\frac{[A^-]_{sp}[H^+]_{sp}}{[HA]_{sp}}=\frac{[A^-]_{ep}[H^+]_{ep}}{[HA]_{ep}}$$

因终点与化学计量点一般很接近，故

$$[A^-]_{sp}\approx[A^-]_{ep}, \quad [H^+]_{sp}/[H^+]_{ep}=[HA]_{sp}/[HA]_{ep}$$

所以

$$[HA]_{ep}=[HA]_{sp}\times10^{-\Delta pH}$$

因在化学计量点时，$[OH^-]_{sp}\approx[HA]_{sp}$，故 $[HA]_{ep}=[OH^-]_{sp}\times10^{-\Delta pH}$。

将上述两式代入式（4-39），得

$$E_t=\frac{[OH^-]_{sp}\times10^{\Delta pH}-[OH^-]_{sp}\times10^{-\Delta pH}}{c_{HA}^{sp}}\times100\%=\frac{10^{\Delta pH}-10^{-\Delta pH}\sqrt{\dfrac{K_w}{K_a}c_{HA}^{ep}}}{c_{HA}^{sp}}\times100\%$$

即得到一元弱酸的滴定终点误差公式

$$E_t=\frac{10^{\Delta pH}-10^{-\Delta pH}}{\sqrt{\dfrac{K_a}{K_w}c_{HA}^{sp}}}\times100\% \quad (c_{HA}^{sp}\approx c_{HA}^{ep}) \tag{4-40}$$

例 4-9 用 $0.100\,0\ mol \cdot L^{-1}$ NaOH 溶液滴定同浓度的 HAc 溶液，以酚酞为指示剂（$pK_{HIn}=9.1$），计算终点误差。

解：化学计量点时为 NaAc 溶液，c 为 HAc 初始浓度的一半，即 $c=0.050\,00\ mol \cdot L^{-1}$，$pc=-lg0.050\,00=1.30$。HAc 的 $pK_a=-lg1.8\times10^{-5}=4.74$，则 $pK_b=14.00-pK_a=14.00-4.74=9.26$。

根据弱碱盐溶液 $[OH^-]$ 计算式

$$[OH^-]=\sqrt{K_b c}, \qquad pOH=\frac{1}{2}(pK_b+pc)$$

可得化学计量点时溶液的 pH_{sp}，即

$$pH_{sp}=14.00-pOH=14.00-\frac{1}{2}(pK_b+pc)=14.00-\frac{1}{2}\times(9.26+1.30)=8.72$$

根据 $pH_{ep}=pK_{HIn}=9.1$，得 $\Delta pH=pH_{ep}-pH_{sp}=9.1-8.72=0.38$

则由式（4-40）可得

$$E_t = \frac{10^{\Delta pH} - 10^{-\Delta pH}}{\sqrt{\dfrac{K_a}{K_w} c_{HA}^{sp}}} \times 100\% = \frac{10^{0.38} - 10^{-0.38}}{\sqrt{\dfrac{1.8 \times 10^{-5}}{1.0 \times 10^{-14}} \times 0.050\ 00}} \times 100\% = 0.02\%$$

例 4—10　用 NaOH 溶液滴定同浓度的弱酸 HA 溶液。已知指示剂的变色点与化学计量点完全一致，但由于目测终点时有 $\Delta pH = 0.3$ 的不确定性，因而产生终点误差。若使 $E_t \leqslant 0.2\%$，弱酸的 $c_{HA}K_a$ 应至少等于多少？

解：由式（4—40）可得

$$\sqrt{c_{HA}^{sp} K_a} \geqslant \frac{10^{\Delta pH} - 10^{-\Delta pH}}{E_t} \sqrt{K_w}$$

$$c_{HA}^{sp} K_a \geqslant \left(\frac{10^{0.3} - 10^{-0.3}}{0.002} \right)^2 \times 10^{-14} = 5 \times 10^{-9}$$

因为弱酸 HA 的初始浓度 $c_{HA} = 2c^{sp}c_{HA}$，所以

$$c_{HA} K_a = 2c_{HA}^{sp} K_a \geqslant 1 \times 10^{-8}$$

可以以此作为一元弱酸能否被准确滴定的判据。

4.8　酸碱标准溶液的配制和标定

酸碱滴定中最常用的是 HCl 标准溶液和 NaOH 标准溶液。浓度一般为 $0.01 \sim 1\ mol \cdot L^{-1}$，最常用的浓度是 $0.1\ mol \cdot L^{-1}$。通常采用间接法配制。

一、酸标准溶液

酸标准溶液一般用 HCl 配制，有时也用 H_2SO_4 配制。HCl 标准溶液稳定性好，可以长期保存。H_2SO_4 溶液的稳定性也较好，但它的第二级解离常数（$pK_{a2} = 2$）不大，所以滴定突跃较小，同时，有些金属离子的硫酸盐难溶于水，在此情况下就不能应用。

酸标准溶液通常为浓度 $0.1 \sim 0.2\ mol \cdot L^{-1}$ 的溶液。浓度过高时，为了使标准溶液消耗体积在 $20 \sim 30\ mL$ 范围内以减小滴定管读数误差，需要增加试样的质量，可能会消耗大量试剂，造成浪费。如果浓度太低，滴定突跃变小，指示剂变色不明显，产生分析误差。

HCl 标准溶液一般用浓 HCl 采用间接法配制，即先配制成近似浓度的溶液，再用基准物标定。常用于标定 HCl 标准溶液的基准物有无水 Na_2CO_3 和硼砂。

1. 无水碳酸钠

无水碳酸钠容易获得纯品，价格低，但吸湿性强。Na_2CO_3 易吸收空气中的水分，使用前应在 $270 \sim 300\ ℃$ 干燥至恒重，然后密封于瓶内置干燥器中保存备用。称量时速度要快，避免吸收空气中的水分而引入误差。

用 Na_2CO_3 标定 HCl 溶液，以甲基橙为指示剂的标定反应为

$$Na_2CO_3 + 2HCl = 2NaCl + CO_2 + H_2O$$

2. 硼砂（$Na_2B_4O_7 \cdot 10H_2O$）

硼砂容易制得纯品，无吸湿性，有较大的摩尔质量，称量误差小。但当空气相对湿度小于 39% 时，易失去结晶水，应保存在相对温度为 60% 的密闭容器中备用。

硼砂作基准物，以甲基红为指示剂的标定反应为

$$Na_2B_4O_7 + 2HCl + 5H_2O = 4H_3BO_3 + 2NaCl$$

滴定终点变色明显。

此外，也可采用 NaOH 标准溶液测定 HCl 标准溶液的浓度。

二、碱标准溶液

碱标准溶液一般用固体 NaOH 配制。NaOH 易吸潮并易吸收空气中的 CO_2 生成 Na_2CO_3，因此常用间接法配制。为了配制不含 CO_3^{2-} 的碱标准溶液，可采用浓碱法。先用 NaOH 配成饱和溶液，在此溶液中 Na_2CO_3 溶解度很小，待 Na_2CO_3 沉淀后，取上清液稀释成所需浓度，再加以标定。标定 NaOH 溶液的基准物有邻苯二甲酸氢钾（$KHC_8H_4O_4$，KHP）、草酸等。

1. 邻苯二甲酸氢钾（KHP）

邻苯二甲酸氢钾易制得纯品，在空气中不吸湿，易保存，摩尔质量大，是一种理想的基准物。其标定反应为

邻苯二甲酸的 $pK_{a2}=5.51$，因此，采用酚酞指示终点，变色相当敏锐。邻苯二甲酸氢钾通常在 $100\sim125\ ℃$ 下干燥后备用。干燥温度过高会脱水生成苯二甲酸酐。

2. 草酸（$H_2C_2O_4 \cdot 2H_2O$）

草酸是二元弱酸，$pK_{a1}=1.23$，$pK_{a2}=4.19$，由于 $K_{a1}/K_{a2}<10^5$，只能准确滴定至 $C_2O_4^{2-}$，标定反应为

$$H_2C_2O_4 + 2NaOH = Na_2C_2O_4 + 2H_2O$$

在化学计量点时，溶液 pH 为 8.4，化学计量点附近的 pH 突跃为 $7.7\sim10.0$，可选酚酞作指示剂。

草酸相当稳定，在相对湿度 5%～95% 时不易风化失水，可保存在密闭容器中备用。

与酸标准溶液相似，碱标准溶液也可采用酸标准溶液确定其准确浓度。

三、酸碱滴定中 CO_2 的影响

酸碱滴定中，CO_2 的影响不能忽略。CO_2 的来源很多，例如，水中溶解的 CO_2；碱标准溶液和配制碱标准溶液的试剂本身吸收了 CO_2（成了碳酸盐）；滴定过程中溶液不断吸收 CO_2 等。酸碱滴定中 CO_2 的影响是多方面的，影响的大小取决于终点 pH 和选用的指示剂。

根据 H_2CO_3 的 K_{a1} 和 K_{a2}，计算不同 pH 时 H_2CO_3 在溶液中存在的各型体的分布分数，见表 4-7。

表 4-7　不同 pH 时 H_2CO_3 溶液中各种型体的分布分数

pH	$\delta_{H_2CO_3^*}$	$\delta_{HCO_3^-}$	$\delta_{CO_3^{2-}}$
4	0.996	0.004	0
5	0.959	0.041	0
6	0.701	0.299	0
7	0.190	0.810	0

续表

pH	$\delta_{H_2CO_3}$ *	$\delta_{HCO_3^-}$	$\delta_{CO_3^{2-}}$
8	0.023	0.972	0.005
9	0.002	0.945	0.053
* 包括 $CO_2 + H_2CO_3$。			

用 HCl 滴定 NaOH 时，如果 NaOH 溶液吸收了 CO_2 转变为 Na_2CO_3，反应式为

$$2NaOH + CO_2 = Na_2CO_3 + H_2O$$

从反应式可以看到，2 mol NaOH 相当于 1 mol Na_2CO_3。滴定时如果用甲基橙作指示剂（终点 pH＝4），终点时溶液中存在的主要型体是 H_2CO_3，滴定所消耗的 HCl 与 Na_2CO_3 的物质的量之比是 2∶1；如果用酚酞作指示剂（终点 pH＝9），终点时溶液中存在的主要型体是 HCO_3^-，滴定时所消耗的 HCl 与 Na_2CO_3 的物质的量之比是 1∶1。因此，如果 NaOH 溶液中有 x mol NaOH 与 CO_2 反应生成 $0.5x$ mol Na_2CO_3，用 HCl 滴定到 pH＝4 时消耗了 x mol HCl，在这种情况下，CO_2 的影响很小，可以忽略不计。但若滴定到 pH＝9，只消耗了 $0.5x$ mol HCl，HCl 的消耗量由于 NaOH 吸收了 CO_2 而变少了，因而 CO_2 有明显的影响。

用 NaOH 滴定 HCl 时，若 HCl 溶液中溶解了 CO_2，则相当于 NaOH 滴定 HCl 和 H_2CO_3 的混合酸。若用甲基橙作指示剂，因 H_2CO_3 不被滴定，CO_2 没有影响；若用酚酞作指示剂，H_2CO_3 被滴定到 HCO_3^-，NaOH 的消耗量增加了，CO_2 的影响较大。

强酸滴定强碱或强酸滴定弱碱采用甲基橙作指示剂的优点是 CO_2 的影响很小。当溶液浓度为 $0.1 \sim 0.5$ $mol \cdot L^{-1}$ 时，可以采用甲基橙作指示剂；当溶液浓度低于 0.1 $mol \cdot L^{-1}$ 时，不宜采用甲基橙。

强碱滴定弱酸，终点 pH＞7 的范围内，CO_2 的影响不能忽略。一般情况下，采用同一指示剂在相同条件下进行标定和测定可以部分抵消 CO_2 的影响。有时需要按下面的方法配制不含 CO_2 的 NaOH 溶液：先配成饱和 NaOH 溶液（约 50%），在这种浓碱溶液中，Na_2CO_3 的溶解度很小，待 Na_2CO_3 沉淀后，取上层清液，用已煮沸除去 CO_2 的蒸馏水稀释到所需的浓度。配制的 NaOH 标准溶液应保存在装有虹吸管及碱石棉管（含有 $Ca(OH)_2$）的瓶中，防止吸收空气中的 CO_2。长时间放置后，溶液的浓度会改变，应该重新标定。

4.9　酸碱滴定法的应用

酸碱滴定法在生产实际中应用广泛。许多工业产品如烧碱、纯碱、硫酸铵和碳酸氢铵等，一般都采用酸碱滴定法测定其主成分的含量。在化工、材料、食品、医药工业的原料、中间产品和成品分析中，酸碱滴定法有着广泛的应用。下面举例说明酸碱滴定法的应用。

一、混合碱的测定

混合碱的测定常采用双指示剂法（double indicator titration）。双指示剂法是指在一份被测溶液中先加入一种指示剂，用滴定剂滴定到第一个终点后，再加入另一种指示剂，继续滴定到第二个终点。滴定结束后，根据两个终点消耗的标准溶液的体积，可以定性判断试样

中所含的碱性成分，并根据反应计量关系计算出各组分含量。用双指示剂法测定多元酸（或多元碱）时，如果酸碱反应不能完全分步进行而是稍有交叉，测定结果的准确度较低。

双指示剂法常用于混合碱试样的测定。例如，工业用碱含有 Na_2CO_3 和少量的 NaOH 或 $NaHCO_3$，采用双指示剂法可以对工业用碱的碱性成分进行定性和定量。双指示剂法测定混合碱的滴定曲线及各步可能发生的反应如图 4—12 所示。

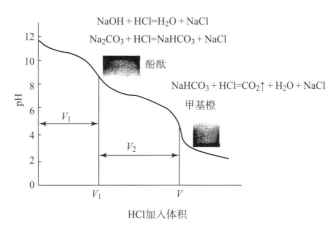

图 4—12　双指示剂法测定混合碱的滴定曲线

需要说明的是，本法测定的混合碱一般是指含有 Na_2CO_3、NaOH 和 $NaHCO_3$ 等碱性成分的混合物。常见混合物为 NaOH 和 Na_2CO_3 的混合物或者 Na_2CO_3 和 $NaHCO_3$ 的混合物。NaOH 和 $NaHCO_3$ 不能共存，因为它们之间能发生反应。

1. Na_2CO_3 与 NaOH 混合物的测定

准确称取一定量试样，溶解后，以酚酞为指示剂，用 HCl 标准溶液滴定至红色刚消失，此时用去 HCl 溶液的体积 V_1。在这步反应中，试样溶液中 NaOH 全部被中和，而 Na_2CO_3 仅被中和到 $NaHCO_3$。再向该溶液中加入甲基橙指示剂，继续用 HCl 溶液滴定至橙红色，此时用去 HCl 溶液的体积 V_2。

整个滴定过程所发生的反应如下：

第一个终点（酚酞变色）发生的反应（消耗 HCl 溶液 V_1）为

$$NaOH + HCl = NaCl + H_2O$$
$$Na_2CO_3 + HCl = NaHCO_3 + NaCl$$

第二个终点（甲基橙变色）发生的反应（消耗 HCl 溶液 V_2）为

$$NaHCO_3 + HCl = NaCl + CO_2 + H_2O$$

显然 $V_1 > V_2$。双指示剂法测定 Na_2CO_3 与 NaOH 混合物的测定过程及组分与消耗 HCl 标准溶液体积之间的关系如图 4—13 所示。

组分质量分数的计算式为

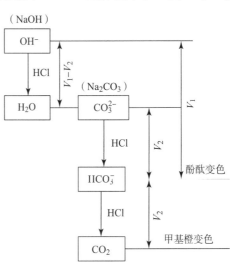

图 4—13　Na_2CO_3 与 NaOH 混合物的测定原理

$$w_{\text{NaOH}}=\frac{c_{\text{HCl}}\times(V_1-V_2)\times M_{\text{NaOH}}\times 10^{-3}}{m_s}\times 100\%$$

$$w_{\text{Na}_2\text{CO}_3}=\frac{\frac{1}{2}c_{\text{HCl}}\times 2V_2\times M_{\text{Na}_2\text{CO}_3}\times 10^{-3}}{m_s}\times 100\%$$

2. Na_2CO_3 与 $NaHCO_3$ 混合物的测定

其测定原理参见 Na_2CO_3 与 $NaOH$ 混合物的测定原理。到达第一滴定终点时，试样中的 Na_2CO_3 被滴定至 $NaHCO_3$。设此时所消耗的 HCl 标准溶液的体积为 V_1。再继续滴定时，由 Na_2CO_3 生成的 $NaHCO_3$ 与原来试样溶液中的 $NaHCO_3$ 同时被滴定。设到达第二滴定终点时所消耗 HCl 标准溶液的体积为 V_2。

整个滴定过程反应如下：

第一个终点（酚酞变色）发生的反应（消耗 HCl 溶液 V_1）为

$$Na_2CO_3+HCl=NaHCO_3+NaCl$$

第二个终点（甲基橙变色）发生的反应（消耗 HCl 溶液 V_2）为

$$NaHCO_3+HCl=NaCl+CO_2+H_2O$$

显然 $V_2>V_1$。双指示剂法测定 Na_2CO_3 与 $NaHCO_3$ 混合物的测定过程及组分与消耗的 HCl 标准溶液体积之间的关系如图 4—14 所示。

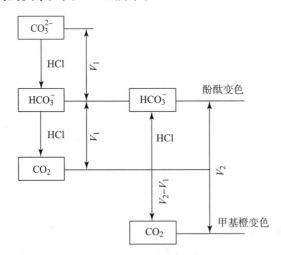

图 4—14 Na_2CO_3 和 $NaHCO_3$ 混合物的测定原理

组分质量分数的计算式为

$$w_{\text{Na}_2\text{CO}_3}=\frac{\frac{1}{2}c_{\text{HCl}}\times 2V_1\times M_{\text{Na}_2\text{CO}_3}\times 10^{-3}}{m_s}\times 100\%$$

$$w_{\text{NaHCO}_3}=\frac{c_{\text{HCl}}\times(V_2-V_1)\times M_{\text{NaHCO}_3}\times 10^{-3}}{m_s}\times 100\%$$

双指示剂法测定混合碱试样时，首先根据两个滴定终点时消耗体积的大小判定试样中含有的碱性组分（定性），确定组分后，再根据组分与滴定剂之间的反应计量关系计算各组分的质量分数（定量）。双指示剂法中消耗的 HCl 标准溶液的体积与试样组成之间的关系见表 4—8。

表 4－8　消耗的 HCl 标准溶液的体积与混合碱的组成

V_1 和 V_2 测定结果	碱性组合
$V_1 \neq 0$，$V_2 = 0$	NaOH
$V_1 = 0$，$V_2 \neq 0$	NaHCO$_3$
$V_1 = V_2 \neq 0$	Na$_2$CO$_3$
$V_1 > V_2 > 0$	NaOH + Na$_2$CO$_3$
$V_2 > V_1 > 0$	NaHCO$_3$ + Na$_2$CO$_3$

例 4－11　称取混合碱试样 0.642 2 g，以酚酞为指示剂，用 0.199 4 mol·L^{-1} HCl 溶液滴定至终点，用去酸溶液 32.12 mL；再加甲基橙指示剂滴定至终点，又用去酸溶液 22.28 mL。试计算试样中各组分的质量分数。

解：因 $V_1 = 32.12$ mL，$V_2 = 22.28$ mL，$V_1 > V_2$，故试样中碱性成分为 NaOH 和 Na$_2$CO$_3$。

以酚酞作指示剂时，滴定反应为

$$NaOH + HCl = NaCl + H_2O$$
$$Na_2CO_3 + HCl = NaHCO_3 + NaCl$$

以甲基橙作指示剂时，滴定反应为

$$NaHCO_3 + HCl = NaCl + CO_2 + H_2O$$

NaOH 与 HCl 反应的定量关系

$$\frac{m_{NaOH}}{M_{NaOH}} = c_{HCl}(V_1 - V_2)$$

质量分数计算

$$w_{NaOH} = \frac{c_{HCl} \times (V_1 - V_2) \times M_{NaOH} \times 10^{-3}}{m_s} \times 100\%$$

$$= \frac{0.199\ 4 \times (32.12 - 22.28) \times 40.00 \times 10^{-3}}{0.642\ 2} \times 100\%$$

$$= 12.22\%$$

Na$_2$CO$_3$ 与 HCl 反应的定量关系

$$\frac{m_{Na_2CO_3}}{M_{Na_2CO_3}} = c_{HCl}V_2$$

$$w_{Na_2CO_3} = \frac{\frac{1}{2}c_{HCl} \times 2V_2 \times M_{Na_2CO_3} \times 10^{-3}}{m_s} \times 100\%$$

$$= \frac{0.199\ 4 \times 22.28 \times 106.0 \times 10^{-3}}{0.642\ 2} \times 100\%$$

$$= 73.33\%$$

二、铵盐中氮的测定

实际分析中常需测定含氮试样或有机物中氮的含量。氮的测定在农业分析和有机分析中十分重要。一般先将试样处理，使试样中的氮转化为 NH$_4^+$，再用下面的方法进行测定。

1. 蒸馏法

将含 NH_4^+ 的试样放入蒸馏瓶中，加入过量 NaOH，加热煮沸使 NH_4^+ 转换成 NH_3 蒸出，并用定量过量的 H_2SO_4 或 HCl 标准溶液吸收产生的 NH_3，以甲基橙或甲基红作指示剂，用 NaOH 标准溶液回滴过量的酸。试样中氮的质量分数计算式为

$$w_N = \frac{(c_{HCl}V_{HCl} - c_{NaOH}V_{NaOH}) \times 10^{-3} \times A_N}{m_s} \times 100\%$$

也可以用过量的 2‰ H_3BO_3 溶液吸收 NH_3，生成的 $H_2BO_3^-$ 是较强碱，可用酸标准溶液滴定。

$$NH_3 + H_3BO_3 = NH_4^+ + H_2BO_3^-$$

$$H^+ + H_2BO_3^- = H_3BO_3$$

终点产物是 NH_4^+ 和 H_3BO_3（混合弱酸），pH=5，可选用甲基红作指示剂。此法的优点是只需要一种标准溶液（HCl），吸收剂 H_3BO_3 的浓度和体积无须准确，过量的 H_3BO_3 不干扰滴定。蒸馏法准确，但比较费时。试样中氮的质量分数计算式为

$$w_N = \frac{c_{HCl}V_{HCl} \times A_N \times 10^{-3}}{m_s} \times 100\%$$

2. 甲醛法

NH_4^+ 与甲醛定量反应生成质子化的六次甲基四胺和 H^+，反应如下

$$4NH_4^+ + 6HCHO = (CH_2)_6N_4H^+ + 3H^+ + 6H_2O$$

以酚酞作指示剂，用 NaOH 标准溶液滴定，因 $(CH_2)_6N_4H^+$ 的 $pK_a = 5.3$，滴定的是 $(CH_2)_6N_4H^+$ 和 H^+ 的质量分数的总和。甲醛法也可用于氨基酸的测定，将甲醛加入氨基酸试样溶液中，使甲醛与氨基酸的氨基反应失去碱性，然后用碱标准溶液滴定，利用碱与氨基酸的羧基的定量反应测定氨基酸的含量。

三、乙酰水杨酸的测定

乙酰水杨酸（俗称阿司匹林）是常用的解热镇痛药，具芳酸酯类结构。在水溶液中可解离出 H^+（$pK_a = 3.49$），可以酚酞为指示剂，用碱标准溶液直接滴定。为了防止分子中的酯水解而使结果偏高，滴定应在中性乙醇溶液中进行，并注意滴定时的温度不宜太高，在振摇下快速滴定。测定反应式为

4.10 非水溶液中的酸碱滴定

一些在水中解离常数很小的弱酸或弱碱，由于没有明显的滴定突跃而不能用酸碱滴定法进行准确测定；许多有机酸/碱在水中溶解度小，不宜于在水溶液中进行酸碱滴定。这种情况下，采用非水溶剂作为滴定介质通常可以解决上述问题。非水溶剂是指有机溶剂和不含水的无机溶剂。在非水溶剂中进行的滴定分析方法称为非水滴定法（nonaqueous titration）。以非水溶剂为滴定介质，不仅能增大有机酸/碱的溶解度，而且能准确测定其他不能在水溶液中准确滴定的弱酸/弱碱，进而扩大了滴定分析的应用范围。

除溶剂较为特殊外，非水滴定具有一般滴定分析的特点，例如准确、快速、无须特殊设备等。非水滴定法可以用于酸碱滴定、氧化还原滴定、络合滴定、沉淀滴定等，其中非水酸碱滴定应用最为广泛。有关溶剂的分类及相关性质参见本章 4.1 节，常用溶剂的自身解离常数及介电常数见表 4-9。

表 4-9　常用溶剂的自身解离常数及介电常数（25 ℃）

溶 剂	pK_s	ε	溶 剂	pK_s	ε
水	14.00	78.5	乙腈	28.5	36.6
甲醇	16.7	31.5	甲基异丁酮	>30	13.1
乙醇	19.1	24.0	二甲基甲酰胺	—	36.7
甲酸	6.22	58.5(16 ℃)	吡啶	—	12.3
冰醋酸	14.45	6.13	二氧六环	—	2.21
醋酐	14.5	20.5	苯	—	2.3
乙二胺	15.3	14.2	三氯甲烷	—	4.81

一、弱碱的非水滴定

滴定弱碱应选酸性溶剂，使弱碱的强度调平到溶剂阴离子水平，使其碱强度增强，滴定突跃明显。冰醋酸是最常用的酸性溶剂。市售冰醋酸含有少量水分，为避免水分的存在对滴定产生影响，一般需加入一定量的醋酐，使其与水反应转变成醋酸。滴定碱的标准溶液常采用高氯酸的冰醋酸溶液。这是因为高氯酸在冰醋酸中有较强的酸性，并且绝大多数有机碱的高氯酸盐易溶于有机溶剂，有利于滴定反应的进行。常用标定高氯酸标准溶液的基准物是邻苯二甲酸氢钾，常用指示剂为结晶紫。需注意的是，结晶紫在不同酸度下具有多种不同的颜色，对于具体样品测定，终点颜色应以电位滴定法确定的颜色为准。

具有碱性基团的化合物，例如胺类、氨基酸类、含氮杂环化合物、某些有机碱的盐及弱酸盐等，大都可用高氯酸标准溶液进行滴定。各国药典中应用高氯酸冰醋酸非水滴定法测定的药物包括有机弱碱、有机酸的碱金属盐、有机碱的氢卤酸盐及有机酸盐等。

有机弱碱，例如胺类、生物碱类等，只要其在水溶液中的 $K_b > 10^{-10}$，都能在冰醋酸介质中用高氯酸标准溶液进行定量测定。对 $K_b < 10^{-12}$ 的极弱碱，需使用冰醋酸－醋酐的混合溶液为介质，增加醋酐用量能增大滴定范围。例如，随着冰醋酸－醋酐（HAc-Ac$_2$O）溶剂中醋酐的增加，咖啡因（$K_b = 4.0 \times 10^{-14}$）的滴定突跃变大，如图 4-15 所示。这是因为醋酐解离生成的醋酐合乙酰阳离子 $(CH_3CO)_3^+O$ 比冰醋酸中的醋酸合质子 $CH_3COOH_2^+$ 的酸性更强，因而在醋酐中咖啡因的表观碱性更强，出现更大的滴定突跃。

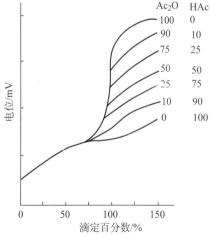

图 4-15　咖啡因在不同比例冰醋酸－醋酐混合溶剂中的滴定曲线

97

二、弱酸的非水滴定

当被测物的酸性较弱时（$pK_a > 8$），不能用 NaOH 标准溶液直接滴定。在这种情况下，选用碱性比水强的溶剂可以增强被测物的酸性，获得明显的滴定突跃。滴定不太弱的羧酸时，可用醇类作溶剂；对弱酸和极弱酸的滴定，则以碱性溶剂乙二胺或偶极亲质子溶剂二甲基甲酰胺较为常用；混合酸的区分滴定可以选择甲基异丁酮为区分性溶剂，也常使用混合溶剂，例如甲醇－苯、甲醇－丙酮等。

常用的滴定剂为甲醇钠的苯－甲醇溶液，标定基准物为苯甲酸。有时也用四丁基氢氧化铵为滴定剂。常用指示剂有百里酚蓝、偶氮紫、溴酚蓝等。

非水滴定测定的弱酸包括羧酸、酚、磺酰胺、氨基酸、某些铵盐及烯醇等。例如，酚的酸性一般比羧酸弱，例如苯酚的 $pK_a = 9.96$。若以水为溶剂，苯酚无明显的滴定突跃（图 4-16）。但若以乙二胺为溶剂，能明显增强苯酚中质子的转移，形成能被强碱滴定的离子对，用氨基乙醇钠（$NaOCH_2CH_2NH_2$）作滴定剂，可获得明显的滴定突跃，如图 4-17 所示。可以看出，苯甲酸和苯酚的滴定突跃均明显增大，苯甲酸的滴定突跃与水中强碱滴定强酸的相似，苯酚亦有明显的滴定突跃，可用于定量测定。当酚的邻位或对位有—NO_2、—CHO、—Cl、—Br 等取代基时，酸的强度有所增大，可以在二甲基甲酰胺中以偶氮紫作指示剂，用甲醇钠滴定。

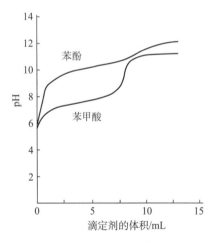

图 4-16　在水中以 NaOH 标准溶液
滴定苯甲酸和苯酚的滴定曲线

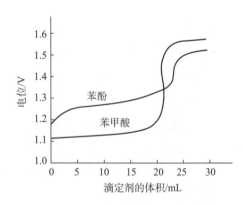

图 4-17　在乙二胺中以氨基乙醇钠标准
溶液滴定苯甲酸和苯酚的滴定曲线

思　考　题

1. 质子理论和电离理论的主要不同点是什么？

2. 在 HCl 和 HAc 都为 $1 \ mol \cdot L^{-1}$ 的溶液中，哪种酸的 $[H_3O^+]$ 较高？哪种酸与 NaOH 中和的能力大？为什么？

3. 为什么弱酸与其共轭碱、弱碱与其共轭酸组成的混合溶液具有控制溶液 pH 的能力？如果溶液 pH 需控制在 2 或 12，应如何配制？

4. 下列酸中哪些能用 NaOH 溶液直接滴定或分步滴定？哪些不能？

(1) 甲酸（HCOOH）　　　　　$K_a = 1.8 \times 10^{-4}$

(2) 硼酸（H_3BO_3）　　　　　$K_{a1} = 5.4 \times 10^{-10}$

(3) 琥珀酸（$H_2C_4H_4O_4$）　　$K_{a1} = 6.9 \times 10^{-5}$，$K_{a2} = 2.5 \times 10^{-6}$

(4) 柠檬酸（$H_3C_6H_5O_7$）　　$K_{a1} = 7.2 \times 10^{-4}$，$K_{a2} = 1.7 \times 10^{-5}$，$K_{a3} = 4.1 \times 10^{-7}$

(5) 顺丁烯二酸　　　　　　　$K_{a1} = 1.5 \times 10^{-2}$，$K_{a2} = 8.5 \times 10^{-7}$

(6) 邻苯二甲酸　　　　　　　$K_{a1} = 1.3 \times 10^{-3}$，$K_{a2} = 3.1 \times 10^{-6}$

5. 酸碱指示剂的变色原理是什么？什么是变色范围？选择指示剂的原则是什么？

6. 用 NaOH 标准溶液滴定下列多元酸时，会出现几个滴定突跃？应选用何种指示剂？

(1) H_2SO_4；(2) H_3PO_4；(3) $H_2C_2O_4$；(4) H_2CO_3

7. 为什么 HCl 标准溶液可直接滴定硼砂，但不能直接滴定甲酸钠？为什么 NaOH 标准溶液能直接滴定醋酸，但不能直接滴定硼酸？

8. 用基准物草酸（$H_2C_2O_4 \cdot 2H_2O$）标定 NaOH 标准溶液的浓度。若草酸 (1) 部分风化；(2) 带有少量吸附水；(3) 含有不溶性杂质。试问标定所得浓度偏高、偏低还是准确的？为什么？

9. 有一碱性试样，可能含有 NaOH、Na_2CO_3 或 $NaHCO_3$，也可能是其中两者的混合物（NaOH＋Na_2CO_3 或 $NaHCO_3$＋Na_2CO_3）。今用盐酸标准溶液滴定，先以酚酞为指示剂，终点时消耗 HCl 体积为 V_1；再用甲基橙指示剂，继续用 HCl 溶液滴定，终点时消耗 HCl 体积为 V_2。当出现下列情况时，判断试样溶液各由哪些物质组成。

(1) $V_1 > V_2$，$V_2 > 0$；　(2) $V_2 > V_1$，$V_1 > 0$；　(3) $V_1 = V_2$；　(4) $V_1 = 0$，$V_2 > 0$；
(5) $V_1 > 0$，$V_2 = 0$

习　题

1. 从附录一查出下列各酸的 pK_a。

$$HNO_3；CH_2ClCOOH；H_2C_2O_4；H_3PO_4$$

(1) 比较各酸的相对强弱。

(2) 写出各相应的共轭碱的化学式，计算共轭碱的 pK_b，并比较各碱的相对强弱。

2. 从附录一查出下列各碱的 pK_b。

$$NH_2OH；NH_3；H_2NCH_2NH_2；(CH_2)_6N_4$$

(1) 比较各碱的相对强弱。

(2) 写出各相应共轭酸的化学式，计算共轭酸的 pK_a，并比较各酸的相对强弱。

3. 当下列溶液各加水稀释 10 倍时，计算稀释前后溶液 pH。

(1) 0.10 $mol \cdot L^{-1}$ HCl 溶液；

(2) 0.10 $mol \cdot L^{-1}$ NaOH 溶液；

(3) 0.10 $mol \cdot L^{-1}$ HAc 溶液。

(1.00，2.00；13.00，12.00；2.88，3.38)

4. 称取粗铵盐 1.000 g，加入 NaOH 溶液，产生的氨通过蒸馏吸收在定量过量的 50.00 mL 0.500 0 $mol \cdot L^{-1}$ 的盐酸中，过量的盐酸用 0.500 0 $mol \cdot L^{-1}$ NaOH 溶液回滴，

终点用去 1.56 mL。计算试样中 NH_3 的质量分数（%）。

（41.25%）

5. 用 0.100 0 mol·L^{-1} NaOH 溶液滴定等浓度的 HCOOH（pK_a=3.75）溶液。如果（1）用中性红为指示剂，滴到 pH=7.0 为终点；（2）以百里酚酞为指示剂，滴到 pH=10.0 为终点，分别计算终点误差。

（−0.06%；0.2%）

6. 以 0.010 00 mol·L^{-1} HCl 溶液滴定等浓度的 NaOH 溶液。如果（1）用甲基橙为指示剂，滴到 pH=4.0 为终点；（2）以酚酞为指示剂，滴到 pH=8.0 为终点。分别计算终点误差，并指出哪种指示剂更合适。

（2.0%；−0.02%；酚酞）

7. 移取食醋样品 10.00 mL，置于锥形瓶中，加 2 滴酚酞指示剂，用 0.163 8 mol·L^{-1} NaOH 溶液滴定试样中的 HAc，终点消耗了 28.15 mL。已知吸取的 HAc 溶液密度 ρ=1.004 g·mL^{-1}。计算试样中 HAc 浓度和质量分数（%）。

（0.461 1 mol·L^{-1}；2.76%）

8. 称取混合碱试样 0.683 9 g，以酚酞为指示剂，用 0.200 0 mol·L^{-1} 的 HCl 溶液滴定，终点消耗了 23.10 mL，再以甲基橙为指示剂，用此 HCl 溶液继续滴定，终点又消耗盐酸 26.81 mL。计算试样中各组分的质量分数（%）。

（Na_2CO_3 71.61%；$NaHCO_3$ 9.11%）

9. 称取含 $CaCO_3$ 及中性杂质的石灰石试样 0.358 0 g，加入 25.00 mL 0.146 8 mol·L^{-1} HCl 标准溶液，过量的酸用 NaOH 标准溶液滴定，终点用去 5.60 mL。已知 1 mL NaOH 溶液相当于 1.032 mL HCl 溶液。计算石灰石中 $CaCO_3$ 的质量分数（%）。

（39.45%）

10. 已知试样可能含有组分 Na_3PO_4、Na_2HPO_4、NaH_2PO_4 或它们的混合物，以及其他不与酸作用的物质。称取该试样 2.000 g，溶解后用甲基橙作指示剂，以 0.500 0 mol·L^{-1} HCl 标准溶液滴定，终点时消耗 32.00 mL。同样质量的试样，当用酚酞作指示剂时，消耗 HCl 溶液 12.00 mL。计算试样中含有的碱性组分的质量分数（%）。

（Na_3PO_4 49.17%；Na_2HPO_4 28.39%）

11. 称取干燥恒重的邻苯二甲酸氢钾 0.167 8 g，用 1:4 的乙酸酐—冰醋酸溶液 10 mL 溶解后，用 $HClO_4$ 的冰醋酸溶液滴定，终点消耗了 8.055 mL；用该 $HClO_4$ 溶液滴定 10 mL 乙酸酐—冰醋酸（1:4）溶剂时，消耗 $HClO_4$ 溶液 0.025 mL。计算高氯酸标准溶液的浓度。

（0.102 3 mol·L^{-1}）

12. 用苯甲酸标定甲醇钠的甲醇溶液。称取 0.156 0 g 苯甲酸，溶解后用甲醇钠溶液滴定，终点消耗了 8.530 mL。计算该甲醇钠标准溶液的浓度。

（0.149 7 mol·L^{-1}）

13. 将 0.30 mol·L^{-1} 吡啶溶液与 0.10 mol·L^{-1} HCl 溶液等体积混合，计算混合溶液的 pH。

（5.53）

14. 某缓冲溶液 100 mL，HB 的浓度为 0.25 mol·L^{-1}，于此溶液中加入 0.200 g NaOH（忽略体积变化）后，溶液 pH=5.60。计算原缓冲溶液的 pH。（pK_a=5.30）

（5.45）

15. 如果将 $0.10\ mol \cdot L^{-1}$ HAc 与 $0.10\ mol \cdot L^{-1}$ NaAc 的缓冲溶液用水稀释 10 倍，计算稀释后溶液的 pH。（$pK_a = 4.74$）

(4.74)

16. 人体血液 pH $= 7.40$，计算 H_2CO_3、HCO_3^- 和 CO_3^{2-} 的分布分数。

(0.087 0，0.913，0.001 3)

17. 称取某一元弱酸 HA（$M_{HA} = 82.00\ g \cdot mol^{-1}$）试样 1.000 g，溶于 60.0 mL 水中，用 $0.250\ 0\ mol \cdot L^{-1}$ NaOH 溶液滴定。已知中和 HA 至 50% 时，溶液 pH $= 5.00$；当滴定至化学计量点时，溶液 pH $= 9.00$。计算试样中 HA 的质量分数（%）。

(82.0%)

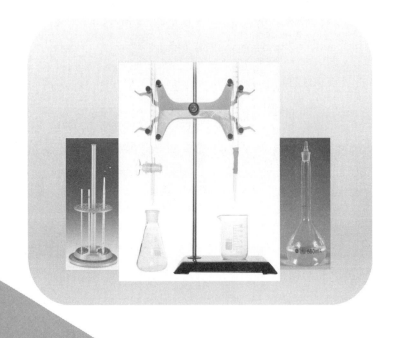

第 5 章 络合滴定法

第 5 章　络合滴定法

络合滴定法（complexation titration），又称配位滴定法，是以络合反应为基础的滴定分析法。常用于络合滴定的络合剂为氨羧络合剂，为氨基二乙酸的衍生物。氨羧络合剂有数十种，其中应用最广的是乙二胺四乙酸（ethylene diamine tetraacetic acid，EDTA）。EDTA几乎能与所有金属离子发生络合，具有络合反应速率快、络合物水溶性好、多数络合物为无色等特点，这些都为络合滴定提供了有利条件。虽然一些无机络合剂也能与大多数金属离子发生络合反应，但由于生成的无机络合物的稳定常数较小，不能用于定量滴定分析。目前最常用的络合滴定法是 EDTA 滴定法。

5.1　EDTA 性质及其金属离子络合物

一、EDTA 及其二钠盐

EDTA 是一种四元有机酸，常以 H_4Y 表示，其结构式为

$$\text{HOOCCH}_2 \quad\quad\quad\quad \text{CH}_2\text{COOH}$$
$$\text{N}-\text{CH}_2-\text{CH}_2-\text{N}$$
$$\text{HOOCCH}_2 \quad\quad\quad\quad \text{CH}_2\text{COOH}$$

在水溶液中，EDTA 分子中两个羧基上的 H^+ 可转移到 N 原子上，形成双偶极离子

$$\text{HOOCH}_2\text{C} \quad\overset{H}{\underset{+}{N}}\quad\quad \text{CH}_2\text{COO}^-$$
$$\text{N}-\text{CH}_2-\text{CH}_2-\overset{+}{\text{N}}$$
$$^-\text{OOCH}_2\text{C} \quad\quad\quad \overset{}{\underset{H}{}}\ \text{CH}_2\text{COOH}$$

在强酸性下，两个羧酸根还可以接受 H^+ 生成 H_6Y^{2+}，相当于一个六元酸，在水溶液中存在六级解离平衡

$$H_6Y^{2+} \rightleftharpoons H^+ + H_5Y^+ \qquad K_{a1}=1.3\times10^{-1}=10^{-0.9}$$
$$H_5Y^+ \rightleftharpoons H^+ + H_4Y \qquad K_{a2}=2.5\times10^{-2}=10^{-1.6}$$
$$H_4Y \rightleftharpoons H^+ + H_3Y^- \qquad K_{a3}=1.0\times10^{-2}=10^{-2.0}$$
$$H_3Y^- \rightleftharpoons H^+ + H_2Y^{2-} \qquad K_{a4}=2.14\times10^{-3}=10^{-2.67}$$
$$H_2Y^{2-} \rightleftharpoons H^+ + HY^{3-} \qquad K_{a5}=6.92\times10^{-7}=10^{-6.16}$$
$$HY^{3-} \rightleftharpoons H^+ + Y^{4-} \qquad K_{a6}=5.50\times10^{-11}=10^{-10.26}$$

将上述六级解离关系联系起来，存在下列平衡

$$H_6Y^{2+} \underset{K_6}{\overset{K_{a1}}{\rightleftharpoons}} H_5Y^+ \underset{K_5}{\overset{K_{a2}}{\rightleftharpoons}} H_4Y \underset{K_4}{\overset{K_{a3}}{\rightleftharpoons}} H_3Y^- \underset{K_3}{\overset{K_{a4}}{\rightleftharpoons}} H_2Y^{2-} \underset{K_2}{\overset{K_{a5}}{\rightleftharpoons}} HY^{3-} \underset{K_1}{\overset{K_{a6}}{\rightleftharpoons}} Y^{4-}$$

注意上面六级平衡式中，从左向右为依次为各级质子解离平衡（K_{a1}、…、K_{a6}），从右

向左依次为各级质子结合平衡（K_1、…、K_6）。同一平衡的解离常数与结合常数之间互为倒数关系，即，$K_{a1}=1/K_6$、…、$K_{a6}=1/K_1$。

由上述平衡可见，EDTA 在水溶液中同时存在 H_6Y^{2+}、H_5Y^+、H_4Y、H_3Y^-、H_2Y^{2-}、HY^{3-}、Y^{4-} 七种型体。各型体的浓度受溶液 pH 的影响，各型体的分布分数 δ 与溶液 pH 的关系如图 5−1 所示。

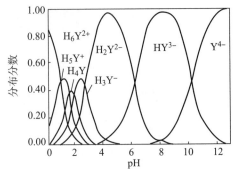

图 5−1　不同 pH 下 EDTA 各种型体的分布分数

由图 5−1 可知，各型体所占比例（分布分数）与溶液 pH 有关。在强酸性溶液（pH<1）中，主要以 H_6Y^{2+} 存在；在 pH=2.67～6.16 溶液中，主要以 H_2Y^{2-} 存在；pH≥10.26，主要以 Y^{4-} 存在；在 pH>12 时，几乎完全以 Y^{4-} 存在。如果用 c_{EDTA} 表示 EDTA 的总浓度，则有

$$c_{EDTA}=[H_6Y]+[H_5Y]+[H_4Y]+[H_3Y]+[H_2Y]+[HY]+[Y]$$

上式中为方便起见，EDTA 的各种型体均略去电荷。在 EDTA 的七种型体中，以 Y^{4-} 与金属离子形成的络合物最稳定。因此，由于随着溶液 pH 增加，Y^{4-} 的分布分数增大，有利于其与金属离子络合，因而 EDTA 在碱性溶液中络合能力强。所以，溶液酸性是影响金属离子与 EDTA 络合物稳定性的重要因素。

EDTA 在水中的溶解度很小，22 ℃时，每 100 mL 水中仅溶解 0.02 g，相当于 7×10^{-4} mol·L^{-1}。EDTA 难溶于酸和一般的有机溶剂，易溶于氨水和 NaOH 溶液中生成相应的盐。由于 EDTA 的溶解度小，在络合滴定中通常使用其二钠盐，即乙二胺四乙酸二钠（$Na_2H_2Y \cdot 2H_2O$），也常简称 EDTA。二钠盐在 22 ℃时，每 100 mL 水中可溶解 11.1 g，其饱和水溶液的浓度约为 0.3 mol·L^{-1}，pH=4.4。

二、EDTA 与金属离子的络合物

EDTA 与金属离子的络合物具有以下特点：

（1）EDTA 具有广泛的络合性，几乎能与所有的金属离子络合。EDTA 与金属离子 M 生成的络合物（也称螯合物）的立体结构如图 5−2 所示，结构中具有五个五元环。

（2）EDTA 分子中含有两个氨基和四个羧基，具有六个配位原子。一般情况下，EDTA 与金属离子的络合比为 1：1。

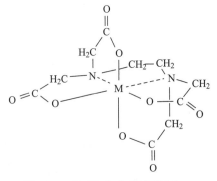

图 5−2　EDTA 与金属离子 M 生成的络合物结构示意图

例如　　$Zn^{2+}+H_2Y^{2-}=ZnY^{2-}+2H^+$
　　　　$Fe^{3+}+H_2Y^{2-}=FeY^-+2H^+$
　　　　$Sn^{4+}+H_2Y^{2-}=SnY+2H^+$

当溶液的酸性或碱性较高时，一些金属离子和 EDTA 还可能形成酸式络合物 MHY 或碱式络合物 M(OH)Y。但酸式或碱式络合物大多数不稳定，不影响金属离子与 EDTA 之间的 1：1 计量关系，故一般可忽略不计。

（3）EDTA 与无色金属离子络合时，一般生成无色的络合物，这有利于用指示剂指示终点。EDTA 与有色金属离子络合时，一般生成颜色更深的络合物。如：

NiY^{2-}	CuY^{2-}	CoY^{2-}	FeY^-	AlY^-
蓝色	深蓝色	紫红色	黄色	无色

当滴定这些金属离子时，应控制其浓度不宜过大，以免其影响指示剂终点准确判断。

（4）EDTA 与金属离子的络合物一般都溶于水，并且多数络合反应的速度比较快。这有利于络合滴定在水溶液中进行。

综上可知，EDTA 与金属离子的络合物的上述特点有利于滴定分析的进行，这也是络合滴定法能得到广泛应用的主要原因。

5.2 络合物稳定常数及其影响因素

络合反应也是溶液中的一种化学平衡，络合物的形成和解离同处于相对的平衡状态之中，其平衡状态常用平衡常数表示。在络合反应中，一般用络合物的稳定常数表示。

EDTA 与大多数金属离子反应生成 1:1 的络合物（为简便，略去式中电荷）：

$$M + Y \rightleftharpoons MY$$

反应平衡常数表达式为

$$K_{MY} = \frac{[MY]}{[M][Y]} \tag{5-1}$$

K_{MY} 是络合物 MY 的稳定常数（也称形成常数）。K_{MY} 是指在没有任何副反应存在时的络合物稳定常数。K_{MY} 越大，表明络合物越稳定。EDTA 与常见金属离子生成的络合物的稳定常数见表 5-1。

表 5-1 EDTA 络合物的稳定常数（25 ℃，$I=0.1$）

金属离子	$\lg K_{MY}$	金属离子	$\lg K_{MY}$	金属离子	$\lg K_{MY}$
Na^+	1.66	Fe^{2+}	14.33	Cu^{2+}	18.8
Li^+	2.8	La^{3+}	15.5	Hg^{2+}	21.8
Ag^+	7.3	Al^{3+}	16.13	Sn^{2+}	22.1
Ba^{2+}	7.76	Co^{2+}	16.31	Cr^{3+}	23.0
Sr^{2+}	8.63	Cd^{2+}	16.46	Th^{4+}	23.2
Mg^{2+}	8.69	Zn^{2+}	16.5	Fe^{3+}	25.1
Ca^{2+}	10.69	Pb^{2+}	18.04	Bi^{3+}	28.2
Mn^{2+}	14.04	Ni^{2+}	18.67	Zr^{4+}	29.5

由表 5-1 可见，不同金属离子与 EDTA 络合物的稳定常数（稳定性）有很大差别，大致有以下规律：

（1）碱金属离子与 EDTA 的络合物最不稳定（$\lg K_{MY} < 3$）。

（2）碱土金属离子与 EDTA 的络合物的 $\lg K_{MY} = 8 \sim 11$。

（3）过渡元素、稀土元素、Al^{3+} 与 EDTA 的络合物的 $\lg K_{MY} = 15 \sim 19$。

（4）三价、四价金属离子和 Hg^{2+} 与 EDTA 的络合物的 $\lg K_{MY} > 20$。

不同金属离子络合物稳定性的差异主要来自两方面的原因：①金属离子本身的电荷、半径和电子层结构的不同；②溶液的酸度、其他络合剂和干扰离子的存在等。本书将重点讨论络合滴定反应条件（溶液酸度、其他络合剂、共存干扰离子）对络合物稳定性的影响。

5.3　副反应系数和条件稳定常数

在某一化学反应中，通常把主要反应看作主反应，其他伴随发生的反应则为副反应。络合滴定中所涉及的化学平衡比较复杂，除了被测金属离子 M 与 EDTA 之间的主反应外，还存在其他副反应（酸效应、络合效应、干扰离子副反应、混合络合效应等），主反应与副反应的平衡关系表示如下。其中 L、N 分别是溶液中共存的其他络合剂和其他金属离子。

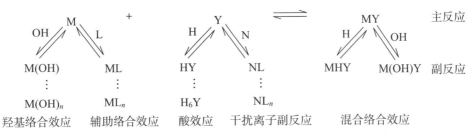

上述副反应的存在都将影响络合物 MY 的稳定性和分析测定结果的准确性。如果其中一个平衡发生移动，整个平衡将随之发生变化。在这样复杂的多元平衡体系中，需要明确每一副反应对主反应的影响程度。其影响程度通常采用副反应系数 α 和络合物条件稳定常数 K'_{MY} 对其定量评价。

从上节内容中我们知道，在没有副反应发生时，以络合物的稳定常数 K_{MY} 衡量络合反应进行的程度。达到平衡时，未参与络合反应的 M 和 Y 的浓度越小，表明生成络合物 MY 的反应进行得越完全，络合物 MY 越稳定。当有副反应发生时，未与 Y 络合的金属离子，就不只以 M 型体存在，还可能以 ML、ML_2、…、ML_n、MOH、$M(OH)_2$、…、$M(OH)_n$ 等型体存在。如果以 [M'] 表示没有与 Y 络合的金属离子的总浓度，则有

$$[M'] = [M] + [ML] + [ML_2] + \cdots + [ML_n] + [MOH] + [M(OH)_2] + \cdots + [M(OH)_n]$$

同理，溶液中未与 M 络合的络合剂 Y 也不只是以 Y 型体存在，还可能以 HY、H_2Y、…、H_6Y、NY 等型体存在，如果以 [Y'] 表示没有与 M 络合的 EDTA 总浓度，则有

$$[Y'] = [Y] + [HY] + [H_2Y] + \cdots + [H_6Y] + [NY]$$

同理，反应产物的总浓度 [(MY)'] 为

$$[(MY)'] = [MY] + [MHY] \quad \text{（在酸性溶液中）}$$
$$[(MY)'] = [MY] + [M(OH)Y] \quad \text{（在碱性溶液中）}$$

在有上述副反应存在的情况下，络合物的稳定常数用 K'_{MY} 表示

$$K'_{MY} = \frac{[(MY)']}{[M'][Y']} \tag{5-2}$$

K'_{MY} 称为条件稳定常数，也称为表观稳定常数；[M']、[Y'] 和 [(MY)'] 则称为表观浓度。K'_{MY} 是考虑了各种副反应存在下的实际稳定常数。只有条件稳定常数才能真实评价在滴定反应中有副反应存在时络合物的稳定性。

由表 5−1 可知没有副反应时的络合稳定常数 K_{MY}，若能确定 $[M']$ 与 $[M]$、$[Y']$ 与 $[Y]$、$[(MY)']$ 与 $[MY]$ 之间的关系，以及 K'_{MY} 与 K_{MY} 之间的关系，便可计算出有副反应发生时的条件稳定常数 K'_{MY}。为此，下面将通过引入各副反应系数（α_Y、α_M、α_{MY}）来定量评价各副反应的影响程度，根据建立的 K'_{MY} 与 K_{MY} 的关系式计算实际络合滴定条件下的 K'_{MY}。

一、EDTA 的副反应系数 α_Y

络合剂 EDTA 的副反应系数 α_Y 定义如下

$$\alpha_Y = \frac{[Y']}{[Y]} = \frac{[Y]+[HY]+[H_2Y]+\cdots+[H_6Y]+[NY]}{[Y]} \tag{5−3}$$

α_Y 表示没有与 M 离子络合的络合剂各型体的总浓度 $[Y']$ 与游离络合剂浓度 $[Y]$ 的比值，用来衡量络合剂 EDTA 副反应影响的程度。α_Y 越大，表示络合剂发生的副反应越严重；$\alpha_Y=1$，表示没有发生副反应，$[Y']=[Y]$。络合剂 Y 与溶液中 H^+ 和其他共存金属离子 N 发生的副反应系数分别用 $\alpha_{Y(H)}$ 和 $\alpha_{Y(N)}$ 表示。

1. EDTA 的酸效应系数 $\alpha_{Y(H)}$

络合剂 EDTA 为多元弱酸，其在溶液中的解离平衡受溶液 pH 影响。溶液偏酸性时，解离平衡向结合质子的方向移动，使得有效络合型体 Y^{4-} 减少，不利于 EDTA 与金属离子的定量络合反应。Y 的逐级质子化反应和相应的质子化常数 K（亦称结合常数）为（略去式中电荷）

$$Y+H \rightleftharpoons HY \qquad K_1 = \frac{[HY]}{[H][Y]} = 10^{10.26} \qquad \beta_1 = K_1 = 10^{10.26}$$

$$HY+H \rightleftharpoons H_2Y \qquad K_2 = \frac{[H_2Y]}{[H][HY]} = 10^{6.16} \qquad \beta_2 = K_1K_2 = 10^{16.42}$$

$$H_2Y+H \rightleftharpoons H_3Y \qquad K_3 = \frac{[H_3Y]}{[H][H_2Y]} = 10^{2.67} \qquad \beta_3 = K_1K_2K_3 = 10^{19.09}$$

$$H_3Y+H \rightleftharpoons H_4Y \qquad K_4 = \frac{[H_4Y]}{[H][H_3Y]} = 10^{2.0} \qquad \beta_4 = K_1K_2K_3K_4 = 10^{21.09}$$

$$H_4Y+H \rightleftharpoons H_5Y \qquad K_5 = \frac{[H_5Y]}{[H][H_4Y]} = 10^{1.6} \qquad \beta_5 = K_1K_2K_3K_4K_5 = 10^{22.69}$$

$$H_5Y+H \rightleftharpoons H_6Y \qquad K_6 = \frac{[H_6Y]}{[H][H_5Y]} = 10^{0.90} \qquad \beta_6 = K_1K_2K_3K_4K_5K_6 = 10^{23.59}$$

其中 β 为累积常数。由上述关系式可得到络合剂 Y 的酸效应系数 $\alpha_{Y(H)}$ 计算式

$$\alpha_{Y(H)} = \frac{[Y]+[HY]+[H_2Y]+[H_3Y]+[H_4Y]+[H_5Y]+[H_6Y]}{[Y]}$$

$$= 1+\frac{[H^+]}{K_{a6}}+\frac{[H^+]^2}{K_{a6}K_{a5}}+\frac{[H^+]^3}{K_{a6}K_{a5}K_{a4}}+\frac{[H^+]^4}{K_{a6}K_{a5}K_{a4}K_{a3}}+\frac{[H^+]^5}{K_{a6}K_{a5}K_{a4}K_{a3}K_{a2}}+\frac{[H^+]^6}{K_{a6}K_{a5}K_{a4}K_{a3}K_{a2}K_{a1}}$$

$$= 1+\beta_1[H^+]+\beta_2[H^+]^2+\beta_3[H^+]^3+\beta_4[H^+]^4+\beta_5[H^+]^5+\beta_6[H^+]^6 \tag{5−4}$$

上式表明 $\alpha_{Y(H)}$ 是 $[H^+]$ 的函数。已知各级累积常数，根据式（5−4）即可计算出任一溶液 pH 时的 $\alpha_{Y(H)}$。溶液酸性越强，$\alpha_{Y(H)}$ 越大，络合剂 Y 的络合能力越低。$\alpha_{Y(H)}$ 是研究络合平衡的重要参数之一。由于 $\alpha_{Y(H)}$ 较大，为应用方便，常用其对数值 $\lg\alpha_{Y(H)}$ 表示。表 5−2 中列出了不同溶液 pH 对应的 $\lg\alpha_{Y(H)}$，此表在后续络合滴定条件确定中常常用到。根据给定溶液的 pH 可由此表查得对应的 $\lg\alpha_{Y(H)}$，反之，也可根据计算得到的 $\lg\alpha_{Y(H)}$ 查得对应的 pH，

据此确定滴定某金属离子所需的溶液最低 pH。

表 5－2　不同溶液 pH 时的 lg$\alpha_{Y(H)}$

pH	lg$\alpha_{Y(H)}$	pH	lg$\alpha_{Y(H)}$	pH	lg$\alpha_{Y(H)}$
0.0	23.64	3.4	9.70	6.8	3.55
0.4	21.32	3.8	8.85	7.0	3.32
0.8	19.08	4.0	8.44	7.5	2.78
1.0	18.01	4.4	7.64	8.0	2.27
1.4	16.02	4.8	6.84	8.4	1.87
1.8	14.27	5.0	6.45	9.0	1.28
2.0	13.51	5.4	5.69	9.5	0.83
2.4	12.19	5.8	4.98	10.0	0.45
2.8	11.09	6.0	4.65	11.0	0.07
3.0	10.60	6.4	4.06	12.0	0

例 5－1　计算 pH＝5 时 EDTA 的酸效应系数及对数值。若 EDTA 总浓度为 0.02 mol·L^{-1}，计算 $[Y^{4-}]$。

解：pH＝5 时

$$\alpha_{Y(H)} = 1 + \frac{10^{-5}}{10^{-10.26}} + \frac{10^{-10}}{10^{-10.26-6.16}} + \frac{10^{-15}}{10^{-10.26-6.16-2.67}} + \frac{10^{-20}}{10^{-10.26-6.16-2.67-2.0}} +$$

$$\frac{10^{-25}}{10^{-10.26-6.16-2.67-2.0-1.6}} + \frac{10^{-30}}{10^{-10.26-6.16-2.67-2.0-1.6-0.9}}$$

$$= 10^{6.45}$$

$$\lg\alpha_{Y(H)} = 6.45$$

$$[Y^{4-}] = \frac{[Y']}{\alpha_{Y(H)}} = \frac{0.02}{10^{6.45}} = 8 \times 10^{-9} \ (mol \cdot L^{-1})$$

2. EDTA 与其他金属离子的副反应系数 $\alpha_{Y(N)}$

若 EDTA 也可与溶液中存在的其他金属离子 N 发生络合，其络合副反应系数 $\alpha_{Y(N)}$ 计算式为

$$\alpha_{Y(N)} = \frac{[Y]+[NY]}{[Y]} = \frac{[Y]+[N][Y]K_{NY}}{[Y]} = 1 + [N]K_{NY} \tag{5-5}$$

上面分别介绍了络合剂 EDTA 与 H$^+$ 结合的酸效应系数 $\alpha_{Y(H)}$ 及其与溶液中其他金属离子的副反应系数 $\alpha_{Y(N)}$ 的计算式。当络合剂 Y 同时与 H$^+$ 和 N 发生副反应时，其总的副反应系数 α_Y 的计算式为

$$\alpha_Y = \frac{[Y]+[HY]+[H_2Y]+\cdots+[H_6Y]+[NY]}{[Y]}$$

$$= \frac{[Y]+[HY]+[H_2Y]+\cdots+[H_6Y]}{[Y]} + \frac{[Y]+[NY]}{[Y]} - \frac{[Y]}{[Y]}$$

$$= \alpha_{Y(H)} + \alpha_{Y(N)} - 1 \tag{5-6}$$

二、金属离子 M 的副反应系数 α_M

被测金属离子 M 也可能与其他络合剂 L（可能是辅助络合剂、缓冲剂或掩蔽剂等）或 OH^- 发生副反应。若 M 和 L 发生了副反应，其副反应系数 $\alpha_{M(L)}$ 的计算式为

$$\alpha_{M(L)} = \frac{[M]+[ML]+[ML_2]+\cdots+[ML_n]}{[M]}$$
$$= 1+\beta_1[L]+\beta_2[L]^2+\cdots+\beta_n[L]^n \tag{5-7}$$

式中，β_1、β_2、$\cdots$、β_n 分别是 M 与 L 生成的络合物的各级累积常数。

例如，若 M 和 OH^- 发生副反应生成金属离子羟基络合物，各级累积常数分别为 β_1、β_2、$\cdots$、β_n，则其副反应系数 $\alpha_{M(OH)}$ 可通过式（5-8）计算。已知溶液 $[OH^-]$，即可计算出 $\alpha_{M(OH)}$。

$$\alpha_{M(OH)} = 1+\beta_1[OH]+\beta_2[OH]^2+\cdots+\beta_n[OH]^n \tag{5-8}$$

若 M 同时与 L 和 OH^- 发生副反应，则总的副反应系数 α_M 的计算式为

$$\alpha_M = \frac{[M']}{[M]}$$
$$= \frac{[M]+[ML]+[ML_2]+\cdots+[ML_n]+[MOH]+[M(OH)_2]+\cdots+[M(OH)_n]}{[M]}$$
$$= \alpha_{M(L)}+\alpha_{M(OH)}-1 \tag{5-9}$$

三、络合物 MY 的副反应系数 α_{MY}

在酸性较强的溶液中，MY 与 H^+ 发生副反应生成酸式络合物 MHY，其稳定常数 K_{MHY}^H

$$MY+H^+ = MHY$$

$$K_{MHY}^H = \frac{[MHY]}{[MY][H]}$$

该副反应系数 $\alpha_{MY(H)}$ 的计算式为

$$\alpha_{MY(H)} = \frac{[MY]+[MHY]}{[MY]} = 1+[H]K_{MHY}^H$$

在碱性较强的溶液中，MY 和 OH^- 发生副反应形成碱式络合物 M(OH)Y，其稳定常数 $K_{M(OH)Y}^{OH}$

$$MY+OH^- = M(OH)Y$$

$$K_{M(OH)Y}^{OH} = \frac{[M(OH)Y]}{[MY][OH]}$$

该副反应系数 $\alpha_{MY(OH)}$ 的计算式为

$$\alpha_{MY(OH)} = \frac{[MY]+[M(OH)Y]}{[MY]} = 1+[OH]K_{M(OH)Y}^{OH}$$

由于多数金属离子的酸式络合物和碱式络合物并不稳定，该副反应在络合滴定中影响较小，常可略而不计。

四、络合物的 K_{MY}' 与 K_{MY} 的关系

当有副反应发生时，应采用条件稳定常数 K_{MY}' 来衡量络合物 MY 的稳定性，即

$$K'_{MY} = \frac{[(MY)']}{[M'][Y']}$$

由于

$$\alpha_M = \frac{[M']}{[M]} \qquad [M'] = \alpha_M[M]$$

$$\alpha_Y = \frac{[Y']}{[Y]} \qquad [Y'] = \alpha_Y[Y]$$

$$\alpha_{MY} = \frac{[(MY)']}{[MY]} \qquad [(MY)'] = \alpha_{MY}[MY]$$

将这些关系式代入 K'_{MY} 式中，得

$$K'_{MY} = \frac{[(MY)']}{[M'][Y']} = \frac{[MY]\alpha_{MY}}{[M][Y]\alpha_M\alpha_Y} = K_{MY}\frac{\alpha_{MY}}{\alpha_M\alpha_Y} \qquad (5-10)$$

用对数式表示，则有

$$\lg K'_{MY} = \lg K_{MY} + \lg\alpha_{MY} - \lg\alpha_M - \lg\alpha_Y \qquad (5-11)$$

当溶液 pH、溶液中其他络合剂和其他金属离子的浓度一定时，α_M、α_Y 和 α_{MY} 均为定值，因此 K'_{MY} 在一定条件下是常数。

为了明确表示 M、Y 和 MY 中哪一个发生了副反应，常在发生副反应的离子（或分子）的右上方加 "'" 表示。例如，只有 M 发生了副反应，条件稳定常数写成 $K_{M'Y}$；只有 Y 发生副反应，写成 $K_{MY'}$；M 和 Y 都发生了副反应，写成 $K_{M'Y'}$；M、Y 和 MY 都发生副反应，则写成 $K'_{M'Y'(MY)'}$。也可以用 K' 统一代表以上四种条件稳定常数中的任何一种。

因为在多数条件下 MHY 或 M(OH)Y 的影响可忽略，式（5—11）可简化为

$$\lg K'_{MY} = \lg K_{MY} - \lg\alpha_M - \lg\alpha_Y \qquad (5-12)$$

若溶液中无干扰离子的影响，溶液 pH 低于金属离子的水解 pH 且不存在其他引起被测离子副反应的络合剂，则此时只需考虑 EDTA 酸效应的影响，式（5—13）可进一步简化为

$$\lg K'_{MY} = \lg K_{MY} - \lg\alpha_{Y(H)} \qquad (5-13)$$

例 5—2 计算 pH=2 和 pH=5 时的 $\lg K'_{ZnY}$。

解： pH=2 时，查表 5—2 得 $\lg\alpha_{Y(H)} = 13.51$。

由式（5—13）可得 $\lg K'_{ZnY} = \lg K_{ZnY} - \lg\alpha_{Y(H)} = 16.50 - 13.51 = 2.99$。

同理可得，pH=5 时，$\lg\alpha_{Y(H)} = 6.45$，$\lg K'_{ZnY} = 16.5 - 6.45 = 10.05$。

由上述计算结果可以看到，尽管 $\lg K_{ZnY} = 16.50$，但在 pH=2 时，$\lg K'_{ZnY} = 2.99$，ZnY 极不稳定，在此 pH 条件下，Zn^{2+} 不能被滴定；而在 pH=5 时，$\lg K'_{ZnY} = 10.05$，ZnY 很稳定，络合反应完全。由上可见控制溶液酸度在络合滴定中的重要性。

EDTA 能与大多金属离子生成稳定的络合物，具有较高的稳定常数 K_{MY}。但在络合滴定中，由于各种副反应的存在，使其实际的稳定常数（即条件稳定常数 K'_{MY}）降低，$\lg K'_{MY}$ 一般小于 20。K'_{MY} 是校正各种副反应发生后的稳定常数，能反映在一定络合滴定条件下络合物 MY 的实际稳定性。EDTA 与一些金属离子络合物的条件稳定常数参见表 5—3。

表 5—3 校正酸效应、水解效应及生成酸式或碱式络合物效应后的条件稳定常数

离子	pH														
	0	1	2	3	4	5	6	7	8	9	10	11	12	13	14
Ag^+					0.7	1.7	2.8	3.9	5.0	5.9	6.8	7.1	6.8	5.0	2.2

续表

离子	pH														
	0	1	2	3	4	5	6	7	8	9	10	11	12	13	14
Al^{3+}			3.0	5.4	7.5	9.6	10.4	8.5	6.6	4.5	2.4				
Ba^{2+}					1.3	3.0	4.4	5.5	6.4	7.3	7.7	7.8	7.7	7.3	
Bi^{3+}	1.4	5.3	8.6	10.6	11.8	12.8	13.6	14.0	14.1	14.0	13.9	13.3	12.4	11.4	10.4
Ca^{2+}				2.2	4.1	5.9	7.3	8.4	9.3	10.2	10.6	10.7	10.4	9.7	
Cd^{2+}		1.0	3.8	6.0	7.9	9.9	11.7	13.1	14.2	15.0	15.5	14.4	12.0	8.4	4.5
Co^{2+}		1.0	3.7	5.9	7.8	9.7	11.5	12.9	13.9	14.5	14.7	14.1	12.1		
Cu^{2+}		3.4	6.1	8.3	10.2	12.2	14.0	15.4	16.3	16.6	16.6	16.1	15.7	15.6	15.6
Fe^{2+}			1.5	3.7	5.7	7.7	9.5	10.9	12.0	12.8	13.2	12.7	11.8	10.8	9.8
Fe^{3+}	5.1	8.2	11.5	13.9	14.7	14.8	14.6	14.1	13.7	13.6	14.0	14.3	14.4	14.4	14.4
Hg^{2+}	3.5	6.5	9.2	11.1	11.3	11.3	11.1	10.5	9.6	8.8	8.4	7.7	6.8	5.8	4.8
La^{3+}			1.7	4.6	6.8	8.8	10.6	12.0	13.1	14.0	14.6	14.3	13.5	12.5	11.5
Mg^{2+}					2.1	3.9	5.3	6.4	7.3	8.2	8.5	8.2	7.4		
Mn^{2+}			1.4	3.6	5.5	7.4	9.2	10.6	11.7	12.6	13.4	13.4	12.6	11.6	10.6
Ni^{2+}		3.4	6.1	8.2	10.1	12.0	13.8	15.2	16.3	17.1	17.4	16.9			
Pb^{2+}		2.4	5.2	7.4	9.4	11.4	13.2	14.5	15.2	15.2	14.8	13.9	10.6	7.6	4.6
Sr^{2+}					2.0	3.8	5.2	6.3	7.2	8.1	8.5	8.6	8.5	8.0	
Th^{4+}	1.8	5.8	9.5	12.4	14.5	15.8	16.7	17.4	18.2	19.1	20.0	20.4	20.5	20.5	20.5
Zn^{2+}		1.1	3.8	6.0	7.9	9.9	11.7	13.1	14.2	14.9	13.6	11.0	8.0	4.7	1.0

5.4 络合滴定法的基本原理

在酸碱滴定中，随着酸碱标准溶液的加入，溶液 $[H^+]$ 发生变化。在化学计量点附近，溶液 $[H^+]$ 发生突变，形成滴定突跃。与酸碱滴定法相似，在络合滴定法中，随着滴定剂的加入，金属离子的浓度逐渐降低，到化学计量点附近，溶液中的金属离子浓度发生突变而形成滴定突跃。

一、络合滴定曲线

现以浓度为 0.010 00 $mol \cdot L^{-1}$ 的 EDTA 标准溶液在 pH＝12 下滴定相同浓度的 20.00 mL Ca^{2+} 溶液为例，计算滴定过程中溶液中 pCa 的变化。已知 pH＝12 时，$\lg\alpha_{Y(H)}＝0$，$\lg K'_{CaY}＝\lg K_{CaY}＝10.69$。根据 EDTA 标准溶液的滴定体积，计算出对应的 pCa 并绘制络合滴定曲线。

（1）滴定前，溶液中 Ca^{2+} 的浓度为

$$[Ca^{2+}]=0.010\ 00\ mol \cdot L^{-1}$$
$$pCa=-lg[Ca^{2+}]=-lg0.010\ 00=2.00$$

（2）化学计量点前，当滴入 19.98 mL EDTA 标准溶液，即滴定百分数为 99.9％时，溶液中 Ca^{2+} 浓度为

$$[Ca^{2+}]=\frac{0.010\ 00\times0.02}{20.00+19.98}=5.00\times10^{-6}\ (mol \cdot L^{-1})$$
$$pCa=5.30$$

（3）化学计量点时，滴入 20.00 mL EDTA 标准溶液，即滴定百分数为 100.0％时，Ca^{2+} 几乎全部与 EDTA 络合，溶液中 Ca^{2+} 浓度为

$[CaY]=0.010\ 00/2=0.005\ 00(mol \cdot L^{-1})$；$[Ca^{2+}]=[Y]$，$K_{MY}=10^{10.69}$

根据稳定常数计算式

$$K_{CaY}=\frac{[CaY]}{[Ca][Y]}$$

得

$$10^{10.69}=\frac{0.005\ 000}{[Ca]^2}$$
$$[Ca^{2+}]=3.2\times10^{-7}mol \cdot L^{-1}$$
$$pCa=6.49$$

（4）化学计量点后，当滴入 20.02 mL EDTA 标准溶液（EDTA 过量 0.02 mL），即滴定百分数为 100.1％时，溶液中 Y^{4-} 浓度为

$$[Y]=\frac{0.010\ 00\times0.02}{20.00+20.02}=5.00\times10^{-6}\ (mol \cdot L^{-1})$$

根据稳定常数计算式得

$$10^{10.69}=\frac{0.005\ 000}{[Ca]\times5.00\times10^{-6}}$$

则
$$pCa=7.69$$

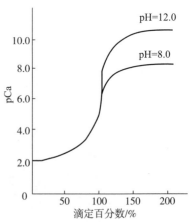

图 5-3　0.010 00 mol · L^{-1} EDTA 标准溶液滴定相同浓度 Ca^{2+} 溶液的滴定曲线

上述络合滴定中各阶段的溶液组成及有关计算参见表 5-4。以 EDTA 标准溶液的滴定体积或滴定百分数为横坐标，以 pCa 为纵坐标，可以绘制得到络合滴定曲线，如图 5-3 所示。

从图 5-3 可以看到，在 pH＝12，用 0.010 00 mol · L^{-1} 的 EDTA 溶液滴定相同浓度 Ca^{2+} 样品溶液，化学计量点的 pCa＝6.5，滴定突跃（±0.1％）pCa＝5.3～7.7，有明显的滴定突跃，可以进行准确滴定。同理可以计算出其他 pH 下，如 pH＝8.0 时，EDTA 的加入量和相应的 pCa，并绘制该 pH 下的滴定曲线，如图 5-3 所示。应当指出的是，当 pH＝8.0 时，$lg\alpha_{Y(H)}$ 不等于零，需从表 5-2 查出对应的 $lg\alpha_{Y(H)}$，按照公式 $lgK'_{CaY}=lgK_{CaY}-lg\alpha_{Y(H)}$ 计算 lgK'_{CaY}，再将 lgK'_{CaY} 代入络合平衡式计算 pCa。

表 5－4　$0.010\ 00\ mol \cdot L^{-1}$ EDTA 滴定 20.00 mL 相同浓度 Ca^{2+} 溶液时 pCa 变化（pH＝12）

EDTA 溶液		被测溶液组成	［Ca^{2+}］计算	pCa
滴定体积/mL	滴定百分数/％			
0	0	Ca^{2+}	［Ca^{2+}］＝c_0	2.0
18.00	90.0			3.3
19.80	99.0	$CaY＋Ca^{2+}$	按剩余 Ca^{2+} 计算（考虑体积变化）	4.3
19.98	99.9			5.3
20.00	100.0	CaY	［Ca^{2+}］＝$\sqrt{\dfrac{[CaY]}{K_{CaY}}}$	6.5
20.02	100.1			7.7
20.20	101.0	$CaY＋Y$	［Ca^{2+}］＝$\dfrac{[CaY]}{K_{CaY}[Y]}$	8.7
40.00	200.0			10.7

（pCa 5.3～7.7 之间标注"滴定突跃"）

二、影响滴定突跃的因素

影响络合滴定突跃的主要因素是 K'_{MY} 和溶液浓度。在浓度一定时，K'_{MY} 增大，则滴定突跃范围变大；当 K'_{MY} 一定时，溶液浓度增加，则滴定突跃范围变大。例如，如表 5－5 和图 5－4 所示，用 $0.01\ mol \cdot L^{-1}$ EDTA 标准溶液滴定相同浓度某金属离子 M 样品溶液的过程中，当浓度一定而 lgK'_{MY} 不同时，其滴定突跃范围随 lgK'_{MY} 增大而明显变大。而当 lgK'_{MY} 一定时，随着 EDTA 和离子浓度的增加，滴定突跃范围变大，如表 5－6 和图 5－5 所示。

表 5－5　条件稳定常数对 pM 的影响

加入 EDTA 的百分数/％	lgK'_{MY}					
	4	6	8	10	12	14
99.9	3.18	4.14	5.0	5.3	5.3	5.3
100.0	3.18	4.15	5.2	6.2	7.2	8.2
100.1	3.18	4.17	5.3	7.0	9.0	11.0
滴定突跃 ΔpM	0	0.03	0.3	1.7	3.7	5.7

表 5－6　反应物浓度对 pM 的影响

加入 EDTA 的百分数/％	M 起始浓度/($mol \cdot L^{-1}$)			
	10^{-1}	10^{-2}	10^{-3}	10^{-4}
99.9	4.30	5.30	6.23	7.00
100.0	5.65	6.15	6.65	7.15
100.1	7.00	7.01	7.07	7.30
滴定突跃 ΔpM	2.70	1.71	0.84	0.30

由表 5－5、表 5－6 和图 5－4、图 5－5 可以看出，滴定曲线下限起点的高低取决于被测金属离子的起始浓度；曲线上限的高低取决于络合物的 lgK'_{MY}。也就是说，滴定曲线突跃

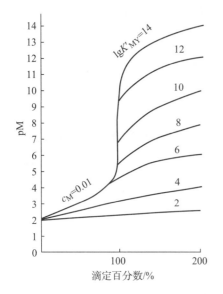

图 5—4　0.01 mol·L^{-1} EDTA 溶液滴定相同浓度金属离子 M 溶液时的滴定曲线

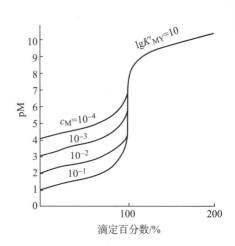

图 5—5　不同浓度 EDTA 滴定相同浓度金属离子 M 溶液时的滴定曲线

范围的大小，取决于被测金属离子的浓度和络合物的条件稳定常数。而 K'_{MY} 的大小又与 α_M 和 α_Y 的大小有关。因此，影响络合滴定突跃大小的因素是多方面的，有些因素间又相互制约。例如，滴定突跃范围大，有利于选择合适的指示剂，提高分析结果的准确度。增大溶液 pH，有利于增大滴定突跃范围，但 pH 增大时，会引起一些金属离子的水解，使金属离子的浓度降低，滴定突跃范围变小，同时，因被测离子的水解降低了测定结果的准确性。另外，pH 增加有时会引起其他离子的干扰。因此，在络合滴定中，选择合适的溶液 pH 范围很重要。除上述因素外，还需考虑指示剂的颜色变化、辅助络合剂的作用等。总之，在络合滴定中选择和控制介质条件特别是溶液 pH 十分重要。

三、络合滴定准确进行的条件

由上可知，在其他条件一定时，K'_{MY} 越大，络合反应进行得越完全，测定结果的准确度越高。那么，络合滴定反应的 K'_{MY} 应该达到多大才能满足络合滴定分析对准确度的要求（滴定误差 ≤ 0.1%）？下面将通过计算来确定 K'_{MY} 需满足的条件，作为络合滴定能否准确进行的判定条件。

假定 EDTA 溶液和金属离子的初始浓度均为 c mol·L^{-1}，至化学计量点时，反应基本完全（滴定误差 0.1%），则 [MY] $\approx c$（滴定过程中溶液体积的增加略而不计），没与 EDTA 络合的金属离子的总浓度 [M'] 和没有与金属离子络合的 EDTA 的总浓度 [Y'] 都应小于或等于 $c \times 0.1\%$。根据条件稳定常数计算式可得

$$K'_{MY} = \frac{[(MY)']}{[M'][Y']} = \frac{c}{c \times 0.1\% \times c \times 0.1\%} = \frac{1}{c \times 10^{-6}}$$

故　　　　　　　　　　$cK'_{MY} \geqslant 10^6$　　　或　　　$\lg cK'_{MY} \geqslant 6$　　　　　　（5—14）

式（5—14）为络合滴定能否准确进行的判定条件。当用 EDTA 标准溶液滴定相同浓度

的金属离子溶液时，如果满足这一条件，其滴定反应可以准确进行（滴定误差≤0.1%）。当 EDTA 标准溶液和金属离子的浓度均为 $0.01\ \text{mol} \cdot \text{L}^{-1}$ 时，代入式（5—14），得

$$K'_{MY} \geqslant 10^8 \text{ 或 } \lg K'_{MY} \geqslant 8 \quad (c = 0.01\ \text{mol} \cdot \text{L}^{-1}) \tag{5—15}$$

式（5—15）为判断络合滴定能否准确进行的简式。在某些情况下，当允许的滴定误差略高时，$\lg K'_{MY}$ 略小于 8（或 $\lg c K'_{MY}$ 略小于 6）也可以进行络合滴定。上述判别式可以作为判断络合滴定能否准确进行的依据。

四、络合滴定允许的最低 pH 和酸效应曲线

根据前面讨论可知，金属离子被准确滴定的条件之一是应有足够大的 K'_{MY}。K'_{MY} 除与稳定常数有关外，还受溶液酸度、辅助络合剂等条件的影响。当存在副反应且 $c_M = 0.01\ \text{mol} \cdot \text{L}^{-1}$ 时，络合滴定能否准确进行的判别式为

$$\lg K'_{MY} = \lg K_{MY} - \lg \alpha_M - \lg \alpha_Y \geqslant 8 \tag{5—16}$$

副反应越严重，则 $\lg \alpha_M$ 和 $\lg \alpha_Y$ 越大，$\lg K'_{MY}$ 越小，小于 8 就不能满足准确滴定的条件。因此，为保证络合滴定结果准确，必须选择适宜的滴定条件（溶液 pH、络合剂等）。

如果不存在其他副反应，只考虑酸效应，式（5—16）可简化为

$$\lg K'_{MY} = \lg K_{MY} - \lg \alpha_{Y(H)} \geqslant 8 \tag{5—17}$$

利用此式可以确定络合滴定所允许的最低溶液 pH。其确定方法是先按式（5—18）计算出滴定某金属离子的 $\lg \alpha_{Y(H)}$，再由表 5—2 查到对应的 pH。此 pH 即为用 EDTA 溶液准确滴定某金属离子溶液所需的最低 pH。

$$\lg \alpha_{Y(H)} = \lg K_{MY} - 8 \tag{5—18}$$

例 5—3　用 $0.020\ \text{mol} \cdot \text{L}^{-1}$ EDTA 溶液滴定相同浓度的 Zn^{2+} 样品溶液，计算滴定所需溶液最低 pH。

解： 根据 $\lg \alpha_{Y(H)} = \lg K_{MY} - 8$，查表 5—1，得 $\lg K_{ZnY} = 16.5$，则

$$\lg \alpha_{Y(H)} = 16.5 - 8 = 8.5$$

由表 5—2 查得对应的 pH 约为 4，即为滴定 Zn^{2+} 溶液所需的最低 pH。

通过上述方法可以计算出 EDTA 滴定各种金属离子溶液所需的最低 pH，结果见表 5—7。将 $\lg K_{MY}$ 对 pH 作图可以得到 EDTA 酸效应曲线（也称 Ringbom 曲线），如图 5—6 所示。

表 5—7　EDTA 滴定金属离子溶液所需的最低 pH

金属离子	$\lg K_{MY}$	最低 pH	金属离子	$\lg K_{MY}$	最低 pH
Mg^{2+}	8.69	9.7	Pb^{2+}	18.04	3.2
Ca^{2+}	10.69	7.6	Ni^{2+}	18.62	3.2
Mn^{2+}	13.87	5.2	Cu^{2+}	18.80	2.9
Fe^{2+}	14.32	5.0	Hg^{2+}	21.80	1.9
Al^{3+}	16.30	4.2	Sn^{2+}	22.11	1.7
Co^{2+}	16.31	4.0	Cr^{3+}	23.40	1.4
Cd^{2+}	16.46	3.9	Fe^{3+}	25.10	1.0
Zn^{2+}	16.50	3.9	ZrO^{2+}	29.50	0.4

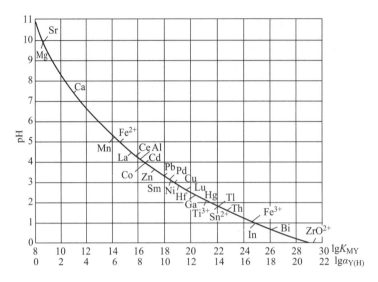

图 5－6　EDTA 酸效应曲线（Ringbom 曲线）（$c_M = 0.01 \ mol \cdot L^{-1}$）

从 EDTA 酸效应曲线可以得到以下重要信息：

（1）从曲线上可以查出各种离子络合滴定时的最低 pH。低于该 pH 时，EDTA 与金属离子不能络合或络合不完全，滴定不能定量完成。例如，用络合滴定法测定 Fe^{3+} 时，溶液 pH 必须大于 1；而滴定 Zn^{2+} 时，pH 必须大于 4。

（2）从曲线可以看到，在一定 pH 范围内能被测定的金属离子及可能存在的干扰离子。例如，在 pH＝5 附近滴定 Fe^{2+} 时，溶液中若存在 Mn^{2+} 等离子，就可能会有干扰。干扰程度可以根据副反应系数进行确定，对测定有明显影响的干扰离子需采用适宜措施去除或减免其干扰。

（3）从曲线还可以发现，不同金属离子的最低 pH 有很大不同。因此，通过调控溶液 pH，有可能实现对同一样品溶液的不同金属离子进行连续滴定和测定。例如，当样品溶液中同时含有 Bi^{3+}、Zn^{2+} 及 Mg^{2+} 时，可以先在 pH＝1.0 下，以甲基百里酚蓝作指示剂，用 EDTA 溶液络合滴定样品溶液中 Bi^{3+}；然后调被测溶液 pH 至 5.0～6.0，继续用 EDTA 滴定溶液中的 Zn^{2+}；之后再调溶液 pH 至 10.0～11.0，继续滴定溶液中 Mg^{2+}。又如，样品溶液中 Fe^{3+} 和 Al^{3+} 的络合滴定也是基于调控溶液不同的酸度而进行连续滴定的。先调节被测溶液 pH＝2～2.5，用 EDTA 溶液络合滴定 Fe^{3+}，此时 Al^{3+} 不干扰；然后调节溶液的 pH＝4.0～4.2，再继续滴定 Al^{3+}。由于 Al^{3+} 与 EDTA 的络合反应速度缓慢，通常采用加入定量过量 EDTA 标准溶液，然后用 Zn^{2+} 标准溶液回滴过量的 EDTA 溶液来测定 Al^{3+}。

需注意的是，实际络合滴定时所采用的 pH 一般高于最低 pH，以降低酸效应的影响，有利于络合滴定反应进行得更完全。但是，提高溶液 pH 有时使金属离子水解生成羟基络合物，从而降低了金属离子与 EDTA 络合的能力，甚至会生成氢氧化物沉淀而影响 MY 络合物的形成。例如，三价稀土金属离子在碱性介质中会生成氢氧化物沉淀，而不能进行络合滴定；Mg^{2+} 在 pH＞12 的强碱性介质中会形成 $Mg(OH)_2$ 沉淀而不能与 EDTA 络合。利用这个性质，可以在强碱性介质中滴定 Ca^{2+}、Mg^{2+} 混合溶液中的 Ca^{2+}，而 Mg^{2+} 不干扰。因而，络合滴定中，被测金属离子溶液 pH 需控制在一定 pH 范围。超过这个范围，不论是高还是低，都不适于络合滴定的定量进行。

5.5　金属离子指示剂

在络合滴定中，通常利用一种能与金属离子生成有色络合物的显色剂来指示络合滴定的终点。这种显色剂称为金属离子指示剂，也常简称为金属指示剂。

一、金属离子指示剂的作用原理

金属离子指示剂为有机络合剂，可与被测金属离子 M 生成有色络合物 MIn，其颜色与游离指示剂 In 的颜色明显不同。当络合滴定至近终点时，溶液中被测金属离子几乎完全被络合，此时稍过量的滴定剂 EDTA 夺取与指示剂络合的微量金属离子 M，使指示剂游离出来而呈现指示剂本身的颜色，同时被测溶液颜色发生突变。利用滴定终点前后溶液颜色的突变指示络合滴定终点。即

滴定前　　　　　　　　　　　$M + In \rightleftharpoons MIn$
　　　　　　　　　　　　　　　甲色　　乙色
滴定中　　　　　　　　　　　$M + Y \rightleftharpoons MY$
滴定终点　　　　　　　　　　$MIn + Y \rightleftharpoons MY + In$
　　　　　　　　　　　　　　乙色　　　　　　　甲色

例如，铬黑 T(EBT) 及其与镁离子络合物的结构如下所示：

HIn^{2-}（蓝）　　　　　　　　　MgIn^{-}（红）

当 EDTA 滴定 Mg^{2+} 以铬黑 T 为指示剂时，滴定开始前，加入的指示剂与溶液中少量 Mg^{2+} 络合生成 $MgIn^{-}$，使溶液呈红色；在滴定过程中，滴入的 EDTA 不断与溶液中的 Mg^{2+} 络合；在化学计量点附近，溶液中的 Mg^{2+} 几乎全部络合，稍过量的 EDTA 会夺取 $MgIn^{-}$ 络合物中的 Mg^{2+}，使指示剂游离出来，溶液颜色突变为蓝色，指示滴定终点的到达。

需要注意的是，金属离子指示剂多为多元弱酸或多元弱碱，具有多种型体，在不同 pH 时，各型体的比例不同。因此，金属离子指示剂会随溶液的 pH 的变化而显示不同的颜色。例如，铬黑 T 是三元弱酸，在溶液中有以下平衡

$$H_2In^- \rightleftharpoons HIn^{2-} \rightleftharpoons In^{3-}$$
（紫红）　　　（蓝）　　　（橙）
pH<6　　pH=8~11　　pH>12

铬黑 T 第一级解离极易进行，第二、三级解离则较难（$pK_{a2} = 6.3$，$pK_{a3} = 11.6$）。铬黑 T 与许多金属离子如 Ca^{2+}、Mg^{2+}、Zn^{2+} 和 Cd^{2+} 等生成酒红色的络合物。显然，铬黑 T 在 pH<6 或 pH>12 时，游离指示剂的颜色与其金属离子络合物的颜色没有显著差别。但在 pH=8~11 时，铬黑 T 本身呈现蓝色，明显不同于其与金属离子络合物的酒红色，因而铬黑 T 指示剂的适用 pH 范围为 pH=8~11，滴定终点时，溶液颜色从酒红色突变为蓝色。因此，选择金属离子指示剂必须注意其适用的 pH 范围。

117

二、金属离子指示剂应具备的条件及其选择

1. 金属离子指示剂应具备的条件

金属离子的显色剂很多，但其中只有一部分能用作金属离子指示剂。一般来说，金属离子指示剂应具备以下条件：

（1）在滴定的 pH 范围内，指示剂络合物（MIn）与指示剂（In）本身的颜色应有显著不同，以使终点颜色变化明显。

（2）显色反应灵敏、迅速并有良好的变色可逆性。

（3）指示剂络合物 MIn 具有适宜的稳定性，其稳定性应小于 MY 的稳定性。稳定性太低会使终点提前，并且变色不敏锐；稳定性过高会使终点延迟，并且有可能使 EDTA 不能夺取 MIn 中的金属离子，显色反应失去可逆性，终点时不能变色。通常要求两者的条件稳定常数对数之差大于 2，即 $\lg K'_{MY}-\lg K'_{MIn}>2$。

（4）指示剂络合物 MIn 应易溶于水。如果生成胶体溶液或沉淀，也会使终点变色不明显。

（5）金属离子指示剂应比较稳定，便于贮存和使用。

2. 金属离子指示剂的选择

金属离子指示剂与被测金属离子 M 反应生成络合物 MIn。金属离子指示剂为有机弱酸时，[In] 受酸效应的影响。因此，溶液中存在下列平衡

$$M+In \rightleftharpoons MIn$$
$$\Updownarrow$$
$$HIn,\cdots,H_nIn$$

考虑指示剂的酸效应

$$K'_{MIn}=\frac{[MIn]}{[M][In']}=\frac{K_{MIn}}{\alpha_{In(H)}}$$

取对数后

$$\lg K'_{MIn}=pM+\lg\frac{[MIn]}{[In']}$$

在指示剂变色点时，$[MIn]=[In']$，故

$$pM_{ep}=\lg K'_{MIn}=\lg K_{MIn}-\lg\alpha_{In(H)} \tag{5-19}$$

铬黑 T 和二甲酚橙的 $\lg\alpha_{In(H)}$ 及有关常数见附录九。由式（5-19）可见，金属离子指示剂的变色点 pM_{ep} 受酸效应影响，不同溶液 pH 下具有不同的变色点。选择指示剂时，必须考虑体系的酸度，使 pM_{ep} 与 pM_{sp} 尽量一致，至少应在化学计量点附近的 pM 突跃范围内，以减小终点误差。

三、金属离子指示剂使用中存在的问题

1. 指示剂的封闭

如果指示剂与某金属离子生成稳定的指示剂络合物 MIn 并且比 MY 更稳定时，到达化学计量点时，滴入过量的 EDTA 就不能夺取 MIn 中的金属离子，使指示剂不能释放出来，看不到终点颜色的变化，这种现象称为指示剂的封闭。例如，在 pH=10 的条件下，以铬黑

T 作指示剂，用 EDTA 滴定 Ca^{2+}、Mg^{2+} 时，Al^{3+}、Fe^{3+}、Ni^{2+} 和 Co^{2+} 对铬黑 T 有封闭作用。这种情况下，需在滴定前先加入少量三乙醇胺（掩蔽 Al^{3+} 和 Fe^{3+}）和 KCN（掩蔽 Cu^{2+}、Co^{2+} 和 Ni^{2+}），以消除这些离子对指示剂的封闭干扰。

某些指示剂的封闭是由于指示剂络合物 MIn 的颜色变化为不可逆反应所引起的。这时，虽然 MIn 稳定性低于 MY，但由于其颜色变化不可逆，MIn 不能很快地被 EDTA 所置换，也会出现指示剂封闭现象。如果封闭现象是由被测离子所引起的，一般可采用返滴定予以消除。例如，Al^{3+} 对指示剂二甲酚橙有封闭作用，测定样品溶液中 Al^{3+} 时，可先加入定量过量的 EDTA 标准溶液，在 pH = 3.5 下煮沸，使 Al^{3+} 与 EDTA 完全络合后，再调节溶液 pH = 5~6，加入二甲酚橙，用 Zn^{2+} 或 Pb^{2+} 标准溶液回滴过量的 EDTA，即可消除溶液中 Al^{3+} 对指示剂二甲酚橙的封闭现象。

2. 指示剂的僵化

某些指示剂络合物 MIn 的溶解度很小或不溶于水（如生成胶体或沉淀），使终点颜色变化不明显；还有些 MIn 的稳定性与 MY 的稳定性相近，使 EDTA 与 MIn 之间的置换反应缓慢，使终点拖延，这种现象称为指示剂的僵化。这种问题可通过加入适宜的有机溶剂或加热增大其溶解度予以解决。例如，用 PAN 作指示剂时，可加入少量甲醇或乙醇，或将溶液适当加热以加快置换速度，使指示剂的变色比较明显；当用磺基水杨酸作指示剂时，以 EDTA 标准溶液滴定 Fe^{3+} 时，可先将溶液加热到 50~70 ℃后再进行滴定。

3. 指示剂的氧化变质

金属离子指示剂多数是含不饱和双键的有机物，其稳定性易受日光、氧化剂、空气中氧气等影响；有些指示剂在水溶液中不稳定，日久会变质。例如，铬黑 T、钙指示剂的水溶液均易氧化变质，所以常配成固体混合物或用具有还原性的溶液来配制溶液。分解变质的速度还与试剂的纯度有关。一般试剂纯度高时，保质期会长些。此外，有些金属离子对指示剂的氧化分解起催化作用。例如，铬黑 T 在 Mn^{4+} 或 Ce^{4+} 存在下，仅数秒钟就分解褪色。为此，在配制铬黑 T 时，应加入盐酸羟胺等还原剂。

四、常用金属离子指示剂

金属离子指示剂按照化学组成可以分成三类：偶氮染料类指示剂、三苯甲烷染料类指示剂和其他结构的指示剂。络合滴定中常用的金属离子指示剂见表 5-8。

表 5-8　常用的金属离子指示剂

指示剂	适用 pH 范围	颜色变化		直接测定的离子	干扰离子及消除方法	配制方法
		MIn	In			
铬黑 T（EBT）	7~10	红	蓝	pH = 10　Mg^{2+}、Zn^{2+}、Cd^{2+}、Pb^{2+}、Mn^{2+}、稀土离子	微量 Al^{3+}、Fe^{3+} 用三乙醇胺消除；Cu^{2+}、Co^{2+}、Ni^{2+} 用 KCN 消除	三乙醇胺溶液并加盐酸羟胺；1:100 NaCl（固体）
钙指示剂（Calconcarboxylic Acid）	10~13	红	蓝	pH = 2~13　Ca^{2+}		1:100 NaCl（固体）

续表

指示剂	适用 pH 范围	颜色变化		直接测定的离子	干扰离子及消除方法	配制方法
		MIn	In			
二甲酚橙（XO）	<6	紫红	亮黄	pH<1　　　 ZrO^{2+} pH=1～2　 Bi^{3+} pH=2.5～3.5　Th^{4+} pH=5～6　 Zn^{2+}、Pb^{2+}、Cd^{2+}、Hg^{2+}、稀土离子	Fe^{3+} 用抗坏血酸消除；Al^{3+}、Tl^{4+} 用 NH_4F 掩蔽；Cu^{2+}、Co^{2+}、Ni^{2+} 用邻二氮菲消除	0.2％水溶液
酸性铬蓝 K（Acid Chrome Blue K）	8～13	红	蓝	pH=10　 Mg^{2+}、Zn^{2+} pH=13　 Ca^{2+}		1∶100 NaCl（固体）
PAN（1-(2-pyridylazo)-2-naphthol）	2～12	紫红	黄	pH=2～3　 Bi^{3+}、Th^{4+} pH=4～6　 Cu^{2+}、Ni^{2+}、Cd^{2+}、Zn^{2+} 等		0.2％乙醇溶液
磺基水杨酸*	1.5～3	紫红	无色	pH=1.5～3　 Fe^{3+}		2％水溶液

注：磺基水杨酸本身无色，与 Fe^{3+} 形成紫红色络合物，滴定到达终点时，溶液中 FeY 使溶液呈亮黄色。

常用金属离子指示剂及其金属离子络合物的化学结构如下：

1. 铬黑 T（eriochrome black T，EBT）

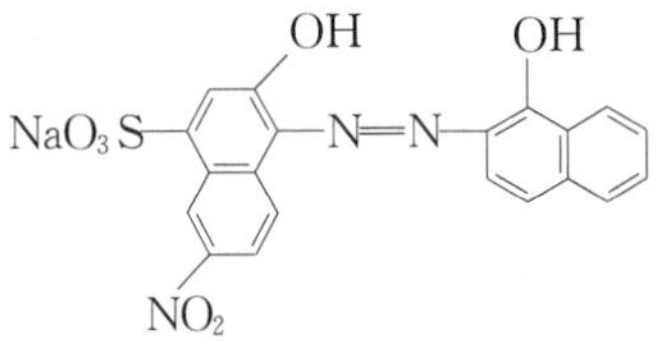

铬黑 T 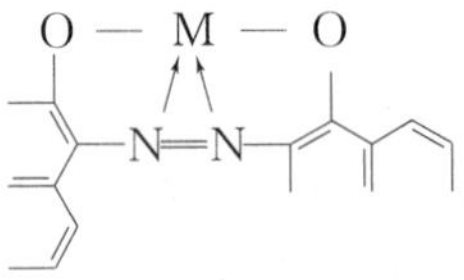　　　　　　　　　　M-EBT络合物

2. 二甲酚橙（xylenol orange，XO）

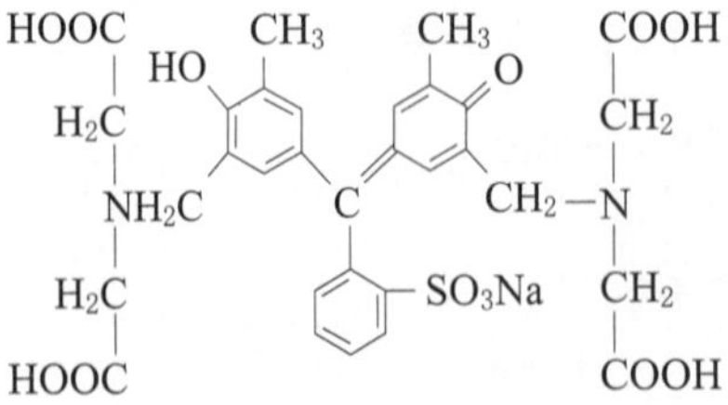

二甲酚橙 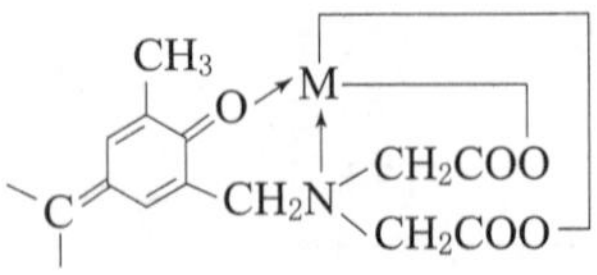　　　　　　　　　M-XO络合物

3. PAN（1-(2-pyridylazo)-2-naphthol）

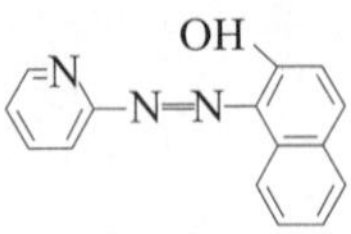

PAN 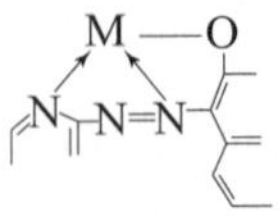　　　　　　　　　　　M–PAN络合物

120

除上述外，还有一类间接金属离子指示剂。例如，Cu-PAN 指示剂，它是 CuY 和 PAN 的混合溶液。下面以在 pH＝10 的氨性溶液中，用 EDTA 滴定 Ca^{2+} 为例说明间接金属离子指示剂指示终点的原理。

滴定前，样品溶液中加入 Cu-PAN 指示剂后发生以下置换反应，溶液呈紫红色。

$$CuY+PAN+Ca^{2+}=CaY+Cu\text{-}PAN$$

$$\underset{\underset{\text{黄绿色}}{\underbrace{\phantom{\text{蓝色　黄色}}}}}{\underset{\text{蓝色　黄色}}{}}\qquad\qquad\qquad\underset{\text{紫红色}}{}$$

滴定开始后，当 EDTA 与溶液中 Ca^{2+} 络合反应完全后，稍过量的 EDTA 夺取 Cu-PAN 中的 Cu^{2+}，使 PAN 游离出来，即

$$Cu\text{-}PAN+Y=CuY+PAN$$

$$\underset{\text{紫红色}}{}\qquad\underset{\text{黄绿色}}{\underbrace{}}$$

因滴定前加入的 CuY 和终点时生成的 CuY 为等量，因而开始时加入的 CuY 不影响测定结果。Cu-PAN 指示剂可在很宽的 pH 范围（1.9～12.2）内使用。因此，利用调节溶液 pH 的方法连续滴定几种离子的混合溶液时，若采用 Cu-PAN 指示剂，可以连续指示终点。

此外，还可以利用 MgY-铬黑 T 作间接金属离子指示剂，在 pH＝10 的溶液中，用 EDTA 测定 Ca^{2+}、Ba^{2+} 时，终点由红色变为蓝色，颜色变化明显。

5.6　提高络合滴定选择性的方法

滴定剂 EDTA 能与多数金属离子络合生成稳定的络合物。EDTA 这种络合作用的广泛性有利于用 EDTA 作标准溶液测定各种金属离子，但同时也带来了共存金属离子的干扰问题。因此，如何提高络合滴定的选择性，实现在混合离子溶液中对目标离子进行选择性滴定，是络合滴定中亟待解决的一个问题。

为提高络合滴定的选择性，一般可采取以下措施：

1. 控制溶液的酸度

前面提到，络合滴定单一金属离子时，只要满足 $\lg cK'_{MY}\geqslant 6$ 的条件，就可以对其进行准确滴定（误差≤±0.1％）。当溶液中有两种以上金属离子时，情况就比较复杂。设溶液中含有金属离子 M 和 N，在不考虑水解效应、其他络合剂的络合效应时，干扰情况与两种离子的稳定常数及浓度有关。被测离子的浓度 c_M 及其 K_{MY} 越大，而干扰离子的浓度 c_N 及其 K_{NY} 越小，则在滴定 M 时，N 的干扰就越小。一般情况下，要求

$$\frac{c_M K_{MY}}{c_N K_{NY}}\geqslant 1.0\times 10^5 \tag{5-20}$$

或

$$\lg c_M K_{MY}-\lg c_N K_{NY}\geqslant 5$$

当 $c_M=c_N$ 时

$$\lg K_{MY}-\lg K_{NY}\geqslant 5\,(c_M=c_N)$$

或

$$\Delta\lg K\geqslant 5\,(c_M=c_N) \tag{5-21}$$

故一般常以 $\Delta\lg K\geqslant 5$ 作为判断能否利用控制溶液酸度进行选择络合滴定的条件。

例如，当 Bi^{3+}、Pb^{2+} 混合溶液中的两种离子浓度皆为 $0.01\ mol\cdot L^{-1}$ 时，需要选择滴定

Bi^{3+}。因为 $\Delta \lg K = 27.94 - 18.04 = 9.9 > 5$，故可以选择滴定 Bi^{3+} 而 Pb^{2+} 不干扰。由 EDTA 酸效应曲线可查得滴定 Bi^{3+} 的最低 pH 为 0.7。但滴定时 pH 不能大于 2，以防 Bi^{3+} 水解析出沉淀。因此，滴定 Bi^{3+} 的适宜 pH 范围为 $0.7 \sim 2$，通常在 $pH = 1$ 下进行滴定。

当溶液中有两种以上金属离子共存时，能否用控制溶液酸度的方法进行分别滴定，应首先考虑络合物稳定常数较大的两种离子。例如，溶液中含有 Fe^{3+}、Al^{3+}、Ca^{2+} 和 Mg^{2+}，假定它们的浓度皆为 $0.01 \ mol \cdot L^{-1}$，能否通过控制溶液酸度分别滴定 Fe^{3+} 和 Al^{3+}？已知 $\lg K_{FeY} = 25.1$，$\lg K_{AlY} = 16.3$，$\lg K_{CaY} = 10.69$，$\lg K_{MgY} = 8.69$。其中，K_{FeY} 最大，K_{AlY} 次之，滴定 Fe^{3+} 时，最可能发生干扰的是 Al^{3+}。但由于 $\Delta \lg K = \lg K_{FeY} - \lg K_{AlY} = 25.1 - 16.3 = 8.8 > 5$，因此滴定 Fe^{3+} 时，共存的 Al^{3+} 没有干扰。由 EDTA 酸效应曲线看出，滴定 Fe^{3+} 的最低 pH 约为 1；考虑到 Fe^{3+} 的水解，滴定 Fe^{3+} 的适宜 pH 范围应为 $1 \sim 2.2$。

前已提到，在考虑络合滴定的 pH 范围时，还应注意所用指示剂的适用 pH 范围。在上例中，EDTA 滴定 Fe^{3+} 时，以磺基水杨酸作指示剂。该指示剂在 $pH = 1.5 \sim 2.2$ 下能与 Fe^{3+} 形成红色络合物，终点由红色变为亮黄色，而 Al^{3+}、Ca^{2+} 及 Mg^{2+} 等离子不干扰测定。将滴定 Fe^{3+} 后的溶液 pH 调至 3，加入定量过量的 EDTA 标准溶液，煮沸，使大部分 Al^{3+} 与 EDTA 络合；再加六次甲基四胺缓冲溶液，控制 pH 为 $4 \sim 6$，使 Al^{3+} 与 EDTA 络合完全。然后用 PAN 作指示剂，用 Cu^{2+} 标准溶液回滴过量的 EDTA，即可测得试样中 Al^{3+} 的含量。

2. 掩蔽和解蔽

当 $\Delta \lg K < 5$ 时，不能直接利用控制溶液 pH 来消除干扰。此时常在样品溶液中加入一种试剂，使其与干扰离子 N 作用生成稳定物质，以降低其游离浓度，达到消除干扰的目的。所加入的试剂称为掩蔽剂。掩蔽剂与干扰离子生成稳定物质的反应称为掩蔽反应。根据掩蔽反应类型的不同，分为络合掩蔽、沉淀掩蔽及氧化还原掩蔽。

（1）络合掩蔽。

利用掩蔽剂和干扰离子的络合反应，降低干扰离子的浓度以达到消除干扰的方法称为络合掩蔽。这是滴定分析中最常用的掩蔽方法之一。EDTA 滴定中常用的络合掩蔽剂见表 5—9。

表 5—9　常用的络合掩蔽剂

名　称	pH 范围	被掩蔽的离子	备　注
KCN	>8	Co^{2+}、Ni^{2+}、Cu^{2+}、Zn^{2+}、Hg^{2+}、Cd^{2+}、Ag^+、Tl^+ 及铂族元素	KCN 剧毒，非必需不使用
NH₄F	$4 \sim 6$	Al^{3+}、$Ti(IV)$、$Sn(IV)$、Zn^{2+}、$W(VI)$ 等	相比 NaF，加入 NH₄F 后溶液 pH 变化不大
	10	Al^{2+}、Mg^{2+}、Ca^{2+}、Sr^{2+}、Ba^{2+} 及稀土元素	
邻二氮菲	$5 \sim 6$	Cu^{2+}、Co^{2+}、Ni^{2+}、Zn^{2+}、Cd^{2+}、Mn^{2+}、Hg^{2+}	
三乙醇胺（TEA）	10	Al^{3+}、$Sn(IV)$、$Ti(IV)$、Fe^{3+}	与 KCN 合用可提高掩蔽效果
	$11 \sim 12$	Fe^{3+}、Al^{3+} 及少量 Mn^{2+}	
二巯基丙醇	10	Hg^{2+}、Cd^{2+}、Zn^{2+}、Bi^{3+}、Pb^{2+}、Ag^+、As^{3+}、$Sn(IV)$ 及少量 Cu^{2+}、Co^{2+}、Ni^{2+}、Fe^{3+}、Ni^{3+}	

续表

名称	pH 范围	被掩蔽的离子	备　注
硫脲	弱酸性	Cu^{2+}、Hg^{2+}、Ti^+	
铜试剂 (DDTC)	10	能与 Cu^{2+}、Hg^{2+}、Pb^{2+}、Cd^{2+}、Bi^{3+} 生成沉淀，其中 Cu-DDTC 为褐色，Bi-DDTC 为黄色，故其存在量应分别小于 2 mg 和 10 mg	
酒石酸	1.5~2	Sb^{3+}、$Sn(\text{IV})$	在抗坏血酸存在下
	5.5	Fe^{3+}、Al^{3+}、$Sn(\text{IV})$、Ca^{2+}	
	6~7.5	Mg^{2+}、Cu^{2+}、Fe^{3+}、Al^{3+}、Mo^{4+}	
	10	Al^{3+}、$Sn(\text{IV})$、Fe^{3+}	

为了得到良好的掩蔽效果，所选择的掩蔽剂应满足下列要求：

① 掩蔽剂与干扰离子生成的络合物应比 EDTA 与干扰离子生成的络合物更稳定；

② 掩蔽剂应不与被测离子络合或络合倾向很小；

③ 掩蔽剂与干扰离子形成的络合物应是无色或浅色的，不影响络合滴定终点的观察；

④ 掩蔽剂所需的 pH 范围应与测定所需的 pH 范围一致。

例如，用 EDTA 测定水中 Ca^{2+}、Mg^{2+} 时，Fe^{3+}、Al^{3+} 的存在因会使指示剂封闭而干扰测定。这种情况下，可以加入三乙醇胺作掩蔽剂消除 Fe^{3+}、Al^{3+} 的干扰。三乙醇胺可与 Fe^{3+}、Al^{3+} 形成稳定的络合物，而不与 Ca^{2+}、Mg^{2+} 作用。由于 Fe^{3+}、Al^{3+} 在 pH＝2~4 下易水解生成氢氧化物沉淀，因此必须在酸性溶液中加入三乙醇胺，然后再调至 pH＝10~12 测定 Ca^{2+} 和 Mg^{2+}。此外，Al^{3+} 和 Zn^{2+} 共存时，可用 NH_4F 掩蔽 Al^{3+}，使其生成稳定的 AlF_6^{3-}，再在 pH＝5~6 下用 EDTA 滴定 Zn^{2+}。

上面讨论的是加入掩蔽剂掩蔽 N 离子、测定 M 离子的情况。如果还要测定被掩蔽的 N 离子，则可以在滴定 M 离子后再加入另一种试剂（称为解蔽剂），将 N 离子释放出来后再用 EDTA 滴定。这种方法称为解蔽法。

例如，测定溶液中 Zn^{2+} 和 Mg^{2+} 的含量。在氨性缓冲溶液中加入 KCN 掩蔽 Zn^{2+}，以铬黑 T 为指示剂，用 EDTA 滴定 Mg^{2+}。然后加入甲醛与 $Zn(CN)_4^{2-}$ 反应释放出 Zn^{2+}，再用 EDTA 滴定释放的 Zn^{2+}。注意 KCN 为剧毒物，只允许在碱性溶液中使用。测定后的溶液处理要按相关规定进行，防止造成污染。

$$Zn(CN)_4^{2-} + 4HCHO + 4H_2O = Zn^{2+} + 4CH_2(OH)CN + 4OH^-$$
（羟基乙腈）

又如，测定 Zn^{2+} 和 Ni^{2+} 混合溶液中的 Zn^{2+}。先在氨性缓冲溶液中加入 KCN，Zn^{2+} 和 Ni^{2+} 分别与 CN^- 络合为 $Zn(CN)_4^{2-}$（$\lg K_{Zn(CN)_4^{2-}}＝16.7$）和 $Ni(CN)_4^{2-}$（$\lg K_{Ni(CN)_4^{2-}}＝31.3$），然后加入解蔽剂 HCHO，由于 $Ni(CN)_4^{2-}$ 特别稳定，只有 Zn^{2+} 释放出来，可用 EDTA 滴定 Zn^{2+}。

（2）氧化还原掩蔽。

利用氧化还原反应改变金属离子的价态以达到消除干扰的方法为氧化还原掩蔽法。例如，Fe^{3+} 与 Bi^{3+} 共存时，Fe^{3+} 干扰 Bi^{3+} 的测定（$\lg K_{BiY}＝28.2$，$\lg K_{FeY}＝25.1$）。若用抗坏血酸（$C_6H_8O_6$）或盐酸羟胺（$NH_2OH·HCl$）等还原剂将 Fe^{3+} 还原为 Fe^{2+}，由于 FeY^{2-} 的

稳定性较低（$lgK_{FeY^{2-}} = 14.33$），就可以用控制溶液 pH 的方法滴定 Bi^{3+}。滴定 ZrO^{2+}、Tn^{4+}、Sn^{4+}、Hg^{2+} 等时，也可用同样的方法消除 Fe^{3+} 的干扰。也可将某些金属离子氧化为高价态的酸根离子，例如 $Cr^{3+} \rightarrow Cr_2O_7^{2-}$，$Mn^{2+} \rightarrow MnO_4^-$ 等，不能与 EDTA 络合，因而可消除干扰。

常用的还原剂有抗坏血酸、盐酸羟胺、联胺（$NH_2\text{-}NH_2$）、硫脲、$Na_2S_2O_3$、半胱氨酸等；常用的氧化剂有 H_2O_2、$(NH_4)_2S_2O_3$ 等。

（3）沉淀掩蔽。

利用沉淀反应降低干扰离子的浓度，在不分离沉淀的条件下直接进行滴定的方法称为沉淀掩蔽法。例如，Ca^{2+}、Mg^{2+} 的 EDTA 络合物稳定性相近（$lgK_{CaY} = 10.69$，$lg_{MgY} = 8.69$），不能用控制酸度的方法分别滴定，但它们的氢氧化物溶解度相差较大（$pK_{sp,Ca(OH)_2} = 4.9$，$pK_{sp,Mg(OH)_2} = 10.9$），在 pH = 12 下，Mg^{2+} 生成 $Mg(OH)_2$ 沉淀，用 EDTA 滴定 Ca^{2+} 时，Mg^{2+} 不干扰测定。络合滴定中常用的沉淀掩蔽剂见表 5－10。

必须指出，在滴定分析中，沉淀掩蔽剂并不是一种理想的掩蔽方法，存在下列缺点：

① 如果沉淀反应不完全，会影响掩蔽效果；

② 若发生共沉淀，会影响滴定分析的准确度；

③ 如果沉淀有颜色，会影响滴定终点的准确判断。

表 5－10　络合滴定中常用的沉淀掩蔽剂

名称	被掩蔽的离子	被测定的离子	pH 范围	指示剂
NH_4F	Ca^{2+}、Sr^{2+}、Ba^{2+}、Mg^{2+}、$Ti(IV)$、Al^{3+}、稀土	Zn^{2+}、Cd^{2+}、Mn^{2+}（在还原剂存在下）	10	铬黑 T
NH_4F	同上	Cu^{2+}、Co^{2+}、Ni^{2+}	10	紫脲酸铵
K_2CrO_4	Ba^{2+}	Sr^{2+}	10	Mg-EDTA 铬黑 T
Na_2S 或铜试剂	Bi^{3+}、Cd^{2+}、Cu^{2+}、Hg^{2+}、Pb^{2+} 等	Ca^{2+}、Mg^{2+}	10	铬黑 T
H_2SO_4	Pb^{2+}	Bi^{3+}	1	二甲酚橙
$K_4[Fe(CN)_6]$	微量 Zn^{2+}	Pb^{2+}	5～6	二甲酚橙

3. 化学分离

化学分离的方法通常是采用沉淀法和气化法。通过分离除去干扰离子或分离被测离子提高络合滴定的选择性。

（1）沉淀法分离。

例如，在 Mn^{2+}、Ca^{2+} 共存时（$lgK_{MnY} = 14.04$，$lgK_{CaY} = 10.69$），Mn^{2+} 对 Ca^{2+} 的测定有干扰。可以通入 H_2S 使 Mn^{2+} 沉淀，分离沉淀后再用 EDTA 滴定溶液中的 Ca^{2+}。

$$\begin{matrix} Mn^{2+} \\ Ca^{2+} \end{matrix} + H_2S = \begin{matrix} MnS \downarrow \\ Ca^{2+} \end{matrix}$$

在进行沉淀分离时，为了避免被测离子的损失，应先沉淀分离含量低的干扰离子，不能先沉淀分离含量高的干扰离子后再测定含量低的被测离子。如果存在多种干扰离子，应尽量选用能同时沉淀多种干扰离子的试剂来进行分离，以简化分离步骤。

（2）气化法分离。

例如，在磷矿石中除去 F^-。因为磷矿石一般含 Fe^{3+}、Al^{3+}、Ca^{2+}、Mg^{2+}、PO_4^{3-} 及 F^- 等离子，F^- 能与 Al^{3+} 生成很稳定的络合物，在碱性下又能与 Ca^{2+} 生成 CaF_2 沉淀。一般采取加酸、加热的方法，使 F^- 生成 HF 后挥发除去。

4. 选用其他络合剂作为滴定剂

络合滴定中最常用的滴定剂为 EDTA。但在某些情况下，也可采用其他氨羧络合剂作为滴定剂。利用它们与不同金属离子生成的络合物的稳定性差异，选择性地滴定某些离子。

（1）EGTA（乙二醇二乙丁烷二胺四乙酸）。

EGTA 和 EDTA 与 Mg^{2+}、Ca^{2+}、Sr^{2+}、Ba^{2+} 所形成的络合物的 $\lg K$ 对比见表 5-11。由表可见，$\lg K_{Mg\text{-}EGTA} \ll \lg K_{Ca\text{-}EGTA}$。因此选用 EGTA 作滴定剂，可以在 Mg^{2+} 存在下直接滴定 Ca^{2+}。

表 5-11　EGTA 和 EDTA 与金属离子络合物的稳定性对比较

$\lg K$	Mg^{2+}	Ca^{2+}	Sr^{2+}	Ba^{2+}
$\lg K_{M\text{-}EGTA}$	5.2	11.0	8.5	8.4
$\lg K_{M\text{-}EDTA}$	8.6	10.7	8.6	7.8

（2）EDTP（乙二胺四丙酸）。

EDTP 与金属离子形成的络合物的稳定性一般低于相应的 EDTA 络合物，见表 5-12。从表中可以看到，$\lg K_{Cu\text{-}EDTP} = 15.4$，表明其稳定性较高。因此，可在一定的 pH 下用 EDTP 滴定 Cu^{2+}，而 Zn^{2+}、Cd^{2+}、Mn^{2+}、Mg^{2+} 等不干扰。

表 5-12　EDTP 和 EDTA 与金属离子络合物的稳定性对比

$\lg K$	Cu^{2+}	Zn^{2+}	Cd^{2+}	Mn^{2+}	Mg^{2+}
$\lg K_{M\text{-}EDTP}$	15.4	7.8	6.0	4.7	1.8
$\lg K_{M\text{-}EDTA}$	18.8	16.5	16.5	14.0	8.6

5.7　EDTA 标准溶液的配制和标定

EDTA 标准溶液常用 EDTA 二钠盐（$Na_2H_2Y \cdot 2H_2O$）配制。EDTA 二钠盐是白色微晶粉末，易溶于水，经提纯后可作基准物。常采用间接法配制 EDTA 标准溶液，常用浓度范围为 $0.01 \sim 0.05$ mol $\cdot$ L^{-1}。

用于标定 EDTA 标准溶液的基准物很多，例如纯金属 Bi、Cd、Cu、Zn、Ni 和 Pb 等，它们的纯度可达到 99.99%。金属表面如有氧化膜，应先用酸洗去，再用水或乙醇洗涤，在 105 ℃ 烘干。金属氧化物及其盐也可作基准物，例如 Bi_2O_3、$CaCO_3$、ZnO、MgO、$MgSO_4 \cdot 7H_2O$ 等。标定 EDTA 常用的基准试剂见表 5-13。

表 5—13　标定 EDTA 常用的基准试剂及其条件

基准试剂	处理方法	滴定条件		终点颜色变化
		pH	指示剂	
Cu	1：1 HNO₃ 溶解，加 H₂SO₄ 蒸发，除去 NO₂	4.3 (HAc - NaAc)	PAN	红→黄绿
Pb	1：1 HNO₃ 溶解，加热，除去 NO₂	10 (NH₃ - NH₄Cl) 5～6 (六次甲基四胺)	铬黑 T 二甲酚橙	红→蓝 红→黄
Zn	1：1 HCl 溶解			
ZnO		>12 KOH	钙指示剂	酒红→蓝
CaCO₃				
MgO		10 (NH₃ - NH₄Cl)	铬黑 T	红→蓝

在标定 EDTA 标准溶液时，应尽量选择与样品测定条件一致的基准物，即尽量使标定条件与测定条件相同，以减小测定误差。这是因为：① 不同金属离子与 EDTA 反应的完全程度不同；② 不同指示剂的变色点不同；③ 不同条件下溶液中存在的杂质离子的干扰情况不同。

如果标定条件与测定的条件相同，上述影响基本一致，可以抵消部分测定误差。因此，为了提高测定准确度，标定条件和测定条件应尽可能接近。例如，选用被测元素的纯金属或其化合物作基准物可以提高测定结果的准确性。

EDTA 溶液应贮存在聚乙烯塑料瓶或硬质玻璃瓶中。若贮存于软质玻璃瓶中，EDTA 会与玻璃中的一些金属离子发生络合，使 EDTA 溶液浓度降低。

5.8　络合滴定法的应用

络合滴定法可以通过不同的滴定方式（直接滴定、返滴定、置换滴定和间接滴定）用于测定周期表中的大多数元素。

一、直接滴定

当金属离子与 EDTA 的络合反应满足滴定分析的要求时，可采用直接滴定进行测定。例如，水的硬度的测定。水的硬度是水质分析中一个重要指标。无论是生活用水还是生产用水，对硬度指标都有一定的要求。锅炉用水要求更为严格。如果锅炉用水硬度高，加热时会在锅炉内壁形成水垢。水垢不仅降低了锅炉的热效率，增加了能源的消耗；更为严重的是，会使锅炉壁面局部过热、软化、破裂，甚至引起锅炉爆炸。

一般的天然水主要含有 Ca^{2+}、Mg^{2+}，其他离子的含量较少。因此，常将水中所含 Ca^{2+}、Mg^{2+} 的总量称为总硬度。根据水中阴离子的组成，又可把总硬度分为暂时硬度和永久硬度。水中所含的 Ca^{2+}、Mg^{2+} 的碳酸盐和酸式碳酸盐，加热时易被沉淀析出而除去，故这种盐类所形成的硬度称为暂时硬度。Ca^{2+}、Mg^{2+} 的其他盐类如硫酸盐、氯化物等，经加热不能析出沉淀，这种盐类所形成的硬度称为永久硬度。

$$Ca^{2+} + 2HCO_3^- \xrightarrow{\triangle} CaCO_3 \downarrow + CO_2 \uparrow + H_2O$$

$$Mg^{2+} + 2HCO_3^- \xrightarrow{\triangle} MgCO_3 \downarrow + CO_2 \uparrow + H_2O$$

$$MgCO_3 + H_2O \xrightarrow{\triangle} Mg(OH)_2 \downarrow + CO_2 \uparrow$$

水的总硬度的测定是取一定体积的水样，加入氨性缓冲溶液使 pH=10.0，再加入铬黑 T 指示剂，用 EDTA 标准溶液滴定至溶液由酒红色变为蓝色即为滴定终点。根据 EDTA 标准溶液的浓度和消耗体积可以计算出水的总硬度。

直接滴定法简便、迅速、误差较小。只要条件允许，应尽可能地采用直接滴定法。但下列情况不宜直接滴定，应采用其他滴定方式：

（1）被测离子（例如 SO_4^{2-}、PO_4^{3-} 等离子）不与 EDTA 形成络合物，或被测离子（如 Na^+ 等）与 EDTA 形成的络合物不稳定；

（2）被测离子（例如 Ba^{2+}、Sr^{2+} 等离子）虽然与 EDTA 形成稳定的络合物，但缺少变色敏锐的指示剂；

（3）被测离子（例如 Al^{3+}、Cr^{3+} 等离子）与 EDTA 的络合速度很慢，本身又易水解或封闭批示剂。

二、返滴定

返滴定是在适宜的酸度条件下，在被测溶液中加入定量、过量的 EDTA 标准溶液，必要时加热，使被测离子与 EDTA 络合完全，然后调节溶液的 pH，加入指示剂，以另一金属离子标准溶液作返滴定剂，滴定过量的 EDTA。常用的返滴定剂和滴定条件见表 5-14。

表 5-14　常用的返滴定剂和滴定条件

被测金属离子	pH	返滴定剂	指示剂	终点颜色变化
Al^{3+}、Nl^{2+}	5~6	Zn^{2+}	二甲酚橙	黄→紫红
Al^{3+}	5~6	Cu^{2+}、Zn^{2+}	PAN	黄→蓝紫（或紫红）
Fe^{2+}	9	Zn^{2+}	铬黑 T	蓝→红
Hg^{2+}	10	Mg^{2+}、Zn^{2+}	铬黑 T	蓝→红
Sn^{4+}	2	Th^{4+}	二甲酚橙	黄→红

例如，Al^{3+} 对指示剂二甲酚橙有封闭作用；在酸度不高时，Al^{3+} 水解形成多核羟基络合物，如 $[Al_2(H_2O)_6(OH)_3]^{3+}$、$[Al_3(H_2O)_6(OH)_6]^{3-}$ 等，因为络合比不恒定，因而不能通过直接滴定来测定 Al^{3+}，须采用返滴定。用返滴定测定 Al^{3+} 时，先在被测溶液中加入定量、过量的 EDTA 标准溶液，调节 pH=3.5（防止 Al^{3+} 水解），煮沸，加速 Al^{3+} 与 EDTA 的反应使络合完全。此时，由于溶液酸度较高，又有过量的 EDTA 存在，因而 Al^{3+} 不会形成羟基络合物。冷却后，调节 pH 至 5.0~6.0（此时 AlY 稳定，不会重新水解析出羟基络合物），然后用二甲酚橙作指示剂（此时 Al^{3+} 已形成 AlY，不再封闭指示剂），再用 Zn^{2+} 标准溶液滴定过量的 EDTA。根据反应计量关系、标准溶液的浓度和消耗体积，可以计算得到试样中铝的含量。

用作返滴定剂的金属离子 N 与 EDTA 的络合物 NY 应有足够的稳定性，以保证测定的

127

准确度，但又不能比被测离子 M 与 EDTA 的络合物 MY 更稳定，否则将发生置换反应而使测定结果偏低：

$$N + MY = NY + M$$

在上例中，虽然 ZnY 的稳定常数略大于 AlY 的稳定常数（$lgK_{ZnY} = 16.50$，$lgK_{AlY} = 16.13$），但由于 Al^{3+} 与 EDTA 的络合反应缓慢，生成 AlY 后其解离也慢。因此，在给定条件下，Zn^{2+} 不会把 AlY 中的 Al^{3+} 置换出来，不会影响 Al^{3+} 的测定。

例 5-4 称取某含铝试样 0.250 0 g，溶解后加入 25.00 mL 0.050 00 mol·L^{-1} EDTA 标准溶液，在 pH=3.5 条件下加热煮沸，使 Al^{3+} 与 EDTA 反应完全后调节溶液的 pH 为 5.0～6.0，加入二甲酚橙，用 0.020 00 mol·L^{-1} $Zn(Ac)_2$ 标准溶液滴定至红色，消耗了 21.50 mL。试计算试样中铝的质量分数。

解：反应 1 $Al^{3+} + Y^{4-}$（总量）$\rightleftharpoons AlY^-$

反应 2 $Zn^{2+} + Y^{4-}$（过量）$\rightleftharpoons ZnY^{2-}$

$$n_{Al} = (n_{EDTA})_总 - (n_{EDTA})_{过量}, \quad (n_{EDTA})_{过量} = n_{Zn} = (cV)_{Zn}$$

$$(m/M)_{Al} = (cV)_{EDTA总} - (cV)_{Zn}$$

故

$$w_{Al} = \frac{(c_{EDTA}V_{EDTA} - c_{Zn}V_{Zn}) \times A_{Al} \times 10^{-3}}{m_s} \times 100\%$$

$$= \frac{(0.050\ 00 \times 25.00 - 0.020\ 00 \times 21.50) \times 26.98 \times 10^{-3}}{0.250\ 0} \times 100\%$$

$$= 8.85\%$$

三、置换滴定

在络合滴定中常用的置换滴定有两种：利用置换反应，置换出等物质的量的另一种金属离子；置换出 EDTA 后进行滴定。

1. 置换出金属离子

例如，Ag^+ 与 EDTA 的络合物不稳定（$lgK_{AgY} = 7.3$），不满足直接滴定的条件，但可采用置换滴定法进行测定。通过在 Ag^+ 试液中加入过量 $Ni(CN)_4^{2-}$，发生置换反应，即

$$2Ag^+ + Ni(CN)_4^{2-} = 2Ag(CN)_2^- + Ni^{2+}$$

然后在 pH=10 的氨性溶液中以紫脲酸胺为指示剂，用 EDTA 滴定定量置换出的 Ni^{2+}，即可测定 Ag^+ 的质量分数。

对于银币中的 Ag 和 Cu 的测定，将试样溶解于 HNO_3，加氨调节 pH=8，以紫脲酸铵为指示剂，用 EDTA 标准溶液先滴定试液中 Cu^{2+}，再用置换滴定测定 Ag^+。

2. 置换出 EDTA

例如，测定某复杂试样中的 Al^{3+}，试样中可能含有 Pb^{2+}、Zn^{2+}、Fe^{3+} 等离子，用返滴定法测定 Al^{3+} 时，实际上得到的是这些离子的总量。为了准确测定 Al^{3+} 的含量，可采用在返滴定终点后加入 NH_4F，发生下面反应，即

$$AlY + 6F^- + 2H^+ = AlF_6^{3-} + H_2Y^{2-}$$

置换出与 Al^{3+} 等物质量的 EDTA，再用 Zn^{2+} 标准溶液滴定定量释放的 EDTA，进而测得 Al^{3+} 的准确含量。

也可采用类似的方法测定试样中锡的含量。例如，锡青铜（含有 Sn^{4+}、Cu^{2+}、Zn^{2+}、Pb^{2+}）中 Sn^{4+} 的测定。测定过程如下：

（1）称取一定量的锡青铜合金并制成溶液后，加入定量过量的 EDTA 溶液，发生下列反应

$$Sn^{4+} + Y^{4-} = SnY$$
$$Cu^{2+} + Y^{4-} = CuY^{2-}$$
$$Pb^{2+} + Y^{4-} = PbY^{2-}$$
$$Zn^{2+} + Y^{4-} = ZnY^{2-}$$

（2）在 pH=5～6 的条件下，以二甲酚橙作指示剂，用 $Zn(Ac)_2$ 标准溶液滴定过量的 EDTA。反应式为

$$Y^{4-}（过量）+ Zn^{2+} = ZnY^{2-}$$

（3）加入适量的 NH_4F，此时溶液中只有 SnY 络合物中的 Sn^{4+} 与 F^- 作用生成更稳定的 SnF_6^{2-} 络合物，同时释放出与 Sn^{4+} 等物质的量的 EDTA。反应式为

$$SnY + 6F^- = SnF_6^{2-} + Y^{4-}$$

（4）用 Zn^{2+} 标准溶液滴定被 F^- 置换出来的 EDTA。根据消耗的 Zn^{2+} 标准溶液的物质的量，可以计算出试样中 Sn 的质量分数。

例如，当 $Zn(Ac)_2$ 标准溶液的浓度为 $0.010\ 00\ mol \cdot L^{-1}$，终点体积为 22.30 mL，锡青铜试样的质量为 0.200 0 g，则试样中 Sn 的质量分数计算如下：

因为 $c_{Zn}V_{Zn} = c_{EDTA}V_{EDTA} = n_{Sn}$，故

$$w_{Sn} = \frac{(cV)_{Zn}A_{Sn}}{m_s} \times 100\% = \frac{0.010\ 00 \times 22.30 \times 118.69 \times 10^{-3}}{0.200\ 0} \times 100\% = 13.24\%$$

置换滴定法不仅扩大了络合滴定法的应用范围，而且提高了络合滴定的选择性。此外，利用置换反应还可以改善指示剂在滴定终点变色的敏锐性。例如，铬黑 T（EBT）与 Ca^{2+} 的显色灵敏度较低，但与 Mg^{2+} 显色很灵敏。因此，在 pH=10 下用 EDTA 测定 Ca^{2+} 时，常以 EBT 为指示剂并加入少量 MgY。通过下述置换反应

$$Ca^{2+} + MgY = CaY + Mg^{2+}$$

置换出来的 Mg^{2+} 与 EBT 络合，生成 Mg-EBT，显深红色。滴定时，EDTA 先与 Ca^{2+} 络合，滴定至化学计量点附近时，溶液中 Ca^{2+} 几乎完全络合，这时 EDTA 夺取 Mg-EBT 络合物中的 Mg^{2+} 生成 MgY，游离出的 EBT 指示剂显蓝色，终点颜色变化很明显。由于滴定前加入 MgY 和最后生成的 MgY 的量相等，故加入的 MgY 不影响测定结果。

四、间接滴定

有些金属离子和 EDTA 形成的络合物不稳定，例如 Na^+、K^+ 等；有些离子和 EDTA 不络合，例如 SO_4^{2-}、PO_4^{3-}、CN^-、Cl^- 等阴离子。应用络合滴定法测定这些离子时，可采用间接滴定测定。常用的间接滴定法见表 5-15。间接滴定扩大了络合滴定法的测定范围，但因其过程烦琐易引入误差，有时并不是优先选用的测定方法。

表 5－15　络合滴定中常用的间接滴定法

被测离子	主　要　步　骤
K^+	沉淀为 $K_2Na[Co(NO_2)_6] \cdot 6H_2O$，沉淀经过滤、洗涤、溶解后，测定其中的 Co^{2+}
Na^+	沉淀为 $NaZn(UO_2)_3Ac_9 \cdot 9H_2O$，沉淀经过滤、洗涤、溶解后，测定其中的 Zn^{2+}
PO_4^{3-}	沉淀为 $MgNH_4PO_4 \cdot 6H_2O$，沉淀经过滤、洗涤、溶解后，测定其中的 Mg^{2+}；或测定滤液中过量的 Mg^{2+}
S^{2-}	沉淀为 CuS，测定滤液中的过量的 Cu^{2+}
SO_4^{2-}	沉淀为 $BaSO_4$，测定滤液中过量 Ba^{2+}，用 MgY-铬黑 T 作指示剂
CN^-	加入定量过量的 Ni^{2+}，使形成 $Ni(CN)_4^{2-}$，置换，测定置换出的 Ni^{2+}
Cl^-、Br^-、I^-	沉淀为卤化银，过滤，滤液中过量的 Ag^+ 与 $Ni(CN)_4^{2-}$ 置换，测定置换出的 Ni^{2+}

例 5－5　称取含磷试样 0.100 0 g，配成溶液后，将磷沉淀为 $MgNH_4PO_4$。将沉淀过滤、洗涤、溶解并调节溶液 pH＝10.0。以铬黑 T 为指示剂，用 0.010 00 mol·L^{-1} 的 EDTA 标准溶液滴定溶液中 Mg^{2+}，终点用去 20.00 mL。试计算试样中 P 和 P_2O_5 的质量分数。

解：反应式　$PO_4^{3-} + Mg^{2+} + NH_4^+ = MgNH_4PO_4 \downarrow$

$$MgNH_4PO_4 + 3H^+ = H_3PO_4 + Mg^{2+} + NH_4^+$$

因为

$$n_{EDTA} = n_{Mg^{2+}} = n_P = 2n_{P_2O_5}$$

故

$$w_P = \frac{(cV)_{EDTA}A_P \times 10^{-3}}{m_s} \times 100\%$$

$$= \frac{0.010\ 00 \times 20.00 \times 30.97 \times 10^{-3}}{0.100\ 0} \times 100\%$$

$$= 6.19\%$$

$$w_{P_2O_5} = \frac{\frac{1}{2}(cV)_{EDTA}M_{P_2O_5} \times 10^{-3}}{m_s} \times 100\%$$

$$= \frac{0.010\ 00 \times 20.00 \times 141.94 \times 10^{-3}}{0.100\ 0 \times 2} \times 100\%$$

$$= 14.19\%$$

思　考　题

1. EDTA 与金属离子的络合物有哪些特点？

2. 络合物的稳定常数与条件稳定常数有何不同？为什么要引入条件稳定常数？

3. 在络合滴定中控制溶液酸度有什么重要意义？应如何选择络合滴定适宜的 pH？

4. 影响络合滴定曲线的突跃范围的主要因素有哪些？

5. 金属离子指示剂应该具备哪些条件？其作用原理是什么？

6. 什么是金属离子指示剂的封闭和僵化？如何避免？

7. 提高络合滴定选择性的方法有哪些？

8. 在有共存金属离子时，如何控制合适的酸度范围以提高络合滴定的选择性？若控制酸度仍不能达到目的，还能采取什么措施？

9. 络合滴定中常用的掩蔽方法有哪些？各适用于哪些情况？

10. 用返滴定法测 Al^{3+} 含量时，首先在 pH＝3 左右加入定量过量的 EDTA，加热使 Al^{3+} 络合完全。试说明选择此 pH 的理由。

11. 能否分别在 pH＝5 和 pH＝10 时用 EDTA 测定 Mg^{2+}？说明原因。

习　题

1. 计算 1 mL 0.010 00 moL·L^{-1} EDTA 溶液相当于 Zn、MgO 和 Al_2O_3 各多少克？

$(6.539×10^{-4}$ g·mL^{-1}；$4.030×10^{-4}$ g·mL^{-1}；$5.098×10^{-4}$ g·mL$^{-1})$

2. 称取纯 $CaCO_3$ 0.251 0 g，溶解后定量转移至 250 mL 容量瓶中并稀释至刻度。准确移取 25.00 mL，在 pH＞12 时，以钙指示剂为指示剂，用 EDTA 溶液滴定至终点，用去 26.84 mL。计算 EDTA 溶液的浓度。

$(9.343×10^{-3}$ mol·L$^{-1})$

3. 在 pH＝5 时，计算 K'_{ZnY}＝？如果 $c_{Zn}=c_{EDTA}=0.010\ 00$ mol·L^{-1}，不考虑水解等副反应，问能否在此 pH 下用 EDTA 滴定 Zn^{2+}？

$(K'_{ZnY}=10^{10.05}$；可以$)$

4. 计算 pH＝4 时 EDTA 的酸效应系数 $\alpha_{Y(H)}$ 和 $lg\alpha_{Y(H)}$

$(10^{8.44}$；8.44$)$

5. 如果 Mg^{2+} 和 EDTA 溶液的浓度皆为 0.01 mol·L^{-1}，在 pH＝6 时，镁与 EDTA 络合物的条件稳定常数是多少（不考虑羟基络合等副反应）？并说明在此 pH 下能否用 EDTA 标准溶液滴定 Mg^{2+}。如果不能滴定，计算确定其最低 pH。

$(lgK'_{MgY}=4.04$；不能；9.7$)$

6. 用络合滴定法测定氯化锌（$ZnCl_2$）的含量。称取试样 0.250 0 g，溶解后定量转移至 250 mL 容量瓶中并稀释至刻度。量取 25.00 mL，在 pH＝5～6 时，用二甲酚橙作指示剂，用 0.010 24 mol·L^{-1} EDTA 标准溶液滴定至终点，用去 17.61 mL。计算试样中 $ZnCl_2$ 的质量分数（％）。

(98.31％)

7. 称取含锌铝的试样 0.120 0 g，溶解后调节溶液 pH＝3.5，加入 50.00 mL 0.025 00 mol·L^{-1} EDTA 溶液，加热煮沸，冷却后加醋酸缓冲溶液使 pH＝5.5，以二甲酚橙为指示剂，用 0.020 00 mol·L^{-1} 锌标准溶液滴定至红色，用去 5.80 mL。加足量的 NH_4F，煮沸，再用上述锌标准溶液滴定至终点，用去 20.70 mL。计算试样中锌、铝的质量分数（％）。

(39.23％；9.31％)

8. 称取纯 $CaCO_3$ 试样 0.100 5 g，溶解后，用容量瓶定容至 100 mL。量取 25.00 mL，在 pH＞12 时，用 EDTA 标准溶液滴定，终点时用去 24.90 mL。计算 EDTA 标准溶液的浓度。

(0.010 08 mol·L^{-1})

131

9. 称取氧化铝试样 1.032 g，溶解后定量转移至 250 mL 容量瓶中并稀释至刻度。量取 25.00 mL，加入 $T_{Al_2O_3/EDTA}=0.001\,505\ g \cdot mL^{-1}$ 的 EDTA 标准溶液 30.00 mL，以二甲酚橙为指示剂，用锌标准溶液回滴，终点用去 12.20 mL。已知 1 mL 锌标准溶液相当于 0.681 2 mL EDTA 标准溶液。计算试样中 Al_2O_3 的质量分数（%）。

(31.63%)

10. 取水样 100 mL，用氨性缓冲液调节至 pH=10，以 EBT 为指示剂，用 0.008 826 mol·L^{-1} EDTA 标准液滴定至终点，用去 12.58 mL。计算水样的总硬度（1 L 水中含 $CaCO_3$ 的质量，mg·L^{-1}）。如果将上述水样再取 100 mL，用 NaOH 调节 pH=12.5，加入钙指示剂，用上述 EDTA 标准液滴定至终点，用去 10.11 mL。计算 1 L 水样中的 Ca^{2+} 和 Mg^{2+} 的质量。

(111.1 mg·L^{-1}；35.77 mg，5.30 mg)

11. 称取含 Pb^{2+} 和 Cu^{2+} 等离子的铝试样 0.216 0 g，溶解后加入 0.02 mol·L^{-1} EDTA 溶液约 30 mL 并调节 pH=3.5，煮沸使所有的金属离子完全络合，冷却后以 Zn^{2+} 标准溶液滴定过量的 EDTA。加入 NaF 并加热煮沸、冷却后，以 0.024 00 mol·L^{-1} 的 Zn^{2+} 标准溶液滴定置换出来的 EDTA，终点时用去 Zn^{2+} 标准溶液 20.85 mL。计算样品中 Al_2O_3 的质量分数（%）。

(11.81%)

12. 称取含 Bi、Pb、Cd 等的合金试样 2.420 g，用 HNO_3 溶解后稀释成 250.0 mL。量取 50.00 mL，在 pH=2 下用 0.024 79 mol·L^{-1} EDTA 溶液滴定 Bi^{3+}，终点时用去 25.67 mL。加入六亚甲基四胺，使 pH=5～6，继续用 EDTA 滴定溶液中的 Pb^{2+} 和 Cd^{2+}，用去 EDTA 24.76 mL。然后加入邻菲罗啉，使 Cd-EDTA 释放出 EDTA，再用 0.021 74 mol·L^{-1} $Pb(NO_3)_2$ 溶液滴定释放出的 EDTA，终点用去 6.67 mL。计算试样中 Bi、Pb、Cd 的质量分数（%）。

(27.48%；20.07%；3.37%)

13. 称取葡萄糖酸钙（$C_{12}H_{22}O_{14}Ca \cdot H_2O$）试样 0.550 0 g，溶解后，在 pH=10 的氨性缓冲液中，以 EBT 为指示剂，用 0.049 85 mol·L^{-1} EDTA 标准溶液滴定，终点用去 24.50 mL。计算试样中葡萄糖酸钙的质量分数（%）。

(99.6%)

14. 用络合滴定法测定铅锡合金中 Pb、Sn 含量。称取试样 0.200 0 g，用 HCl 溶解后，准确加入 50.00 mL 0.030 00 mol·L^{-1} EDTA 溶液及 50 mL 水，加热煮沸 2 min，冷却后用六亚甲基四胺调节溶液 pH=5.5，加入少量 1,10-邻二氮菲，以二甲酚橙为指示剂，用 0.030 00 mol·L^{-1} $Pb(NO_3)_2$ 标准溶液滴定至终点，用去 3.00 mL。然后加入足量 NH_4F 试剂，加热至 40 ℃，再用上述 $Pb(NO_3)_2$ 溶液滴定至终点，用去 35.00 mL。计算试样中 Pb 和 Sn 的质量分数（%）。

(37.30%，62.32%)

15. 已知某 Bi^{3+}、Pb^{2+} 混合溶液中，$c_{Bi}=c_{Pb}=0.020\,00$ mol·L^{-1}。若用同浓度的 EDTA 标准溶液对该混合溶液进行连续滴定，基于计算判断：（1）能否采用连续滴定测定两种离子的浓度？（2）控制溶液 pH=1.0，能否准确测定 Bi^{3+}？

（能；能）

16. 称取含硫试样 0.300 0 g，将试样处理成溶液后，加入 20.00 mL 0.050 00 mol·L^{-1}

$BaCl_2$ 溶液，加热产生 $BaSO_4$ 沉淀，再以 0.025 00 $mol \cdot L^{-1}$ EDTA 标准溶液滴定剩余的 Ba^{2+}，终点用去 24.81 mL。计算试样中硫的质量分数。

(4.06%)

17. 称取含铜锌镁的合金试样 0.500 0 g，处理成溶液后定容至 100 mL。移取 25.00 mL，调至 pH＝6，以 PAN 为指示剂，用 0.050 00 $mol \cdot L^{-1}$ EDTA 标准溶液滴定 Cu^{2+} 和 Zn^{2+}，终点用去 37.30 mL。另取一份 25.00 mL 试样溶液，用 KCN 掩蔽 Cu^{2+} 和 Zn^{2+}，用同浓度的 EDTA 标准溶液滴定 Mg^{2+}，终点用去 4.10 mL，然后再加甲醛以解蔽 Zn^{2+}，用同浓度的 EDTA 标准溶液滴定，终点用去 13.40 mL。计算试样中铜、锌、镁的质量分数。

(60.75%, 35.04%, 3.90%)

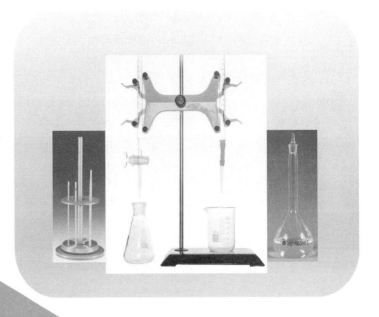

第6章 氧化还原滴定法

第 6 章　氧化还原滴定法

6.1　氧化还原滴定法的特点和分类

氧化还原滴定法（oxidation-reduction titration）是以氧化还原反应为基础的滴定分析法。在氧化还原滴定中，通常以适当的氧化剂或还原剂作标准溶液测定具有还原性或氧化性的物质的含量。对那些本身没有氧化还原性的物质，可以通过间接滴定的方式进行测定。例如，高锰酸钾法间接测定试样中 Ca^{2+} 含量。先使样品溶液中的 Ca^{2+} 与沉淀剂草酸盐（$C_2O_4^{2-}$）反应，定量生成 CaC_2O_4 沉淀，沉淀经洗涤、过滤、酸解后，用高锰酸钾标准溶液滴定产生的 $H_2C_2O_4$。根据 Ca^{2+} 与 $C_2O_4^{2-}$ 及 $KMnO_4$ 之间的化学计量关系即可间接测定样品中 Ca^{2+} 的质量分数。氧化还原滴定法是应用最广泛的滴定分析法之一。

氧化还原反应基于电子的转移，反应机理比较复杂。在氧化还原反应中，除了主反应外，还常伴有各种副反应，并且反应速度一般较慢。有些氧化还原反应虽然理论上可以进行，但由于反应速度太慢，实际上难以发生。因此，在处理氧化还原滴定问题时，不仅要从热力学的氧化还原平衡的角度来考虑反应的可能性，还要从动力学的反应速度的角度来考虑反应的可行性。

氧化还原滴定法按照滴定剂的种类分为高锰酸钾法、重铬酸钾法、碘量法、溴酸钾法、铈量法等，见表 6—1。

表 6—1　氧化还原滴定法的分类

方法名称		标准溶液	半电池反应	$\varphi^{\ominus}/V$
高锰酸钾法		$KMnO_4$	$MnO_4^- + 8H^+ + 5e^- \rightleftharpoons Mn^{2+} + 4H_2O$	1.49
重铬酸钾法		$K_2Cr_2O_7$	$Cr_2O_7^{2-} + 14H^+ + 6e^- \rightleftharpoons 2Cr^{3+} + 7H_2O$	1.33
碘量法	直接碘法	I_2	$I_2 + 2e^- \rightleftharpoons 2I^-$	0.54
	间接碘法	$Na_2S_2O_3$	$S_4O_6^{2-} + 2e^- \rightleftharpoons 2S_2O_3^{2-}$	0.09
溴酸钾法		$KBrO_3 + KBr$	$BrO_3^- + 6H^+ + 6e^- \rightleftharpoons Br^- + 3H_2O$	1.44
铈量法		$Ce(SO_4)_2$	$Ce^{4+} + e^- \rightleftharpoons Ce^{3+}$	1.44

6.2 条件电极电位

一、Nernst 方程式

氧化剂和还原剂的强弱可以用相关电对的电极电位（简称电位）来衡量。电对的电极电位越大，其氧化态的氧化能力越强；电对的电极电位越小，其还原态的还原能力越强。例如，Fe^{3+}/Fe^{2+} 电对的标准电位（$\varphi^{\ominus}_{Fe^{3+}/Fe^{2+}} = 0.77$ V）比 Sn^{4+}/Sn^{2+} 电对的标准电位（$\varphi^{\ominus}_{Sn^{4+}/Sn^{2+}} = 0.15$ V）大，对氧化态 Fe^{3+} 和 Sn^{4+} 来说，Fe^{3+} 是更强的氧化剂；对还原态 Fe^{2+} 和 Sn^{2+} 来说，Sn^{2+} 是更强的还原剂，因此可以发生下式反应

$$2Fe^{3+} + Sn^{2+} \rightleftharpoons 2Fe^{2+} + Sn^{4+}$$

由此可见，根据电对的电位可以判断氧化还原反应可能进行的方向。

氧化还原电对的电位可根据 Nernst 方程求得。设 Ox 为氧化态，Red 为还原态，其半反应为

$$Ox + ne^- \rightleftharpoons Red$$

其 Nernst 方程式为

$$\varphi = \varphi^{\ominus} + \frac{RT}{nF} \ln \frac{a_{Ox}}{a_{Red}}$$

式中，φ 为电对的电极电位；$\varphi^{\ominus}$ 为电对的标准电极电位；a_{Ox} 和 a_{Red} 分别为氧化态和还原态的活度；R 为气体常数（$R = 8.314$ J·K^{-1}·mol^{-1}）；T 是热力学绝对温度（K）；F 是法拉第常数（$F = 964\,87$ C·mol^{-1}）；n 是半反应中电子转移数。

将以上各常数代入上式并取常用对数，在 25 ℃时，得到最常用的 Nernst 方程式

$$\varphi = \varphi^{\ominus} + \frac{0.059\,2}{n} \lg \frac{a_{Ox}}{a_{Red}} \tag{6-1}$$

氧化还原反应中的电对分为可逆电对和不可逆电对。可逆电对是指在氧化还原反应的任一瞬间都能迅速地建立起氧化还原平衡，其实际电极电位与按 Nernst 方程计算得到的理论电极电位相符或相差较小，例如 Fe^{3+}/Fe^{2+}、I_2/I^-、$Fe(CN)_6^{3-}/Fe(CN)_6^{4-}$ 等。不可逆电对则相反，它在氧化还原反应中不能瞬间建立起按氧化还原半反应所表示的平衡，其实际电位与理论电位相差较大（大于 100 mV），例如 MnO_4^-/Mn^{2+}、$Cr_2O_7^{2-}/Cr^{3+}$、$S_4O_6^{2-}/S_2O_3^{2-}$、$CO_2/C_2O_4^{2-}$ 等。也就是说，Nernst 方程式计算可逆电对的电极电位的误差小，计算不可逆电对的电极电位的误差较大，但其计算结果仍具有一定的参考意义。

在处理氧化还原平衡时，根据电对的氧化态和还原态的系数是否相同，电对还分为对称电对和不对称电对。电对的氧化态和还原态的系数相同时，称为对称电对。例如

$$Fe^{3+} + e^- \rightleftharpoons Fe^{2+}$$

$$MnO_4^- + 8H^+ + 5e^- \rightleftharpoons Mn^{2+} + 4H_2O$$

电对的氧化态与还原态的系数不同时，称为不对称电对。例如

$$I_2 + 2e^- \rightleftharpoons 2I^-$$

$$Cr_2O_7^{2-} + 14H^+ + 6e^- \rightleftharpoons 2Cr^{3+} + 7H_2O$$

不对称电对的有关计算比较复杂，计算时应加以注意。

二、条件电极电位

应用 Nernst 方程式计算电极电位时，还应考虑离子强度和氧化态或还原态的存在形式。当溶液浓度较低时，常忽略溶液中离子强度的影响，以浓度代替活度进行计算。但当溶液的离子强度较大时，其影响往往不能忽略。此外，当溶液组成改变时，电对的氧化态和还原态的存在形式也往往随之改变，从而引起电极电位的变化。因此，用 Nernst 方程式计算有关电对的电位时，如果不考虑上述两个因素（离子强度和存在形式）的影响，而采用标准电位进行计算，结果与实际电位就会相差较大。

例如，计算 HCl 溶液中 Fe^{3+}/Fe^{2+} 体系的电位时，由 Nernst 方程式得到

$$\varphi = \varphi^{\ominus} + 0.059\ 2 \lg \frac{a_{Fe^{3+}}}{a_{Fe^{2+}}}$$

$$= \varphi^{\ominus} + 0.059\ 2 \lg \frac{\gamma_{Fe^{3+}}[Fe^{3+}]}{\gamma_{Fe^{2+}}[Fe^{2+}]} \tag{6-2}$$

但是，实际上铁离子在 HCl 溶液中能与溶剂及易于络合的阴离子 Cl^- 等发生如下反应

$$Fe^{3+} + H_2O \rightleftharpoons FeOH^{2+} + H^+$$

$$Fe^{3+} + Cl^- \rightleftharpoons FeCl^{2+}$$

$$\cdots$$

因此，除 Fe^{3+}、Fe^{2+} 外，还存在 $FeOH^{2+}$、$FeCl^{2+}$、$FeCl_2^+$、$FeCl^+$、…，若用 $c_{Fe^{3+}}$、$c_{Fe^{2+}}$ 分别表示溶液中三价态铁和二价态铁的总浓度，则

$$c_{Fe^{3+}} = [Fe^{3+}] + [FeOH^{2+}] + [FeCl^{2+}] + \cdots$$

此时

$$\frac{c_{Fe^{3+}}}{[Fe^{3+}]} = \alpha_{Fe^{3+}}\ ,\quad \frac{c_{Fe^{3+}}}{\alpha_{Fe^{3+}}} = [Fe^{3+}] \tag{6-3}$$

$\alpha_{Fe^{3+}}$ 为 Fe^{3+} 的副反应系数（与络合平衡中酸效应系数 $\alpha_{Y(H)}$ 的关系相似）。同样

$$\frac{c_{Fe^{2+}}}{[Fe^{2+}]} = \alpha_{Fe^{2+}}\ ,\quad \frac{c_{Fe^{2+}}}{\alpha_{Fe^{2+}}} = [Fe^{2+}] \tag{6-4}$$

将式（6-3）和式（6-4）代入式（6-2），得

$$\varphi = \varphi^{\ominus} + 0.059\ 2 \lg \frac{\gamma_{Fe^{3+}} \alpha_{Fe^{2+}} c_{Fe^{3+}}}{\gamma_{Fe^{2+}} \alpha_{Fe^{3+}} c_{Fe^{2+}}}$$

上式是考虑了离子强度和氧化态或还原态的存在形式的 Nernst 方程式。上式可改写为

$$\varphi = \varphi^{\ominus} + 0.059\ 2 \lg \frac{\gamma_{Fe^{3+}} \alpha_{Fe^{2+}}}{\gamma_{Fe^{2+}} \alpha_{Fe^{3+}}} + 0.059\ 2 \lg \frac{c_{Fe^{3+}}}{c_{Fe^{2+}}} \tag{6-5}$$

当 $c_{Fe^{3+}} = c_{Fe^{2+}} = 1\ mol \cdot L^{-1}$ 或 $c_{Fe^{3+}}/c_{Fe^{2+}} = 1$ 时，代入式（6-5）可得

$$\varphi^{\ominus} + 0.059\ 2 \lg \frac{\gamma_{Fe^{3+}} \alpha_{Fe^{2+}}}{\gamma_{Fe^{2+}} \alpha_{Fe^{3+}}} = \varphi^{\ominus\prime} \tag{6-6}$$

式（6-6）中，γ 及 α 在一定条件下为常数，因而 $\varphi^{\ominus\prime}$ 应为一常数。$\varphi^{\ominus\prime}$ 称为条件电极电位（常简称条件电位）。它是在特定条件下，氧化态和还原态的总浓度为 $1\ mol \cdot L^{-1}$ 或它们的浓度比等于 1 时的实际电位，为一常数。此时式（6-5）可写成

$$\varphi = \varphi^{\ominus\prime} + 0.059\ 2 \lg \frac{c_{Fe^{3+}}}{c_{Fe^{2+}}} \tag{6-7}$$

一般通式为

$$\varphi_{Ox/Red} = \varphi_{Ox/Red}^{\ominus\prime} + \frac{0.059\,2}{n}\lg\frac{c_{Ox}}{c_{Red}} \quad (25\ ℃) \tag{6-8}$$

其中

$$\varphi_{Ox/Red}^{\ominus\prime} = \varphi_{Ox/Red}^{\ominus} + \frac{0.059\,2}{n}\lg\frac{\gamma_{Ox}\alpha_{Red}}{\gamma_{Red}\alpha_{Ox}} \tag{6-9}$$

标准电位和条件电位的关系类似于络合反应中的稳定常数 K_{MY} 和条件稳定常数 K'_{MY} 的关系。显然，条件电位更能真实反映一定实验条件下的实际电位。

条件电位的大小反映在给定实验条件下氧化还原电对的实际氧化还原能力，相比标准电位，其更能准确地判断氧化还原反应的方向、次序和反应完成的程度。附录十及附录十一列出了氧化还原半反应的标准电位及条件电位。对有关的氧化还原反应，可采用条件相近的条件电位。例如，从表中未查到在 $0.5\ mol \cdot L^{-1}\ H_2SO_4$ 溶液中 Fe^{3+}/Fe^{2+} 电对的条件电位，这种情况下可采用 $1\ mol \cdot L^{-1}\ H_2SO_4$ 溶液中 Fe^{3+}/Fe^{2+} 电对的条件电位（0.68 V）。如果没有指定的条件电位数据，只能采用标准电位，但误差可能较大。

三、实验条件对条件电位的影响

1. 离子强度的影响

当溶液离子强度较大时，活度系数远小于1，活度与浓度相差较大。此时若用浓度代替活度，用 Nernst 方程计算的结果会与实际电极电位有差异。但由于滴定分析中溶液离子强度较低，其他副反应对电位的影响远大于离子强度的影响。因此，滴定分析中通常忽略离子强度的影响。

2. 副反应的影响

在氧化还原反应中，常利用沉淀反应或络合反应使电对的氧化态或还原态的浓度发生变化，从而改变电对的电极电位。当加入一种可与电对的氧化态或还原态生成沉淀的沉淀剂时，其电极电位就会发生改变。氧化态生成沉淀时，使电对的电极电位降低；而还原态生成沉淀时，使电极电位升高。

例如，在间接碘量法中，利用生成难溶沉淀对条件电极电位的影响来测定试样中铜的质量分数。参与反应的电对的标准电位为

$$Cu^{2+} + e^- \rightleftharpoons Cu^+ \qquad \varphi_{Cu^{2+}/Cu^+}^{\ominus} = 0.16\ V$$
$$I_2 + 2e^- \rightleftharpoons 2I^- \qquad \varphi_{I_2/I^-}^{\ominus} = 0.54\ V$$

反应式为
$$2Cu^{2+} + 4I^- = 2CuI\downarrow + 2I_2$$

从标准电位看，应当是 I_2 氧化 Cu^+，但事实上是 Cu^{2+} 氧化 I^- 的反应进行得很完全。原因在于 I^- 与 Cu^+ 生成了难溶的 CuI 沉淀，使其条件电极电位明显增加，超过了碘电对的电极电位，因而发生了上面的反应。

例 6-1 计算当 KI 浓度为 $1\ mol \cdot L^{-1}$ 时，Cu^{2+}/Cu^+ 电对的条件电位（忽略离子强度的影响）。

解：已知 $\varphi_{Cu^{2+}/Cu^+}^{\ominus} = 0.16\ V$，$K_{sp(CuI)} = 1.1 \times 10^{-12}$，根据 Nernst 方程，有

$$\varphi_{Cu^{2+}/Cu^+} = \varphi_{Cu^{2+}/Cu^+}^{\ominus} + 0.059\,2\lg\frac{[Cu^{2+}]}{[Cu^+]}$$

138

$$= \varphi_{Cu^{2+}/Cu^+}^{\ominus} + 0.059\ 2\lg\frac{[Cu^{2+}][I^-]}{K_{sp(CuI)}}$$

$$= \varphi_{Cu^{2+}/Cu^+}^{\ominus} + 0.059\ 2\lg\frac{[I^-]}{K_{sp(CuI)}} + 0.059\ 2\lg[Cu^{2+}]$$

若 Cu^{2+} 未发生副反应，则 $[Cu^{2+}] = c_{Cu^{2+}}$，令 $[Cu^{2+}] = [I^-] = 1\ mol \cdot L^{-1}$，故

$$\varphi_{Cu^{2+}/Cu^+}^{\ominus\prime} = \varphi_{Cu^{2+}/Cu^+}^{\ominus} + 0.059\ 2\lg\frac{1}{K_{sp(CuI)}}$$

$$= 0.16 - 0.059\ 2\lg1.1 \times 10^{-12}$$

$$= 0.87\ (V)$$

由上可见，由于生成 CuI 沉淀使 Cu^{2+}/Cu^+ 电对的条件电位明显增加，氧化性显著增强。在过量 I^- 存在下，$\varphi_{I_2/I^-}^{\ominus\prime} \approx \varphi_{I_2/I^-}^{\ominus}$，此时 $\varphi_{Cu^{2+}/Cu^+}^{\ominus\prime} > \varphi_{I_2/I^-}^{\ominus\prime}$，因此当溶液中有过量 I^- 存在时，Cu^{2+} 能定量氧化 I^- 生成 I_2 和 CuI。

此外，当溶液中存在的某阴离子能与金属离子的氧化态或还原态生成络合物时，也会改变电对的电极电位。氧化态生成稳定的络合物会使电对的电极电位降低，还原态生成络合物则会使电极电位增加。例如，用碘量法测定 Cu^{2+} 时，样品中存在的 Fe^{3+} 因能氧化 I^- 而会干扰 Cu^{2+} 的测定。此时，通过加入 NaF 使 Fe^{3+} 与 F^- 形成稳定的络合物，显著降低 Fe^{3+}/Fe^{2+} 电对的电极电位，使 Fe^{3+} 不再氧化 I^-。

例 6—2 计算 $[F^-] = 0.1\ mol \cdot L^{-1}$ 时，Fe^{3+}/Fe^{2+} 电对的条件电极电位（忽略离子强度的影响）。

解：已知 Fe(Ⅲ) 氟络合物的 $\lg\beta_1$、$\lg\beta_2$、$\lg\beta_3$ 依次为 5.21、9.16、11.86，Fe(Ⅱ) 氟络合物不稳定（$\lg\beta = 1.5$）。

因为

$$[Fe^{3+}] = \frac{c_{Fe^{3+}}}{\alpha_{Fe^{3+}(F)}}, \qquad [Fe^{2+}] \approx c_{Fe^{2+}}$$

$$\varphi = \varphi_{Fe^{3+}/Fe^{2+}}^{\ominus} + 0.059\ 2\lg\frac{[Fe^{3+}]}{[Fe^{2+}]}$$

$$= \varphi_{Fe^{3+}/Fe^{2+}}^{\ominus} + 0.059\ 2\lg\frac{c_{Fe^{3+}}/\alpha_{Fe^{3+}(F)}}{c_{Fe^{2+}}}$$

$$= \varphi_{Fe^{3+}/Fe^{2+}}^{\ominus} + 0.059\ 2\lg\frac{1}{\alpha_{Fe^{3+}(F)}} + 0.059\ 2\lg\frac{c_{Fe^{3+}}}{c_{Fe^{2+}}}$$

得

$$\varphi_{Fe^{3+}/Fe^{2+}}^{\ominus\prime} = \varphi_{Fe^{3+}/Fe^{2+}}^{\ominus} + 0.059\ 2\lg\frac{1}{\alpha_{Fe^{3+}(F)}}$$

因为

$$\alpha_{Fe^{3+}(F)} = 1 + [F^-]\beta_1 + [F^-]^2\beta_2 + [F^-]^3\beta_3$$

$$= 1 + 10^{-1} \times 10^{5.21} + 10^{-2} \times 10^{9.16} + 10^{-3} \times 10^{11.86}$$

$$\approx 10^{8.9}$$

故

$$\varphi_{Fe^{3+}/Fe^{2+}}^{\ominus\prime} = 0.77 + 0.059\ 2\lg\frac{1}{10^{8.9}} = 0.24\ (V)$$

由例 6—2 可知，因铁(Ⅲ) 氟络合物比较稳定，溶液中有 F^- 时会与铁(Ⅲ) 生成络合物而使 Fe^{3+}/Fe^{2+} 的条件电极电位降低，F^- 浓度越大，Fe^{3+}/Fe^{2+} 的电极电位降低越明显，使 Fe^{3+} 氧化性变弱，不能再氧化 I^-。此外，当溶液中存在其他能与 Fe(Ⅲ) 生成稳定络合物的络合剂（如 H_3PO_4、$H_2C_2O_4$ 等）时，也同样会影响铁电对的电极电位。其他电对的电极电位也同样受到类似的影响。在氧化还原分析测定中，常通过加入适宜的络合剂改变相关电

对的电极电位，消除干扰，提高分析测定的准确度。

3. 酸度的影响

对有 H^+ 或 OH^- 参与的氧化还原半反应，改变溶液 pH 会直接影响电对的电极电位。下面通过实例予以说明。

例 6—3 计算不同酸度下，MnO_4^-/Mn^{2+} 电对的条件电极电位（忽略离子强度的影响）。

解：MnO_4^- 在酸性溶液中的半反应为

$$MnO_4^- + 8H^+ + 5e \rightleftharpoons Mn^{2+} + 4H_2O \qquad \varphi^{\ominus}_{MnO_4^-/Mn^{2+}} = 1.491 \text{ V}$$

由 Nernst 方程得

$$\varphi = \varphi^{\ominus}_{MnO_4^-/Mn^{2+}} + \frac{0.059\ 2}{5} \lg \frac{[MnO_4^-][H^+]^8}{[Mn^{2+}]}$$

$$= \varphi^{\ominus}_{MnO_4^-/Mn^{2+}} + \frac{0.059\ 2}{5} \lg [H^+]^8 + \frac{0.059\ 2}{5} \lg \frac{[MnO_4^-]}{[Mn^{2+}]}$$

如果没有其他副反应存在，则

$$\varphi^{\ominus'}_{MnO_4^-/Mn^{2+}} = \varphi^{\ominus}_{MnO_4^-/Mn^{2+}} + \frac{0.059\ 2}{5} \lg [H^+]^8$$

当 pH=1 时

$$\varphi^{\ominus'}_{MnO_4^-/Mn^{2+}} = \varphi^{\ominus}_{MnO_4^-/Mn^{2+}} = 1.491 \text{ V}$$

当 pH=3 时

$$\varphi^{\ominus'}_{MnO_4^-/Mn^{2+}} = \varphi^{\ominus}_{MnO_4^-/Mn^{2+}} + \frac{0.059\ 2}{5} \lg 10^{-24} = 1.491 - 0.284 = 1.207 \text{ (V)}$$

当 pH=6 时

$$\varphi^{\ominus'}_{MnO_4^-/Mn^{2+}} = \varphi^{\ominus}_{MnO_4^-/Mn^{2+}} + \frac{0.059\ 2}{5} \lg 10^{-48} = 1.491 - 0.568 = 0.923 \text{ (V)}$$

从例 6—3 可以看到，溶液 pH 对电对电极电位有明显影响。在实际应用中，利用溶液 pH 对电极电位的影响，采用高锰酸钾法选择性地氧化卤素离子。当 pH=5～6 时，仅 I^- 被 MnO_4^- 氧化为 I_2；当 pH=3 时，I^- 和 Br^- 都可被 MnO_4^- 氧化；只有在更高酸度的溶液中，Cl^- 才被 MnO_4^- 氧化。

6.3 氧化还原反应进行的程度

氧化还原反应进行的程度可用反应的平衡常数来衡量。若氧化还原反应式为

$$n_2 Ox_1 + n_1 Red_2 \rightleftharpoons n_2 Red_1 + n_1 Ox_2$$

则反应达到平衡时的平衡常数 K 为

$$K = \frac{a^{n_2}_{Red_1} a^{n_1}_{Ox_2}}{a^{n_2}_{Ox_1} a^{n_1}_{Red_2}}$$

若考虑溶液中各种副反应的影响，相应的活度 a 用总浓度 c 代替，所得平衡常数即为条件平衡常数 K'，即

$$K' = \frac{c^{n_2}_{Red_1} c^{n_1}_{Ox_2}}{c^{n_2}_{Ox_1} c^{n_1}_{Red_2}} \tag{6—10}$$

氧化还原反应的平衡常数可以根据电对的标准电位或条件电位计算得到。上述氧化还原反应中两电对的半反应为

$$Ox_1 + n_1 e^- \rightleftharpoons Red_1$$

$$Ox_2 + n_2 e^- \rightleftharpoons Red_2$$

氧化剂和还原剂两电对的 Nernst 方程式分别为

$$\varphi_1 = \varphi_1^{\ominus\prime} + \frac{0.059\,2}{n_1} \lg \frac{c_{Ox_1}}{c_{Red_1}}$$

$$\varphi_2 = \varphi_2^{\ominus\prime} + \frac{0.059\,2}{n_2} \lg \frac{c_{Ox_2}}{c_{Red_2}}$$

反应到达平衡时，$\varphi_1 = \varphi_2$，即

$$\varphi_1^{\ominus\prime} + \frac{0.059\,2}{n_1} \lg \frac{c_{Ox_1}}{c_{Red_1}} = \varphi_2^{\ominus\prime} + \frac{0.059\,2}{n_2} \lg \frac{c_{Ox_2}}{c_{Red_2}}$$

整理后得

$$\frac{n_1 n_2 (\varphi_1^{\ominus\prime} - \varphi_2^{\ominus\prime})}{0.059\,2} = \lg \frac{c_{Red_1}^{n_2} c_{Ox_2}^{n_1}}{c_{Ox_1}^{n_2} c_{Red_2}^{n_1}} = \lg K' \tag{6-11}$$

由式（6-11）可见，条件平衡常数 K' 的大小取决于氧化剂和还原剂两个电对的条件电极电位之差和转移的电子数。两电极电位相差越大，转移的电子数越多，则 K' 越大，反应进行得越完全。

那么，为保证氧化还原滴定反应进行完全，$\varphi_1^{\ominus\prime}$ 和 $\varphi_2^{\ominus\prime}$ 要相差多大才能满足定量分析的要求呢？为使滴定反应完成程度达 99.9% 以上，在化学计量点时需满足

$$\left(\frac{c_{Ox_2}}{c_{Red_2}} \right)^{n_1} \geqslant 10^{3n_1}$$

$$\left(\frac{c_{Red_1}}{c_{Ox_1}} \right)^{n_2} \geqslant 10^{3n_2}$$

则

$$\lg K' = \lg \left(\frac{c_{Red_1}}{c_{Ox_1}} \right)^{n_2} \left(\frac{c_{Ox_2}}{c_{Red_2}} \right)^{n_1} \geqslant \lg (10^{3n_2} \times 10^{3n_1})$$

得

$$\lg K' \geqslant 3(n_1 + n_2) \tag{6-12}$$

$$\varphi_1^{\ominus\prime} - \varphi_2^{\ominus\prime} \geqslant 3(n_1 + n_2) \frac{0.059\,2}{n_1 n_2} \tag{6-13}$$

式（6-12）和式（6-13）为氧化还原滴定反应能否定量进行的判别式。只有满足式（6-12）和式（6-13）的氧化还原反应才能用于定量分析测定。

对 $n_1 = n_2 = 1$ 型的反应，由式（6-12）和式（6-13）分别得到

$$K' \geqslant 10^6; \qquad \lg K' \geqslant 6$$

$$\varphi_1^{\ominus\prime} - \varphi_2^{\ominus\prime} = \frac{0.059}{n_1 n_2} \lg K \geqslant 0.059 \times 6 \approx 0.35\ V$$

因此，当 $n_1 = n_2 = 1$ 时，要求两电对的条件电极电位之差大于 0.35 V 时反应才能定量进行。由式（6-12）和式（6-13）可以计算出其他转移电子数的氧化还原反应需满足的相应条件。氧化还原滴定常采用强氧化剂（如 $KMnO_4$、$K_2Cr_2O_7$、$Ce(SO_4)_2$ 等）和较强的还原剂

（如 $Na_2S_2O_3$、$(NH_4)_2Fe(SO_4)_2$ 等）作滴定剂，可以满足上述要求。当条件不满足时，可以通过控制介质条件改变电对的电极电位来达到相应要求。

例 6—4 计算在 1 mol·L^{-1} H_2SO_4 溶液中，下面氧化还原反应的条件平衡常数。

$$Ce^{4+}+Fe^{2+}=Ce^{3+}+Fe^{3+}$$

解：已知 $\varphi_{Fe^{3+}/Fe^{2+}}^{\ominus'}=0.68$ V，$\varphi_{Ce^{4+}/Ce^{3+}}^{\ominus'}=1.44$ V

$$\lg K'=\frac{n_1n_2(\varphi_{Ce^{4+}/Ce^{3+}}^{\ominus'}-\varphi_{Fe^{3+}/Fe^{2+}}^{\ominus'})}{0.0592}=\frac{1\times1\times(1.44-0.68)}{0.0592}=12.9$$

结果表明，在给定条件下该反应的条件平衡常数满足式（6—12）的要求，滴定反应可以定量完成。

例 6—5 计算 0.5 mol·L^{-1} H_2SO_4 溶液中，下面氧化还原反应的条件平衡常数。

$$2Fe^{3+}+2I^-=2Fe^{2+}+I_2$$

解：已知 $\varphi_{Fe^{3+}/Fe^{2+}}^{\ominus'}=0.68$ V，$\varphi_{I_2/I^-}^{\ominus'}=0.54$ V

$$\lg K'=\frac{n_1n_2(\varphi_{Fe^{3+}/Fe^{2+}}^{\ominus'}-\varphi_{I_2/I^-}^{\ominus'})}{0.0592}=\frac{1\times2\times(0.68-0.54)}{0.0592}=4.7$$

结果表明，该反应的条件平衡常数不能满足式（6—12）的要求，反应不能定量进行。

在某些氧化还原反应中，虽然两个电对的条件电极电位之差符合上述要求，但由于存在一些副反应，使得氧化还原反应的氧化剂和还原剂之间没有确定的化学计量关系，这样的反应仍不能用于滴定分析。例如，$K_2Cr_2O_7$ 与 $Na_2S_2O_3$ 的反应，从它们的电极电位差来看，反应能够进行完全，此时 $K_2Cr_2O_7$ 可将 $Na_2S_2O_3$ 氧化为 SO_4^{2-}，同时还有部分被氧化为单质硫 S，使它们间的化学计量关系不确定。因此，在碘量法中以 $K_2Cr_2O_7$ 作基准物来标定 $Na_2S_2O_3$ 溶液的浓度时，不能用它们之间的直接反应作为滴定反应，而是分两步反应进行，即 $K_2Cr_2O_7$ 先与 KI 反应定量生成 I_2，后者再与 $Na_2S_2O_3$ 溶液反应。除此之外，还应考虑反应速度的问题。

6.4 氧化还原反应的速度及其影响因素

在氧化还原反应中，根据氧化还原电对的标准电极电位或条件电极电位，可以判断反应进行的方向、反应进行的可能性，但并不能反映反应进行的速度。实际上，不同的氧化还原反应的反应速度差别很大。有些反应虽理论上可行，但由于反应速度太慢，实际上并不能发生。

氧化还原反应进行较慢的主要原因是氧化剂和还原剂之间的电子转移会遇到各种阻力。例如，溶液中的溶剂分子和各种络合体都可能阻碍电子转移。物质之间的静电排斥力也是阻碍电子转移的因素之一。而且，氧化还原反应之后由于价态的变化，不仅原子或离子的电子层结构发生了变化，甚至还会引起有关化学键性质和物质组成的变化，从而阻碍电子的转移。一些氧化还原滴定反应，例如 $Cr_2O_7^{2-}$ 被还原为 Cr^{3+}，以及 MnO_4^- 被还原为 Mn^{2+} 等反应速度较慢。这是由于原来带负电荷的含氧酸根离子反应后转化为带正电荷的水合离子，结构发生了很大的改变，导致反应速度缓慢。所以，对于氧化还原反应，不能单从平衡观点考虑反应的可能性，还应该从它们的反应速度来考虑反应的可行性。

对于任何氧化还原反应，都可以根据反应物和生成物写出有关化学反应式，例如，过氧

化氢 H_2O_2 氧化碘离子 I^- 的反应式为

$$H_2O_2 + 2I^- + 2H^+ = I_2 + 2H_2O$$

但反应式只能表示反应的最初状态和最终状态，不能表示反应进行中的实际情况。实际上，这个反应并不是按上述反应式一步完成，而是分步进行的。在氧化还原反应的分步反应中，其中往往有一步反应是限速反应，或者说进行该反应时需要较大的能量（活化能）。因此，通常只有那些能量大的分子或离子（称为活化分子或活化离子）才能参加反应，这样就使整个反应速度变慢。例如，上述 H_2O_2 与 I^- 的反应，根据大量实验数据推测，这个反应分以下三步进行

$$I^- + H_2O_2 = IO^- + H_2O \text{（慢）}$$
$$IO^- + H^+ = HIO \text{（快）}$$
$$HIO + I^- + H^+ = I_2 + H_2O \text{（快）}$$

将上面三个反应相加，即得到总反应式：

$$H_2O_2 + 2I^- + 2H^+ = I_2 + 2H_2O$$

在这三步反应中，第一步反应速度最慢，它决定了总反应的速度。显然，反应速度主要由反应本身的性质即内因所决定。但是，反应的外部因素也在一定程度上影响着氧化还原反应的速度。下面将讨论影响氧化还原反应速度的一些外部因素（例如反应物浓度、反应温度、催化剂、诱导反应等），明确这些因素对反应速度影响的基本规律，便于选择适宜实验条件，增加反应速度，满足滴定分析的要求。

1. 反应物浓度

由于氧化还原反应的反应机理比较复杂，所以不能从总的氧化还原反应方程式来判断反应浓度对反应速度的影响程度。但一般来说，增加反应物的浓度有利于提高反应速度。

例如，在酸性溶液中，$K_2Cr_2O_7$ 与 KI 的反应为

$$Cr_2O_7^{2-} + 6I^- + 14H^+ = 2Cr^{3+} + 3I_2 + 7H_2O$$

该反应的速度较慢，通过增加反应物 I^- 和 H^+ 的浓度可以大大加快该反应的速度。由此可见，浓度对反应速度的影响有两方面的含义：增加反应物的浓度可以提高反应速度；当反应中有 H^+ 参加时，酸度对反应速度也有很大影响。在该反应中，提高酸度可加快反应速度，一般将 $[H^+]$ 控制在 $0.8 \sim 1 \text{ mol} \cdot L^{-1}$。$[H^+]$ 过高时，空气中的氧气氧化 I^- 的速度也将加速，使测定误差增加。

2. 反应温度

对于大多数反应（吸热反应）来说，升高反应温度可提高反应速度。升高反应温度不仅增加反应物之间的碰撞概率，更重要的是，增加活化分子或活化离子的数目，提高反应速度。通常，反应温度每增加 10 ℃，反应速度提高 $2 \sim 4$ 倍。

例如，在酸性溶液中，MnO_4^- 与 $C_2O_4^{2-}$ 的反应为

$$2MnO_4^- + 5C_2O_4^{2-} + 16H^+ = 2Mn^{2+} + 10CO_2 \uparrow + 8H_2O$$

室温下该反应速度缓慢，提高反应温度则可以大大提高该反应的速度。所以，用 $KMnO_4$ 滴定 $H_2C_2O_4$ 时，通常在 $75 \sim 85 \text{ ℃}$ 下进行。

应该注意，在有些情况下，不能采用加热的办法来加快反应速度。例如，有些物质（如 I_2）具有较大的挥发性，加热时易引起挥发损失；有些物质（例如 Sn^{2+}、Fe^{2+} 等）很容易被空气中的氧气所氧化，加热会加速它们的氧化。在上述情况下，要采用其他方法提高反应

的速度。

3. 催化剂

催化剂对反应速度有很大影响。由于催化剂的存在，可能产生一些新的不稳定的中间价态离子、游离基或活泼的中间络合物，从而改变了原来的反应历程或降低了原有反应的活化能，使反应速度发生变化，但最终并不改变催化剂本身的状态和数量。通常，将使反应速度加快的催化剂称为正催化剂，使反应速度减慢的催化剂称为负催化剂。

例如，MnO_4^- 与 $C_2O_4^{2-}$ 的反应速度较慢，需加热至 $75\sim85$ ℃。即使如此，开始阶段的反应速度仍较慢。但如果溶液中存在少量的 Mn^{2+}，便能催化反应迅速地进行。其反应机理可能是：在 $C_2O_4^{2-}$ 存在下，Mn^{2+} 被 MnO_4^- 氧化生成 Mn^{3+}，Mn^{3+} 再与 $C_2O_4^{2-}$ 生成一系列络合物，如 $MnC_2O_4^+$、$Mn(C_2O_4)_2^-$、$Mn(C_2O_4)_3^{3-}$ 等，这些络合物进一步慢慢分解为 Mn^{2+} 和 CO_2。

在 MnO_4^- 与 $C_2O_4^{2-}$ 的反应中，Mn^{2+} 参加了反应的中间步骤，加速了反应。Mn^{2+} 的量在参加反应前后没有变化，起到了催化剂的作用。本反应中可以不外加 Mn^{2+}，而利用反应生成的微量 Mn^{2+} 作催化剂。这种反应产物本身起催化作用的反应称为自催化反应。自催化反应的特点是开始时反应速度比较慢（称为诱导期），随着生成物逐渐增多，反应速度逐渐加快；反应速度达最高点后又逐渐降低（这是反应物的浓度越来越低的缘故）。

4. 诱导反应

有些反应在通常情况下并不能进行或进行得很慢，但当另一个反应发生时，会促使该反应的进行。这种由于一个反应的发生而促进另一个反应进行的现象称为诱导作用。

例如，在 HCl 溶液中用 MnO_4^- 滴定 As^{3+}、H_2O_2、Sn^{2+} 时，因 MnO_4^- 与 Cl^- 反应极慢，对滴定结果几乎没有影响。但如果在 HCl 溶液中用 MnO_4^- 滴定 Fe^{2+}，由于 MnO_4^- 与 Fe^{2+} 的反应会诱导 MnO_4^- 与 Cl^- 的反应，因而会使滴定结果偏高。反应式为

$$MnO_4^- + 5Fe^{2+} + 8H^+ = Mn^{2+} + 5Fe^{3+} + 4H_2O （诱导反应）$$
$$2MnO_4^- + 10Cl^- + 16H^+ = 2Mn^{2+} + 5Cl_2 \uparrow + 8H_2O （受诱反应）$$

其中 MnO_4^- 为作用体，Fe^{2+} 为诱导体，Cl^- 为受诱体。

诱导反应的发生可能与氧化还原反应过程中产生的具有更强氧化能力的不稳定的中间价态有关。例如，在上例中，可能由于 MnO_4^- 被 Fe^{2+} 还原产生不稳定的中间价态离子（如 $Mn^{6+}\sim Mn^{3+}$ 等）能与 Cl^- 反应，发生了受诱反应。如果在溶液中预先加入 Mn^{2+}，一方面 Mn^{2+} 使 MnO_4^- 迅速地还原为 Mn^{3+}；另一方面，因溶液中有大量 Mn^{2+} 存在，当存在 H_3PO_4 时，会与 Mn^{3+} 络合而降低 Mn^{3+}/Mn^{2+} 电对的电极电位，使 Mn^{3+} 只能与 Fe^{2+} 反应而不与 Cl^- 反应，这样就可以抑制 MnO_4^- 与 Cl^- 的反应。因此，在 HCl 介质中用 $KMnO_4$ 滴定 Fe^{2+} 时，常先加入 $MnSO_4 - H_3PO_4 - H_2SO_4$ 混合溶液。此混合溶液称为保护混合液或防御溶液。

诱导反应与催化反应不同。催化反应中的催化剂参加反应后又变回原来的形式；而诱导反应中的诱导体参加反应后变为其他物质。诱导反应增加了作用体的消耗量，从而引起了误差。诱导反应也不同于副反应，副反应的反应速度一般不受主反应的影响。

144

6.5　氧化还原滴定法的基本原理

一、氧化还原滴定曲线

在氧化还原滴定过程中，随着滴定剂的加入，溶液中氧化剂和还原剂的浓度发生变化，同时伴随相关电对的电极电位的变化，其变化过程可用滴定曲线来描述。氧化还原滴定曲线一般通过实验测得。对可逆的氧化还原体系也可以根据 Nernst 方程式计算相关电对的电极电位。

现以 $0.100\ 0\ mol \cdot L^{-1}$ $Ce(SO_4)_2$ 标准溶液滴定同浓度 $20.00\ mL$ Fe^{2+} 溶液为例，说明氧化还原滴定中电极电位的计算方法和滴定曲线的产生过程。该滴定反应在 $1\ mol \cdot L^{-1}$ H_2SO_4 条件下进行。两电对的半反应为

$$Fe^{3+} + e^- \rightleftharpoons Fe^{2+} \qquad \varphi^{\ominus\prime}_{Fe^{3+}/Fe^{2+}} = 0.68\ V$$
$$Ce^{4+} + e^- \rightleftharpoons Ce^{3+} \qquad \varphi^{\ominus\prime}_{Ce^{4+}/Ce^{3+}} = 1.44\ V$$

滴定反应为
$$Ce^{4+} + Fe^{2+} = Ce^{3+} + Fe^{3+}$$

从例 6—4 可知，上述反应进行得很完全（$\lg K' = 12.9$）。滴定开始后，体系中存在两个电对，并且在滴定中的任一个平衡点，这两电对的电极电位相等。即

$$\varphi^{\ominus\prime}_{Fe^{3+}/Fe^{2+}} + 0.059\ 2\lg\frac{c_{Fe^{3+}}}{c_{Fe^{2+}}} = \varphi^{\ominus\prime}_{Ce^{4+}/Ce^{3+}} + 0.059\ 2\lg\frac{c_{Ce^{4+}}}{c_{Ce^{3+}}}$$

通过下面的计算可以得到加入一定体积滴定剂时的电极电位。

1. 滴定前

溶液中只含 Fe^{2+}，虽然由于空气中氧气的氧化作用，会生成极少量的 Fe^{3+}，组成 Fe^{3+}/Fe^{2+} 电对。但由于 Fe^{3+} 浓度未知，故此时的电极电位无法计算。

2. 滴定开始至化学计量点前

在这个阶段中，溶液中存在 Fe^{3+}/Fe^{2+}、Ce^{4+}/Ce^{3+} 两个电对，此时

$$\varphi = \varphi^{\ominus\prime}_{Fe^{3+}/Fe^{2+}} + 0.059\ 2\lg\frac{c_{Fe^{3+}}}{c_{Fe^{2+}}} = \varphi^{\ominus\prime}_{Ce^{4+}/Ce^{3+}} + 0.059\ 2\lg\frac{c_{Ce^{4+}}}{c_{Ce^{3+}}}$$

加入一定体积 Ce^{4+} 溶液并达到反应平衡时，$c_{Ce^{4+}}$ 很小，难以确定其准确浓度。在这种情况下，可利用 Fe^{3+}/Fe^{2+} 电对计算电极电位 φ。为简便计算，用 Fe^{3+} 与 Fe^{2+} 的物质的量之比代替其浓度之比 $c_{Fe^{3+}}/c_{Fe^{2+}}$。

例如，加入 Ce^{4+} 溶液 $19.98\ mL$ 时，
生成 Fe^{3+} 的物质的量 $= 0.100\ 0 \times 19.98 = 1.998$（mmol）
剩余 Fe^{2+} 的物质的量 $= 0.100\ 0 \times 0.02 = 0.002$（mmol）

$$\varphi = 0.68 + 0.059\ 2\lg\frac{1.998}{0.002} = 0.86\ (V)$$

也可以根据加入 Ce^{4+} 的滴定百分数，利用 Fe^{3+}/Fe^{2+} 电对计算此时的电极电位。

例如，当加入滴定百分数为 99.9% 的滴定剂时（即加入 Ce^{4+} 标准溶液 $19.98\ mL$），有 99.9% 的 Fe^{2+} 被氧化成 Fe^{3+}，其电极电位为

$$\varphi = 0.68 + 0.059\ 2\lg\frac{99.9}{0.1} = 0.86\ (V)$$

在此阶段中，参照上述方法也可计算得到加入其他体积或滴定百分数的 Ce^{4+} 标准溶液时对应的电极电位。

3. 化学计量点时

滴定至化学计量点时，因 $c_{Ce^{4+}}$ 和 $c_{Fe^{2+}}$ 都很小，难以确定，因而，化学计量点时的电极电位 φ_{sp} 不能由一个电对来确定，必须由两个电对的 Nernst 方程联合求得。

在化学计量点时，平衡时两电对的 Nernst 方程式分别为

$$\varphi_{sp} = \varphi_{Ce^{4+}/Ce^{3+}}^{\ominus\prime} + 0.059\ 2\lg\frac{c_{Ce^{4+}}}{c_{Ce^{3+}}}$$

$$\varphi_{sp} = \varphi_{Fe^{3+}/Fe^{2+}}^{\ominus\prime} + 0.059\ 2\lg\frac{c_{Fe^{3+}}}{c_{Fe^{2+}}}$$

将两式相加，得

$$2\varphi_{sp} = \varphi_{Ce^{4+}/Ce^{3+}}^{\ominus\prime} + \varphi_{Fe^{3+}/Fe^{2+}}^{\ominus\prime} + 0.059\ 2\lg\frac{c_{Ce^{4+}}\,c_{Fe^{3+}}}{c_{Ce^{3+}}\,c_{Fe^{2+}}}$$

根据上述滴定反应式，当加入 Ce^{4+} 的物质的量与 Fe^{2+} 的物质的量相等时，$c_{Ce^{4+}} = c_{Fe^{2+}}$，$c_{Ce^{3+}} = c_{Fe^{3+}}$，因而

$$\lg\frac{c_{Ce^{4+}}\,c_{Fe^{3+}}}{c_{Ce^{3+}}\,c_{Fe^{2+}}} = 0$$

故

$$\varphi_{sp} = \frac{\varphi_{Ce^{4+}/Ce^{3+}}^{\ominus\prime} + \varphi_{Fe^{3+}/Fe^{2+}}^{\ominus\prime}}{2} = \frac{1.44 + 0.68}{2} = 1.06\ (V)$$

一般情况下，对于可逆、对称的氧化还原反应

$$n_2\mathrm{Ox_1} + n_1\mathrm{Red_2} = n_2\mathrm{Red_1} + n_1\mathrm{Ox_2}$$

化学计量点时，两电对的电极电位分别为（25 ℃）

$$\varphi_{sp} = \varphi_{Ox_1/Red_1}^{\ominus\prime} + \frac{0.059\ 2}{n_1}\lg\frac{c_{Ox_1}}{c_{Red_1}} \tag{6—14}$$

$$\varphi_{sp} = \varphi_{Ox_2/Red_2}^{\ominus\prime} + \frac{0.059\ 2}{n_2}\lg\frac{c_{Ox_2}}{c_{Red_2}} \tag{6—15}$$

将式（6—14）乘 n_1、式（6—15）乘 n_2 后，两式相加，得

$$(n_1 + n_2)\varphi_{sp} = n_1\varphi_{Ox_1/Red_1}^{\ominus\prime} + n_2\varphi_{Ox_2/Red_2}^{\ominus\prime} + 0.059\ 2\lg\frac{c_{Ox_1}\,c_{Ox_2}}{c_{Red_1}\,c_{Red_2}}$$

从反应式可知

$$\frac{c_{Ox_1}}{c_{Red_2}} = \frac{n_2}{n_1},\quad \frac{c_{Ox_2}}{c_{Red_1}} = \frac{n_1}{n_2}$$

故

$$\lg\frac{c_{Ox_1}\,c_{Ox_2}}{c_{Red_1}\,c_{Red_2}} = 0$$

$$\varphi_{sp} = \frac{n_1\varphi_{Ox_1/Red_1}^{\ominus\prime} + n_2\varphi_{Ox_2/Red_2}^{\ominus\prime}}{n_1 + n_2} \tag{6—16}$$

式（6—16）为可逆对称氧化还原反应在化学计量点时电极电位的计算通式。

如果电对的氧化态和还原态的系数不等，即不对称电对，其电极电位 φ_{sp} 除与 $\varphi^{\ominus\prime}$ 和 n 有

关外，还与电对的浓度有关。

例如，重铬酸钾与亚铁的反应式及其电极电位的计算式为

$$Cr_2O_7^{2-}+6Fe^{2+}+14H^+\!=\!2Cr^{3+}+6Fe^{3+}+7H_2O$$

$$\varphi_{sp}=\frac{1}{7}(\varphi_{Fe^{3+}/Fe^{2+}}^{\ominus\prime}+6\varphi_{Cr_2O_7^{2-}/Cr^{3+}}^{\ominus\prime})+\frac{0.059\,2}{7}\lg\frac{[H^+]^{14}}{2[Cr^{3+}]}$$

由上可知，在化学计量点时，对称电对的电极电位与电对的浓度无关，而不对称电对的电极电位与电对的浓度有关。

4. 化学计量点后

化学计量点后，加入了过量的 Ce^{4+}，可以根据电对 Ce^{4+}/Ce^{3+} 计算电极电位。例如，加入 Ce^{4+} 标准溶液 20.02 mL，

$$过量\,Ce^{4+}的物质的量=0.100\,0\times0.02=0.002\,（mmol）$$
$$Ce^{3+}的物质的量=0.100\,0\times20.00=2.000\,（mmol）$$

$$\varphi=1.44+0.059\,2\lg\frac{0.002}{2.000}=1.26\,（V）$$

也可以根据加入过量 Ce^{4+} 的滴定百分数进行计算。

例如，当加入过量 0.1% 的滴定剂时，

$$\varphi=1.44+0.059\,2\lg\frac{0.1}{100}=1.26\,（V）$$

按同样的方法可计算加入其他体积或滴定百分数的 Ce^{4+} 标准溶液时的电极电位。加入不同滴定体积和滴定百分数的 Ce^{4+} 标准溶液时的电极电位的计算结果见表 6—2，滴定曲线见图 6—1。

表 6—2　在 1 mol・L^{-1} H$_2$SO$_4$ 溶液中用 0.100 0 mol・L^{-1} Ce^{4+} 标准溶液滴定
同浓度 20.00 mL Fe^{3+} 溶液过程中的电极电位变化

Ce^{4+} 溶液滴定体积/mL	滴定百分数/%	电极电位/V
1.00	5.00	0.60
2.00	10.0	0.62
4.00	20.0	0.64
8.00	40.0	0.67
10.00	50.0	0.68
12.00	60.0	0.69
18.00	90.0	0.74
19.80	99.0	0.80
19.98	99.9	0.86 ⎫
20.00	100.0	1.06 ⎬ 突跃范围
20.02	100.1	1.26 ⎭
22.00	110.0	1.38
30.00	150.0	1.42
40.00	200.0	1.44

由图 6—1可见，由于该滴定反应中两电对的电子转移数相等（$n_1=n_2=1$），φ_{sp} 正好位

于突跃范围的中点，滴定曲线在化学计量点前后是对称的，突跃范围为 $0.86 \sim 1.26$ V。还可看出，用氧化剂滴定还原剂时，如果两电对均为可逆的，则滴定百分数为 50% 时溶液的电极电位就是被测物电对的条件电极电位。滴定百分数为 200% 时，溶液的电极电位就是滴定剂电对的条件电极电位。两个电对的条件电极电位相差越大，滴定突跃范围越大。当两电对转移的电子数 n_1 与 n_2 不相等时，φ_{sp} 不在突跃范围的中点，而是偏向 n 较大的电对的一方。这在选择氧化还原指示剂时，应该予以考虑。

氧化还原滴定曲线还常因滴定时介质的不同而有不同的曲线位置和突跃范围。例如，图 6-2 是 $KMnO_4$ 溶液在不同介质中滴定 Fe^{2+} 溶液的滴定曲线。

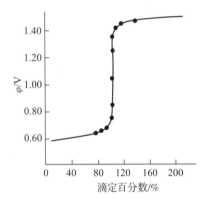

图 6-1　在 1 mol·L⁻¹ H₂SO₄中用 0.100 0 mol·L⁻¹
Ce⁴⁺ 溶液滴定同浓度 Fe²⁺ 溶液的滴定曲线

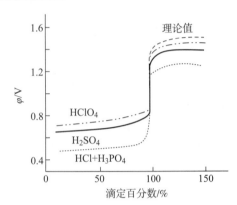

图 6-2　在不同介质中用 KMnO₄ 溶液
滴定 Fe³⁺ 溶液的滴定曲线

由图 6-2 中的滴定曲线可见：

（1）化学计量点前，滴定曲线的位置取决于 $\varphi^{\ominus\prime}_{Fe^{3+}/Fe^{2+}}$，而后者与 Fe^{3+} 和介质阴离子的络合作用有关。由于 PO_4^{3-} 易与 Fe^{3+} 形成稳定的无色 $[Fe(PO_4)_2]^{3-}$ 而使 Fe^{3+}/Fe^{2+} 电对的条件电极电位降低，ClO_4^- 则不与 Fe^{3+} 生成络合物，故 $\varphi^{\ominus\prime}_{Fe^{3+}/Fe^{2+}}$ 较高。所以，在 HCl-H_3PO_4 溶液中，用 $KMnO_4$ 溶液滴定 Fe^{2+} 时，在化学计量点前的电极电位变低，使滴定突跃范围变宽。因此，在 HCl-H_3PO_4 溶液中，无论用 $Ce(SO_4)_2$、$KMnO_4$ 或 $K_2Cr_2O_7$ 标准溶液滴定 Fe^{2+}，终点颜色变化都很明显。

（2）化学计量点后，溶液中存在过量的 $KMnO_4$，但实际上决定电极电位的是 Mn^{3+}/Mn^{2+} 电对，因而滴定曲线的位置取决于 $\varphi^{\ominus\prime}_{Mn^{3+}/Mn^{2+}}$。由于 Mn^{3+} 易与 PO_4^{3-}、SO_4^{2-} 等阴离子络合而使其条件电极电位降低，而 Mn^{3+} 不与 ClO_4^- 络合，所以在 $HClO_4$ 介质中用 $KMnO_4$ 滴定 Fe^{2+} 时，其化学计量点后曲线出现的位置最高。

二、氧化还原滴定的指示剂

氧化还原滴定中常用的指示剂分为以下三类，即氧化还原型指示剂、自身指示剂和专属指示剂。

1. 氧化还原型指示剂

氧化还原型指示剂本身是弱氧化剂或弱还原剂。其氧化态 $[In_{Ox}]$ 和还原态 $[In_{Red}]$ 具有不同的颜色，在滴定终点时，指示剂被氧化或还原，同时伴随颜色的变化而指示终点。例如，用 $K_2Cr_2O_7$ 溶液滴定 Fe^{2+} 时，常用二苯胺磺酸钠为指示剂，其还原态为无色，氧化态为紫红色。滴定至化学计量点时，稍过量的 $K_2Cr_2O_7$ 能使二苯胺磺酸钠由无色的还原态转变为紫红色的氧化态，而指示滴定终点。

氧化还原型指示剂的半反应及其 Nernst 方程可表示为

$$In_{Ox} + ne^- \rightleftharpoons In_{Red}$$

$$\varphi_{In_{Ox}/In_{Red}} = \varphi_{In_{Ox}/In_{Red}}^{\ominus} + \frac{0.059\ 2}{n}\lg \frac{[In_{Ox}]}{[In_{Red}]}$$

与酸碱指示剂的变色情况相似，当 $[In_{Ox}]/[In_{Red}] \geqslant 10$ 时，溶液呈现氧化态的颜色，即

$$\varphi \geqslant \varphi_{In_{Ox}/In_{Red}}^{\ominus} + \frac{0.059\ 2}{n}\lg 10 = \varphi_{In_{Ox}/In_{Red}}^{\ominus} + \frac{0.059\ 2}{n}$$

当 $[In_{Ox}]/[In_{Red}] \leqslant 1/10$ 时，溶液呈现还原态的颜色，即

$$\varphi \leqslant \varphi_{In_{Ox}/In_{Red}}^{\ominus} + \frac{0.059\ 2}{n}\lg \frac{1}{10} = \varphi_{In_{Ox}/In_{Red}}^{\ominus'} - \frac{0.059\ 2}{n}$$

当 $[In_{Ox}]/[In_{Red}] = 1$ 时，$\varphi_{In_{Ox}/In_{Red}} = \varphi_{In_{Ox}/In_{Red}}^{\ominus}$，此点为氧化还原型指示剂的理论变色点。

由上可得，氧化还原型指示剂变色的电极电位范围为

$$\varphi_{In_{Ox}/In_{Red}}^{\ominus} \pm \frac{0.059\ 2}{n}\ (V) \tag{6-17}$$

采用条件电极电位时，指示剂变色的电极电位范围为

$$\varphi_{In_{Ox}/In_{Red}}^{\ominus'} \pm \frac{0.059\ 2}{n}\ (V) \tag{6-18}$$

当 $n=1$ 时，指示剂变色的电极电位范围为 $(\varphi^{\ominus'} \pm 0.059\ 2)$ V；$n=2$ 时，为 $(\varphi^{\ominus'} \pm 0.029\ 6)$ V。由于氧化还原型指示剂的变色范围很小，实际应用中常直接用指示剂的条件电极电位来估计指示剂变色的电极电位范围。

表 6-3 列出了一些常用的氧化还原型指示剂的条件电极电位及其颜色变化。选择指示剂时，应选择其条件电极电位接近化学计量点电极电位的指示剂，以减小滴定终点误差。例如，在 $1\ mol \cdot L^{-1}$ H_2SO_4 溶液中用 Ce^{4+} 滴定 Fe^{2+}，化学计量点时的电极电位为 1.06 V，滴定突跃为 0.86～1.26 V，此时选用邻二氮菲亚铁（$\varphi^{\ominus'} = 1.06$ V）作为指示剂最为合适。如果选用二苯胺磺酸钠（$\varphi^{\ominus'} = 0.84$ V），误差将大于 0.1%。但若在反应溶液中加入 H_3PO_4，由于 Fe^{3+} 可以与 PO_4^{3-} 形成稳定络离子，使 Fe^{3+}/Fe^{2+} 电对的条件电极电位降低（见图 6-2），这时二苯胺磺酸钠的电极电位落在滴定突跃范围内，因而便可采用二苯胺磺酸钠作指示剂。

149

表 6-3　常用氧化还原型指示剂的条件电位及颜色变化

指示剂	$\varphi_{In_{Ox}/In_{Red}}^{\ominus'}/V$ $[H^+]=1\ mol \cdot L^{-1}$	颜 色 变 化	
		氧化态	还原态
亚甲基蓝	0.52	蓝	无色
二苯胺	0.76	紫	无色
二苯胺磺酸钠	0.84	紫红	无色
邻苯氨基苯甲酸	0.89	紫红	无色
邻二氮菲-亚铁	1.06	浅蓝	红
硝基邻二氮菲-亚铁	1.25	浅蓝	紫红

在氧化还原滴定中，通过加入络合剂的方法可以扩大滴定突跃范围。只要指示剂变色

点的电极电位处于滴定突跃范围之内，理论上都可作为滴定分析的指示剂。此外，滴定过程中指示剂本身要消耗少量的滴定剂。在常用的滴定剂浓度（例如 $0.1\ mol \cdot L^{-1}$）下，指示剂所消耗的滴定剂的量很少，对分析结果影响不大；但当滴定剂的浓度较低（例如 $0.01\ mol \cdot L^{-1}$）时，则应对指示剂消耗的体积通过空白试验予以校正。

2. 自身指示剂

在氧化还原滴定中，有些标准溶液或被滴定物质本身有明显的颜色，而滴定产物为无色或颜色很浅。这种情况下不需另加指示剂，而是利用标准溶液或被滴定物本身的颜色变化指示终点，称为自身指示剂。例如，用 $KMnO_4$ 作滴定剂时，因 MnO_4^- 本身呈深紫色，在酸性溶液中被还原为几乎是无色的 Mn^{2+}。滴定至化学计量点时，稍过量的 MnO_4^-（MnO_4^- 的浓度约为 $2 \times 10^{-6}\ mol \cdot L^{-1}$）可使溶液呈现明显的紫红色而指示滴定终点。

3. 专属指示剂

专属指示剂是指能与特定组分发生专属反应生成有色物质的指示剂。例如，间接碘量法中采用的可溶性淀粉溶液即为专属指示剂。可溶性淀粉遇 I_2 呈深蓝色，当溶液中的 I_2 全部被还原为 I^- 时，深蓝色立即消失。该颜色反应极为灵敏，当 I_2 溶液浓度为 $1 \times 10^{-5}\ mol \cdot L^{-1}$ 时，就能出现明显的蓝色，因此可根据蓝色的出现或消失指示滴定终点。又如，用 $TiCl_2$ 滴定 Fe^{3+} 时，选用 SCN^- 作为指示剂，SCN^- 可以与 Fe^{3+} 生成深红色络合物。当溶液中 Fe^{3+} 全部被还原时，SCN^- 与 Fe^{3+} 络合物的红色消失而指示滴定终点。

例 6—6 在 $1\ mol \cdot L^{-1}\ HCl$ 溶液中用 Fe^{3+} 溶液滴定 Sn^{2+} 溶液。计算其化学计量点时的电极电位及电极电位的突跃范围，并选择一种可用于本滴定分析的氧化还原指示剂。（$\varphi_{Fe^{3+}/Fe^{2+}}^{\ominus'} = 0.70\ V$，$\varphi_{Sn^{4+}/Sn^{2+}}^{\ominus'} = 0.14\ V$）

解：半电池反应为

$$Fe^{3+} + e^- \rightleftharpoons Fe^{2+}$$

$$Sn^{2+} - 2e^- \rightleftharpoons Sn^{4+}$$

$$\varphi_{sp} = \frac{n_1 \varphi_{Fe^{3+}/Fe^{2+}}^{\ominus'} + n_2 \varphi_{Sn^{4+}/Sn^{2+}}^{\ominus'}}{n_1 + n_2} = \frac{1 \times 0.70 + 2 \times 0.14}{1 + 2} = 0.33\ (V)$$

$$\varphi_{-0.1\%} = \varphi_{Sn^{4+}/Sn^{2+}}^{\ominus'} + \frac{0.059\ 2 \times 3}{n_2} = 0.14 + \frac{0.059\ 2 \times 3}{2} = 0.23\ (V)$$

$$\varphi_{+0.1\%} = \varphi_{Fe^{3+}/Fe^{2+}}^{\ominus'} - \frac{0.059\ 2 \times 3}{n_1} = 0.70 - \frac{0.059\ 2 \times 3}{1} = 0.52\ (V)$$

由表 6—3 可见，亚甲基蓝指示剂的 $\varphi_{In}^{\ominus'} = 0.52\ V$，位于突跃范围（0.23～0.52 V）内，因而选亚甲基蓝作指示剂。

6.6 氧化还原滴定前的预处理

滴定分析前，通过氧化还原反应使被测物价态发生改变的过程称为预氧化或预还原，统称预处理。有时需要将被测物氧化为高价态后用还原剂滴定，有时需要还原为低价态后用氧化剂滴定。

预处理时，所用的氧化剂或还原剂应符合下列要求：

（1）反应速度快。

（2）定量地氧化或还原被测物。

（3）反应具有选择性。例如，测定铁矿石中铁的含量时，若采用 Zn 作预还原剂，Zn 不仅还原 Fe^{3+}，同时还还原 Ti^{4+}。用 $K_2Cr_2O_7$ 滴定 Fe^{2+} 时，Ti^{3+} 也被滴定。若选用 $SnCl_2$ 作预还原剂，则仅还原 Fe^{3+}，反应的选择性较高。

（4）加入的过量氧化剂或还原剂须易于除去。常用的去除方法有：

① 加热分解：例如，$(NH_4)_2S_2O_8$、H_2O_2、Cl_2 等可借加热分解去除。

② 过滤：例如，$NaBiO_3$、Zn 等难溶于水，可过滤去除。

③ 利用化学反应：例如，用 $HgCl_2$ 可去除过量的 $SnCl_2$，其反应为

$$SnCl_2 + 2HgCl_2 = SnCl_4 + Hg_2Cl_2 \downarrow$$

生成的 Hg_2Cl_2 沉淀一般不被滴定剂氧化，不必分离。

预处理时，常用的氧化剂和还原剂分别见表 6-4 和表 6-5。

表 6-4 常用的预氧化剂

氧化剂	反应条件	主要应用	去除方法
Cl_2 $Cl_2 + 2e^- \rightleftharpoons 2Cl^-$ $\varphi^\ominus = 1.36\ V$	酸性或中性	$I^- \rightarrow IO_3^-$	煮沸或通空气流
$(NH_4)_2S_2O_8$ $S_2O_8^{2-} + 2e^- \rightleftharpoons 2SO_4^{2-}$ $\varphi^\ominus = 2.01\ V$	酸性 Ag^+ 作催化剂	$Ce(III) \rightarrow Ce(IV)$ $Mn^{2+} \rightarrow MnO_4^-$ $Cr^{3+} \rightarrow Cr_2O_7^{2-}$ $VO^{2+} \rightarrow VO_3^-$	煮沸分解
H_2O_2 $H_2O_2 + 2e^- \rightleftharpoons 2OH^-$ $\varphi^\ominus = 0.88\ V$	NaOH 介质 HCO_3^- 介质 碱性介质	$Cr^{3+} \rightarrow CrO_4^{2-}$ $Co(II) \rightarrow Co(III)$ $Mn(II) \rightarrow Mn(IV)$	煮沸分解，加少量 Ni^{2+} 或 I^- 作催化剂，加速 H_2O_2 的分解
$NaBiO_3$ $NaBiO_3(s) + 6H^+ + 2e^-$ $\rightleftharpoons Bi^{3+} + Na^+ + 3H_2O$ $\varphi^\ominus = 1.80\ V$	室温 HNO_3 介质 H_2SO_4 介质	$Mn^{2+} \rightarrow MnO_4^-$ $Ce(III) \rightarrow Ce(IV)$	过滤
Na_2O_2	熔融	$Fe(CrO_2)_2 \rightarrow CrO_4^{2-}$	在酸性溶液中煮沸

表 6-5 常用的预还原剂

还原剂	反应条件	主要应用	除去方法
SO_2 $SO_4^{2-} + 4H^+ + 2e^-$ $\rightleftharpoons SO_2(水) + 2H_2O$ $\varphi^\ominus = 0.20\ V$	$1\ mol \cdot L^{-1}\ H_2SO_4$ （有 SCN^- 共存，加速反应）	$Fe(III) \rightarrow Fe(II)$ $As(V) \rightarrow As(III)$ $Sb(V) \rightarrow Sb(III)$ $Cu(II) \rightarrow Cu(I)$	煮沸，通 CO_2
$SnCl_2$ $Sn^{4+} + 2e^- \rightleftharpoons Sn^{2+}$ $\varphi^\ominus = 0.15\ V$	酸性，加热	$Fe(III) \rightarrow Fe(II)$ $Mo(VI) \rightarrow Mo(V)$ $As(V) \rightarrow As(III)$	加入过量 $HgCl_2$ $Sn^{2+} + 2HgCl_2 \rightarrow$ $Sn^{4+} + Hg_2Cl_2 + 2Cl^-$

151

续表

还原剂	反应条件	主要应用	除去方法
$TiCl_3$ $Ti(OH)^{3+} + H^+ + e^-$ $\rightleftharpoons Ti^{3+} + H_2O$ $\varphi^\ominus = 0.06\ V$	酸性	$Fe(III) \rightarrow Fe(II)$	少量 Ti^{3+}，被水中的 O_2 氧化
金属锌、铝等或金属的汞齐	酸性	$Fe(III) \rightarrow Fe(II)$ $Ti(IV) \rightarrow Ti(II)$ $Cr(III) \rightarrow Cr(II)$ $V(V) \rightarrow V(II)$	过滤，或加酸溶解

6.7　氧化还原滴定法及其应用

氧化还原滴定剂法一般以滴定剂的名称来命名。其中以氧化剂为滴定剂的方法居多，例如高锰酸钾法、重铬酸钾法、溴酸钾法、硫酸铈法、碘量法等。以还原剂为滴定剂的方法较少，常用的有硫代硫酸钠、硫酸亚铁等。主要是由于多数还原剂因易受空气中氧气的影响不稳定。下面介绍常用的几种氧化还原滴定法。

一、高锰酸钾法

高锰酸钾是一种强氧化剂，其氧化作用与溶液的酸度有关。在强酸性溶液中，$KMnO_4$ 与还原剂作用，MnO_4^- 被还原为 Mn^{2+}，即

$$MnO_4^- + 8H^+ + 5e^- \rightleftharpoons Mn^{2+} + 4H_2O \qquad \varphi^\ominus = 1.491\ V$$

在弱酸性、中性或弱碱性溶液中，MnO_4^- 则被还原为 MnO_2（实为 MnO_2 的水合物），即

$$MnO_4^- + 2H_2O + 3e^- \rightleftharpoons MnO_2 + 4OH^- \qquad \varphi^\ominus = 0.588\ V$$

在浓度大于 $2\ mol \cdot L^{-1}$ 的 NaOH 溶液中，MnO_4^- 被还原为 MnO_4^{2-}，即

$$MnO_4^- + e^- \rightleftharpoons MnO_4^{2-} \qquad \varphi^\ominus = 0.564\ V$$

高锰酸钾法的特点是氧化能力强，应用广泛。MnO_4^- 本身有颜色，当 $KMnO_4$ 溶液浓度达 $2 \times 10^{-6}\ mol \cdot L^{-1}$ 时，即可显现紫红色。所以，用 $KMnO_4$ 溶液滴定无色或浅色溶液时，一般不需另加指示剂。需要注意的是，高锰酸钾试剂中常含有少量杂质，使溶液不够稳定；$KMnO_4$ 的氧化能力强，易与还原性物质发生作用，因而干扰比较严重。

1. $KMnO_4$ 标准溶液的配制和标定

市售的 $KMnO_4$ 试剂常含有少量 MnO_2 和其他杂质，同时，由于 $KMnO_4$ 的氧化能力强，在生产、贮存和配制溶液的过程中易与还原性物质作用，缓慢作用生成 $MnO(OH)_2$。由于上述原因，$KMnO_4$ 标准溶液不能采用直接法配制。一般是按要求配制近似浓度的溶液，再用基准物标定确定其准确浓度。

配制 $KMnO_4$ 溶液时，可称取稍多于计算用量的 $KMnO_4$ 试剂，溶于一定体积蒸馏水中。在暗处放置 7～10 天，或将溶液加热至沸并保持微沸 1 h，使 $KMnO_4$ 与水中可能存在的还原性物质充分反应。用微孔玻璃漏斗过滤除去 $MnO(OH)_2$ 沉淀，并将滤液贮存于棕色瓶中，待标定后使用。

标定 $KMnO_4$ 的基准物质有 $H_2C_2O_4 \cdot 2H_2O$、$Na_2C_2O_4$、$(NH_4)_2Fe(SO_4)_2 \cdot 6H_2O$、$As_2O_3$、纯铁丝等。其中最常用的是 $Na_2C_2O_4$，它易于提纯、稳定、不含结晶水，在 $105\sim110$ ℃干燥 2 h 后即可使用。在 H_2SO_4 溶液中，MnO_4^- 和 $C_2O_4^{2-}$ 发生以下反应

$$2MnO_4^- + 5C_2O_4^{2-} + 16H^+ = 2Mn^{2+} + 10CO_2\uparrow + 8H_2O$$

定量关系式

$$n_{KMnO_4} = \frac{2}{5}n_{Na_2C_2O_4}$$

$KMnO_4$ 溶液浓度计算式

$$c_{KMnO_4} = \frac{2m_{Na_2C_2O_4}}{5M_{Na_2C_2O_4}V_{KMnO_4}}$$

为保证反应定量进行，标定 $KMnO_4$ 溶液时，应注意以下滴定条件：

（1）酸浓度。一般控制溶液的酸浓度为 $1\ mol \cdot L^{-1}$。酸浓度过低时，MnO_4^- 部分还原为 MnO_2；酸浓度过高会促使 $H_2C_2O_4$ 分解。

（2）反应温度。本反应在室温下速度缓慢，需在 $75\sim85$ ℃下进行滴定。滴定完毕时，溶液的温度不应低于 60 ℃。但温度高于 90 ℃时，会使部分 $H_2C_2O_4$ 分解：

$$H_2C_2O_4 = CO_2\uparrow + CO\uparrow + H_2O$$

（3）滴定速度。滴定开始时反应速度较慢，应在加入一滴 MnO_4^- 后摇匀、待溶液褪色后再加入第二滴。如果滴定速度过快，因 $KMnO_4$ 不能立即与 $C_2O_4^{2-}$ 反应，在热的酸性溶液中易发生分解，导致标定结果偏低。随着滴定的进行，由于产物 Mn^{2+} 具有催化作用，滴定速度加快。

$$4MnO_4^- + 12H^+ = 4Mn^{2+} + 5O_2\uparrow + 6H_2O \qquad （KMnO_4 分解反应）$$

（4）滴定终点。利用微过量的 $KMnO_4$ 溶液自身的紫红色指示滴定终点（30 s 不褪色）。不需要外加指示剂。

2. 高锰酸钾法应用实例

（1）H_2O_2 的测定。

可用 $KMnO_4$ 标准溶液直接滴定 H_2O_2 溶液。在酸性溶液中，H_2O_2 能还原 MnO_4^- 并释放出 O_2，反应式为

$$5H_2O_2 + 2MnO_4^- + 6H^+ = 5O_2\uparrow + 2Mn^{2+} + 8H_2O$$

滴定时，开始加入的几滴 $KMnO_4$ 溶液褪色较慢。若于滴定前加入少量 Mn^{2+} 作催化剂，则可加快反应速度。

碱金属及碱土金属的过氧化物，可采用同样的方法进行测定。

（2）铁的测定。

利用 $KMnO_4$ 与 Fe^{2+} 的定量反应可以测定矿石（例如褐铁矿等）、合金、金属盐类及硅酸盐等试样中的含铁量，具有广泛的应用。

试样溶解后（通常使用盐酸作溶剂），将生成的 Fe^{3+}（实际上是 $FeCl_4^-$、$FeCl_6^{3-}$ 等离子）用还原剂还原为 Fe^{2+}，然后用 $KMnO_4$ 标准溶液滴定。常用的还原剂是 $SnCl_2$，过量的 $SnCl_2$ 可以通过加入 $HgCl_2$ 除去，即

$$SnCl_2 + 2HgCl_2 = SnCl_4 + Hg_2Cl_2\downarrow$$

特别注意：$HgCl_2$ 有剧毒！为了避免对环境的污染，优先采用其他不用汞盐的方法测定铁的含量。

153

在用 $KMnO_4$ 溶液滴定前，还应加入硫酸锰、硫酸及磷酸的混合液，其作用是：

① 避免 Cl^- 存在时所发生的诱导反应。

② 滴定中生成黄色的 Fe^{3+} 会影响滴定终点的判断。在溶液中加入磷酸后，PO_4^{3-} 可以与 Fe^{3+} 生成无色的 $Fe(HPO_4)_2^-$，使终点易于观察。

（3）钙的测定。

钙不具有氧化还原性质，高锰酸钾法测定 Ca^{2+} 采用的是间接滴定的方式。下面以石灰石试样中钙的测定为例说明其测定过程。准确称取一定质量的试样后，加入盐酸溶液使溶解；用草酸盐 $C_2O_4^{2-}$ 将 Ca^{2+} 定量沉淀为 CaC_2O_4；沉淀经过滤、洗涤后，溶于热的稀 H_2SO_4 溶液中，再用 $KMnO_4$ 标准溶液滴定试液中的 $C_2O_4^{2-}$。根据 $C_2O_4^{2-}$ 与 Ca^{2+} 及 $C_2O_4^{2-}$ 与 $KMnO_4$ 的定量关系，可以计算得到试样中钙或其氧化物的质量分数。

上述测定过程中涉及的反应式为

$$Ca^{2+} + C_2O_4^{2-} = CaC_2O_4 \downarrow$$

$$CaC_2O_4 + 2H^+ = H_2C_2O_4 + Ca^{2+}$$

$$2MnO^{4-} + 5C_2O_4^{2-} + 16H^+ = 2Mn^{2+} + 10CO_2 \uparrow + 8H_2O$$

定量关系式

$$n_{Ca^{2+}} = n_{C_2O_4^{2-}} = \frac{5}{2} n_{MnO_4^-}$$

计算式

$$w_{Ca} = \frac{m_{Ca}}{m_s} \times 100\% = \frac{\frac{5}{2} c_{KMnO_4} V_{KMnO_4} A_{Ca} \times 10^{-3}}{m_s} \times 100\%$$

本测定方法需注意以下问题：

① 钙不具有氧化还原性质，须通过间接滴定的方式予以测定。

② 试样用酸溶解后，在酸性下加入草酸盐沉淀剂，例如 $(NH_4)_2C_2O_4$。在酸性溶液中，$C_2O_4^{2-}$ 多以 $HC_2O_4^-$ 型体存在，避免快速生成 CaC_2O_4 沉淀。

③ 之后通过加热溶液至 $75\sim85$ ℃，生成的 NH_3 缓慢中和溶液中 H^+，使 $C_2O_4^{2-}$ 浓度缓缓增加，以生成大颗粒的 CaC_2O_4 沉淀。

上述沉淀制备的方法也称为均匀沉淀法。均匀沉淀法是指通过化学反应，使沉淀剂在溶液中缓慢均匀产生，以使沉淀缓慢生成，制备得到纯度高、颗粒大的沉淀的方法。本法制备得到的沉淀易过滤、不易损失，适于沉淀的定量分析测定。

④ 将生成的沉淀放置一定时间（陈化），有利于进一步增加晶型沉淀的粒度。

⑤ 将沉淀过滤、洗涤、溶于稀硫酸后，即可用 $KMnO_4$ 标准溶液滴定热溶液中的 $C_2O_4^{2-}$。

上述方法也可用于测定其他能与 $C_2O_4^{2-}$ 定量生成沉淀的金属离子，例如 Th^{4+} 和稀土元素的测定。

例 6-7 称取 $0.190\ 0$ g 石灰石试样，溶于 HCl 溶液后加入草酸盐使钙离子沉淀为 CaC_2O_4。将沉淀过滤、洗涤后溶于稀 H_2SO_4 溶液中，用 $0.020\ 20$ mol·L^{-1} $KMnO_4$ 标准溶液滴定至终点，用去 26.56 mL。试计算试样中氧化钙的质量分数。

解：反应式

$$2MnO_4^- + 5C_2O_4^{2-} + 16H^+ \rightleftharpoons 2Mn^{2+} + 10CO_2 \uparrow + 8H_2O$$

由计量关系式

$$n_{CaO} = n_{H_2C_2O_4} = \frac{5}{2} n_{KMnO_4}$$

得

$$\frac{m_{CaO}}{M_{CaO}} = \frac{5}{2}(cV)_{KMnO_4}$$

$$m_{CaO} = \frac{5}{2}(cV)_{KMnO_4} M_{CaO}$$

氧化钙的质量分数计算式

$$w_{CaO} = \frac{m_{CaO}}{m_s} \times 100\%$$

$$= \frac{\frac{5}{2} c_{KMnO_4} V_{KMnO_4} M_{CaO} \times 10^{-3}}{m_s} \times 100\%$$

$$= \frac{\frac{5}{2} \times 0.020\,20 \times 26.56 \times 56.08 \times 10^{-3}}{0.190\,0} \times 100\%$$

$$= 39.59\%$$

二、重铬酸钾法

1. 重铬酸钾标准溶液

重铬酸钾 $K_2Cr_2O_7$ 是一种常用的氧化剂，在酸性溶液中被还原为 Cr^{3+}

$$Cr_2O_7^{2-} + 14H^+ + 6e^- \rightleftharpoons 2Cr^{3+} + 7H_2O \qquad \varphi^{\ominus} = 1.33\ V$$

$K_2Cr_2O_7$ 作为滴定剂有以下特点：

(1) $K_2Cr_2O_7$ 易提纯（纯度可达 99.99%），在 $140\sim150\ ℃$ 干燥后，可直接配制标准溶液，不需要标定。即按要求的浓度，准确称量一定质量的 $K_2Cr_2O_7$，溶解后定量转移至一定体积的容量瓶中并定容。根据质量和体积计算配制的标准溶液的准确浓度。

(2) $K_2Cr_2O_7$ 标准溶液稳定性好，可以长期密封储存。

(3) $K_2Cr_2O_7$ 的氧化能力弱于 $KMnO_4$。在 $1\ mol \cdot L^{-1}$ HCl 溶液中，$\varphi^{\ominus\prime} = 1.00\ V$，室温下 $K_2Cr_2O_7$ 不与 Cl^- 作用（$\varphi^{\ominus}_{Cl_2/Cl^-} = 1.36\ V$），故可在 HCl 溶液中用 $K_2Cr_2O_7$ 标准溶液测定试样中的 Fe^{2+}。

在重铬酸钾法中，虽然橙色的 $Cr_2O_7^{2-}$ 还原后转化为绿色的 Cr^{3+}，但低浓度的 $K_2Cr_2O_7$ 溶液的颜色不是很明显，所以不能根据它本身的颜色变化来指示滴定终点，而需采用氧化还原指示剂（例如二苯胺磺酸钠等）指示滴定终点。

2. 重铬酸钾法应用实例

(1) 铁的测定。

$K_2Cr_2O_7$ 法是测定铁矿、合金中铁含量的常用方法。在热的浓 HCl 中，用 $SnCl_2$ 将试样中的 Fe^{3+} 还原为 Fe^{2+}。过量的 $SnCl_2$ 用 $HgCl_2$ 氧化，生成 Hg_2Cl_2 白色沉淀。然后在 $1\sim2\ mol \cdot L^{-1}$ H_2SO_4-H_3PO_4 混合酸介质中，以二苯胺磺酸钠为指示剂，用 $K_2Cr_2O_7$ 标准溶液滴定样品溶液中的 Fe^{2+}。加入 H_3PO_4 是为了减小终点误差。H_3PO_4 与 Fe^{3+} 生成无色稳定的

$Fe(HPO_4)_2^-$，同时降低 Fe^{3+}/Fe^{2+} 电对的电极电位，使滴定突跃范围增大。此外，由于生成了无色的 $Fe(HPO_4)_2^-$，消除了 Fe^{3+} 的黄色影响，有利于滴定终点颜色的判断，减小测定误差。

$K_2Cr_2O_7$ 与 Fe^{2+} 的滴定反应为

$$Cr_2O_7^{2-}+6Fe^{2+}+14H^+\!=\!2Cr^{3+}+6Fe^{3+}+7H_2O$$

定量关系式

$$n_{Fe^{2+}}=6n_{Cr_2O_7^{2-}}$$

计算式

$$w_{Fe}=\frac{m_{Fe}}{m_s}\times100\%=\frac{6c_{Cr_2O_7^{2-}}\cdot V_{Cr_2O_7^{2-}}\cdot A_{Fe}}{m_s}\times100\%$$

（2）化学需氧量（COD）的测定。

化学需氧量（chemical oxygen demand，COD）是在一定的条件下，采用一定的强氧化剂处理水样所消耗的氧化剂量。它是衡量水中还原性物质量的一个指标。水中还原性物质包括各种有机物、亚硝酸盐、硫化物、亚铁盐等，但主要是有机物。化学需氧量越大，说明水体受有机物的污染越严重。重铬酸钾法是目前各种水样 COD 测定最为常用的方法之一。

在酸性介质中以重铬酸钾为氧化剂测定 COD 的分析过程如下。于水样中加入 $HgSO_4$ 消除 Cl^- 的干扰，然后加入定量、过量 $K_2Cr_2O_7$ 标准溶液，在强酸性介质中，以 Ag_2SO_4 作催化剂，回流加热，待氧化作用完全后，以邻二氮菲亚铁为指示剂，用 Fe^{2+} 标准溶液滴定过量的 $K_2Cr_2O_7$。该法适用范围广泛，可用于污水中 COD 的测定。缺点是测定过程中用到 Cr^{3+}、Hg^{2+} 等有害物质。实验中和实验后需严格遵守试剂使用及其回收处理的相关规定。

例 6—8 取工业废水 100.0 mL，经 H_2SO_4 酸化后，加入 0.019 58 mol·L^{-1} $K_2Cr_2O_7$ 溶液 20.00 mL，加催化剂并煮沸使水样中还原性物质氧化。用 0.204 0 mol·L^{-1} $FeSO_4$ 溶液滴定剩余的 $Cr_2O_7^{2-}$，终点时用去了 7.50 mL。试计算工业废水中化学需氧量 COD（每升水中还原性有机物及无机物，在一定条件下被强氧化剂氧化时消耗的氧的质量，mg·L^{-1}）。

解：反应式

$$Cr_2O_7^{2-}+14H^++6e^-\rightleftharpoons3Cr^{3+}+7H_2O$$
$$O_2+4H^++4e^-\rightleftharpoons2H_2O$$

定量关系为

$$3O_2\sim2K_2Cr_2O_7$$

即

$$\frac{3}{2}n_{Cr_2O_7^{2-}}=n_{O_2}$$

滴定反应

$$6Fe^{2+}+Cr_2O_7^{2-}+14H^+\!=\!6Fe^{3+}+3Cr^{3+}+7H_2O$$

定量关系式

$$n_{Cr_2O_7^{2-}}=\frac{1}{6}n_{Fe^{2+}}$$

计算式

$$\begin{aligned}COD&=\frac{\frac{3}{2}\Big[(cV)_{K_2Cr_2O_7}-\frac{1}{6}(cV)_{FeSO_4}\Big]\times M_{O_2}\times10^3}{V_{水样}}\\&=\frac{\frac{3}{2}\times\Big(0.019\,58\times20.00-\frac{1}{6}\times0.204\,0\times7.50\Big)\times32.00\times10^3}{100.0}\\&=65.57\ (mg\cdot L^{-1})\end{aligned}$$

三、碘量法

碘量法是利用 I_2 的氧化性和 I^- 的还原性来进行滴定的方法。固体 I_2 在水中的溶解度很小（$0.001\,33\ mol \cdot L^{-1}$），故通常将 I_2 溶解在 KI 溶液中，增加 I_2 的溶解度，此时 I_2 在溶液中以 I_3^- 形式存在，即

$$I_2 + I^- = I_3^-$$

为方便起见，I_3^- 常简写为 I_2。

用 I_3^- 滴定时的半反应为

$$I_3^- + 2e^- \rightleftharpoons 3I^- \qquad \varphi^\ominus = 0.534\ V$$

I_2 是较弱的氧化剂，能与较强的还原剂作用，而 I^- 是中等强度的还原剂，能与许多氧化剂作用。因此，碘量法分为直接碘量法和间接碘量法。

1. 直接碘量法

可直接用 I_2 标准溶液滴定电极电位低于 I_2/I^- 电对的还原性物质，这种方法叫作直接碘量法。例如，钢铁中硫的测定，试样在近 $1\,300\ ℃$ 的燃烧管中通 O_2 燃烧，使试样中的硫转化为 SO_2，再用 I_2 滴定，其反应为

$$I_2 + SO_2 + 2H_2O = 2I^- + SO_4^{2-} + 4H^+$$

滴定时采用淀粉溶液作指示剂，滴定终点为蓝色。用直接碘量法还可以测定 As_2O_3、Sb^{3+}、Sn^{2+} 等还原性物质。

应该指出，直接碘量法不能在碱性溶液中进行，否则会发生歧化反应，即

$$3I_2 + 6OH^- = IO_3^- + 5I^- + 3H_2O$$

2. 间接碘量法

采用电极电位高于 I_2/I^- 电对的氧化性物质，在一定条件下与 I^- 反应生成 I_2，然后用 $Na_2S_2O_3$ 标准溶液滴定定量生成的 I_2，这种方法叫作间接碘量法。例如，$KMnO_4$ 在酸性溶液中与过量的 KI 作用生成 I_2，其反应为

$$2MnO_4^- + 10I^- + 16H^+ = 2Mn^{2+} + 5I_2 + 8H_2O$$

生成的 I_2 用 $Na_2S_2O_3$ 溶液滴定

$$I_2 + 2S_2O_3^{2-} = 2I^- + S_4O_6^{2-}$$

间接碘量法可用于测定 Cu^{2+}、CrO_4^{2-}、$Cr_2O_7^{2-}$、IO_3^-、BrO_3^-、AsO_4^{3-}、SbO_4^{3-}、ClO^-、NO_2^-、H_2O_2 等氧化性物质。

在间接碘量法测定中，必须注意以下问题：

（1）控制溶液的酸度。在中性或弱酸性溶液中，$S_2O_3^{2-}$ 与 I_2 之间的反应迅速、完全。但在碱性溶液中，I_2 与 $S_2O_3^{2-}$ 将发生下列反应

$$S_2O_3^{2-} + 4I_2 + 10OH^- = 2SO_4^{2-} + 8I^- + 5H_2O$$

并且 I_2 在碱性溶液中会发生歧化反应。在强酸性溶液中，$Na_2S_2O_3$ 溶液会发生分解，即

$$S_2O_3^{2-} + 2H^+ \rightarrow SO_2 + S \downarrow + H_2O$$

这些副反应均会引入测定误差。

（2）防止 I_2 的挥发和空气中的 O_2 氧化 I^-。测定中一般加入过量的 KI，使溶液中 I_2 形成 I_3^- 而减少其挥发。滴定时使用碘瓶，滴定过程中不要剧烈振动，以减少 I_2 的挥发。I^- 被空

气氧化的反应随光照和酸度增高而加快。因此，在反应时，应置于暗处放置，避免光照；滴定前调节好酸性，析出 I_2 后应立即进行滴定。此外，Cu^{2+}、NO_2^-、NO 等将催化氧化反应，应注意消除它们的影响。

（3）淀粉指示剂应在近终点时加入。当溶液中 I_2 量较大时，被淀粉吸附后不易解吸，带来一定测定误差。

3. 标准溶液的配制和标定

碘量法中经常使用的有 $Na_2S_2O_3$ 和 I_2 两种标准溶液，下面分别介绍这两种溶液的配制和标定方法。

（1）$Na_2S_2O_3$ 标准溶液的配制和标定。硫代硫酸钠试剂（$Na_2S_2O_3 \cdot 5H_2O$）常含有杂质且易风化，不能用直接法配制标准溶液。$Na_2S_2O_3$ 溶液不稳定，受溶液中存在的微生物、CO_2 和空气中的 O_2 的影响而容易分解。此外，水中微量的 Cu^{2+} 或 Fe^{3+} 等也能促进 $Na_2S_2O_3$ 溶液的分解。

$$Na_2S_2O_3 \xrightarrow{\text{微生物}} Na_2SO_3 + S\downarrow$$

$$S_2O_3^{2-} + CO_2 + H_2O = HSO_3^- + HCO_3^- + S\downarrow$$

$$S_2O_3^{2-} + \frac{1}{2}O_2 \longrightarrow SO_4^{2-} + S\downarrow$$

因此，配制 $Na_2S_2O_3$ 溶液时，应使用新煮沸、放冷的蒸馏水，其目的在于杀灭微生物并除去水中的 CO_2 和 O_2。有时加入少量 Na_2CO_3（浓度约为 0.02%）使溶液呈弱碱性，以抑制微生物的生长。配制的 $Na_2S_2O_3$ 溶液应置于棕色瓶中，以避免光线使 $Na_2S_2O_3$ 分解。$Na_2S_2O_3$ 溶液使用一段时间后应重新标定。如果发现溶液变浑浊，应弃去重配。

标定 $Na_2S_2O_3$ 溶液浓度常用的基准物质有 $K_2Cr_2O_7$、KIO_3、$KBrO_3$ 等。称取一定量的基准物，在酸性溶液中与过量的 KI 作用生成 I_2，以淀粉为指示剂，用 $Na_2S_2O_3$ 溶液滴定 I_2。反应式为

$$Cr_2O_7^{2-} + 6I^- + 14H^+ = 2Cr^{3+} + 3I_2 + 7H_2O$$

或

$$IO_3^- + 5I^- + 6H^+ = 3I_2 + 3H_2O$$

$$I_2 + 2S_2O_3^{2-} = 2I^- + S_4O_6^{2-}$$

滴定至终点后，如果超过 5 min 后溶液又出现蓝色，属于正常现象。这是由于空气中的 O_2 氧化 I^- 所引起的，不影响分析结果。若滴至终点后很快又转变为蓝色，表示反应未完全（指 KI 与 $K_2Cr_2O_7$ 的反应），应另取溶液重新标定。

（2）I_2 标准溶液的配制和标定。用升华法制得的纯碘可以直接配制标准溶液。但由于碘的挥发性及对天平的腐蚀性，准确称量比较困难，故常用间接法配制。配制时将 I_2 溶于 KI 溶液中，贮于棕色瓶中。

标定 I_2 溶液浓度时，可用已标定好的 $Na_2S_2O_3$ 标准溶液来标定，也可用 As_2O_3 来标定。As_2O_3 难溶于水，但可溶于碱溶液中，即

$$As_2O_3 + 6OH^- = 2AsO_3^{3-} + 3H_2O$$

AsO_3^{3-} 与 I_2 的反应式为

$$AsO_3^{3-} + I_2 + H_2O \rightleftharpoons AsO_4^{3-} + 2I^- + 2H^+$$

这个反应是可逆的。在中性或微碱性溶液中（加入 $NaHCO_3$，使溶液 pH＝8），反应能定量地向右进行。在酸性溶液中，则 AsO_4^{3-} 氧化 I^- 而析出 I_2。特别注意：As_2O_3 为剧毒品，测定

中应尽量避免使用；必须使用时，应严格遵守相关安全管理和使用规定。

4. 碘量法应用实例

（1）铜试样中铜的测定。Cu^{2+} 和过量 KI 反应定量地生成 I_2。反应式为

$$2Cu^{2+}+4I^-\!=\!2CuI\downarrow+I_2$$

在本测定中，KI 既是还原剂（将 Cu^{2+} 还原为 Cu^+）、沉淀剂（将 Cu^+ 沉淀为 CuI），又是络合剂（将 I_2 络合为 I_3^-）。生成的 I_2 以淀粉为指示剂，用 $Na_2S_2O_3$ 标准溶液滴定。

CuI 沉淀表面吸附 I_2 会使分析结果偏低。为了减少 CuI 对 I_2 的吸附，在滴定近终点时，加入 NH_4SCN 使 CuI 转化为溶解度更小的 CuSCN，即

$$CuI+SCN^-\!=\!CuSCN\downarrow+I^-$$

CuSCN 沉淀吸附 I_2 的倾向小，故可以减小误差。

测定铜矿中的铜时，试样常用 HNO_3 溶解，试样中某些杂质也可能会形成高价态化合物而进入溶液中，如 Fe^{3+}、H_3AsO_4、H_3SbO_4 及过量的 HNO_3 均可氧化 I^- 而干扰测定。因此应加浓 H_2SO_4 并加热至冒白烟，以除去 HNO_3 及氮氧化物。加入 NH_4F 可使 Fe^{3+} 生成稳定络合物消除其干扰。当 pH＞3.5 时，H_3AsO_4 和 H_3SbO_4 均不氧化 I^-。用碘量法测定 Cu^{2+} 时，一般控制溶液 pH＝3.5～4.0。

碘量法方法简便、准确，常用于测定铜矿、铜合金、矿渣、电镀液中的铜含量。

（2）卡尔费休法测定试样中微量水分。卡尔费休（Karl Fischer）法是碘量法在非水滴定中的应用。本法采用的滴定剂称为费休试剂，是由碘、二氧化硫和吡啶等按一定比例溶于无水甲醇得到的混合溶液。卡尔费休法的基本原理是利用 I_2 氧化 SO_2 时需要有定量的 H_2O 参与。反应式为

$$I_2+SO_2+2H_2O\rightleftharpoons2HI+H_2SO_4$$

利用此反应，可以测定很多有机物或无机物中的 H_2O。需注意的是，这个反应是可逆的，要使反应向右进行，需要加入适当的碱性物质以中和反应后生成的酸。常加入吡啶，反应式为

$$C_5H_5N\cdot I_2+C_5H_5N\cdot SO_2+C_5H_5N+H_2O\!=\!2C_5H_5N\cdot HI+C_5H_5N\cdot SO_3$$

生成的 $C_5H_5N\cdot SO_3$ 不稳定，能与水发生副反应，消耗一部分水，因而干扰测定。其反应为

$$C_5H_5N\cdot SO_3+H_2O\longrightarrow C_5H_5N\cdot H_2SO_4$$

加入甲醇可以防止上述副反应发生。其反应为

$$C_5H_5N\cdot SO_3+CH_3OH\longrightarrow C_5H_5N\cdot HOSO_2OCH_3$$

滴定剂与水的总反应为

$$I_2+SO_2+3C_5H_5N+CH_3OH+H_2O\longrightarrow2C_5H_5N\cdot HI+C_5H_5N\cdot HOSO_2OCH_3$$

费休试剂具有 I_2 的棕色，与水反应时，棕色立即褪去。当溶液中出现棕色时，即到达滴定终点。费休法属于非水滴定法，所有容器都需干燥无水。应注意，样品中若含有能与费休试剂组分发生反应的物质，如氧化剂、还原剂、碱性氧化物、氢氧化钠等，会干扰测定。

（3）维生素 C（抗坏血酸）的测定。可采用直接碘量法测定维生素 C 的含量。反应式为

维生素 C 分子中的烯二醇基具有还原性，能与 I_2 反应氧化为二酮基。在近终点时加入指示剂淀粉溶液，微过量的 I_2 与淀粉分子生成深蓝色络合物指示终点。

例 6—9 称取红丹试样（含 Pb_3O_4）0.250 0 g，用盐酸溶解后定量转移到 100 mL 容量瓶中并稀释至刻度。移取此溶液 20.00 mL，加入 25.00 mL 0.500 0 $mol \cdot L^{-1}$ $K_2Cr_2O_7$ 溶液，反应生成 $PbCrO_4$ 沉淀。将沉淀定量过滤、洗涤、酸溶后，加入 KI 和淀粉溶液，以 0.100 0 $mol \cdot L^{-1}$ $Na_2S_2O_3$ 溶液滴定至终点，用去 $Na_2S_2O_3$ 溶液 6.00 mL。计算试样中 Pb_3O_4 的质量分数（%）。

解： 反应过程如下

$$2Pb^{2+}+Cr_2O_7^{2-}+H_2O = 2PbCrO_4 \downarrow +2H^+$$
$$2PbCrO_4+2H^+ = Cr_2O_7^{2-}+2Pb^{2+}+H_2O$$
$$Cr_2O_7^{2-}+6I^-+14H^+ = 2Cr^{3+}+3I_2+7H_2O$$
$$I_2+2S_2O_3^{2-} = 2I^-+S_4O_6^{2-}$$

定量关系为
$$Pb^{2+} \sim CrO_4^{2-} \sim 1/2Cr_2O_7^{2-} \sim 3/2I_2 \sim 3S_2O_3^{2-}$$
$$Pb_3O_4 \sim 3Pb^{2+} \sim 9S_2O_3^{2-}$$

因而
$$n_{Pb_3O_4} = \frac{1}{9}n_{Na_2S_2O_3}$$

计算式为

$$w_{Pb_3O_4} = \frac{\frac{1}{9}(cV)_{Na_2S_2O_3} \times M_{Pb_3O_4} \times 10^{-3}}{m_s \times \dfrac{20.00}{100.0}} \times 100\%$$

$$= \frac{5 \times 0.100\ 0 \times 6.00 \times 685.6 \times 10^{-3}}{9 \times 0.250\ 0} \times 100\%$$

$$= 91.41\%$$

例 6—10 称取含 $BaCl_2$ 试样 0.500 0 g，溶于水后加 25.00 mL 0.050 00 $mol \cdot L^{-1}$ KIO_3 使 Ba^{2+} 沉淀为 $Ba(IO_3)_2$，滤去沉淀，洗涤，加入过量 KI 于滤液中并酸化，滴定析出的 I_2 用去 0.100 0 $mol \cdot L^{-1}$ $Na_2S_2O_3$ 标准溶液 21.18 mL。试计算试样中 $BaCl_2$ 的质量分数。

解： 有关反应式为
$$Ba^{2+}+2IO_3^- = Ba(IO_3)_2 \downarrow$$

过量 IO_3^-
$$IO_3^-+5I^-+6H^+ = 3I_2+3H_2O$$
$$I_2+2S_2O_3^{2-} = 2S_4O_6^{2-}+2I^-$$

定量关系为
$$Ba^{2+} \sim 2IO_3^- \qquad IO_3^- \sim 3I_2 \sim 6S_2O_3^{2-}$$

即
$$n_{Ba^{2+}} = \frac{1}{2}n_{IO_3^-} \qquad n_{IO_3^-} = \frac{1}{6}n_{S_2O_3^{2-}}$$

计算式为

$$w_{BaCl_2} = \frac{\frac{1}{2}\left[(cV)_{KIO_3}-\frac{1}{6}(cV)_{Na_2S_2O_3}\right] \times M_{BaCl_2} \times 10^{-3}}{m_s} \times 100\%$$

$$= \frac{\frac{1}{2}\left(0.050\ 00 \times 25.00-\frac{1}{6} \times 0.100\ 0 \times 21.18\right) \times 208.3 \times 10^{-3}}{0.500\ 0} \times 100\%$$

$$= 18.68\%$$

四、其他氧化还原滴定法

1. 硫酸铈法（铈量法）

硫酸铈 $Ce(SO_4)_2$ 是强氧化剂，其氧化性与 $KMnO_4$ 相近。在酸性溶液中，Ce^{4+} 与还原剂反应生成 Ce^{3+}。Ce^{4+}/Ce^{3+} 电对的半反应式为

$$Ce^{4+} + e^- \Longrightarrow Ce^{3+} \qquad \varphi^{\ominus} = 1.44 \text{ V}$$

与高锰酸钾相比，$Ce(SO_4)_2$ 溶液具有以下特点：

（1）$Ce(SO_4)_2$ 性质稳定，放置较长时间或加热煮沸也不易分解。

（2）标准溶液可由高纯度的硫酸铈铵［$Ce(SO_4)_2 \cdot (NH_4)_2SO_4 \cdot 2H_2O$］直接配制，也可由铈（Ⅳ）盐配成近似浓度后用基准物 $Na_2C_2O_4$ 标定。

（3）可在较浓 HCl 溶液中直接用 $Ce(SO_4)_2$ 溶液滴定样品溶液中 Fe^{2+}，即

$$Ce^{4+} + Fe^{2+} = Ce^{3+} + Fe^{3+}$$

虽然 Cl^- 能还原 Ce^{4+}，但滴定时 Ce^{4+} 首先与 Fe^{2+} 反应，达到化学计量点后，才慢慢地与 Cl^- 起反应，故不影响滴定。

（4）Ce^{4+} 还原为 Ce^{3+} 时，只有一个电子的转移，不生成中间价态的产物，反应简单，副反应少。有机物（例如乙醇、甘油、糖等）存在时，用 Ce^{4+} 滴定 Fe^{2+} 仍可得到良好的结果。

（5）用 $Ce(SO_4)_2$ 溶液作滴定剂时，因 Ce^{4+} 具有黄色而 Ce^{3+} 无色，故 Ce^{4+} 本身也可作为指示终点的指示剂。但灵敏度不高，一般采用邻二氮菲亚铁作指示剂。

（6）配制 $Ce(SO_4)_2$ 溶液必须加酸，否则 Ce^{4+} 易水解生成碱式盐沉淀。滴定也须在强酸溶液中进行。Ce^{4+} 不适用于在碱性或中性溶液中滴定。

2. 溴酸钾法

溴酸钾法是用 $KBrO_3$ 作氧化剂的滴定分析法。$KBrO_3$ 在酸性溶液中为强氧化剂。其半反应为

$$BrO_3^- + 6H^+ + 6e^- \Longrightarrow Br^- + 3H_2O \qquad \varphi^{\ominus}_{BrO_3^-/Br^-} = 1.44 \text{ V}$$

溴酸钾易从水溶液中结晶提纯，在 180 ℃烘干后可以直接配制标准溶液。$KBrO_3$ 溶液的浓度也可以用碘量法进行标定。在酸性溶液中，$KBrO_3$ 与过量 KI 作用定量生成 I_2，其反应式为

$$BrO_3^- + 6I^- + 6H^+ = Br^- + 3I_2 + 3H_2O$$

生成的 I_2 用 $Na_2S_2O_3$ 标准溶液滴定。

溴酸钾法可以用来直接测定能与 $KBrO_3$ 迅速反应的物质。例如，测定矿石中锑的含量时，先将矿样溶解，将 Sb^{5+} 还原为 Sb^{3+}，在 HCl 溶液中以甲基橙为指示剂，用 $KBrO_3$ 标准溶液滴定至溶液有微过量的 $KBrO_3$ 时，甲基橙被氧化褪色而指示终点。

$$3Sb^{3+} + BrO_3^- + 6H^+ = 3Sb^{5+} + Br^- + 3H_2O$$

此法还可用来直接测定 As^{3+}、Sn^{2+}、Tl^+ 及联氨（N_2H_4）等。

溴酸钾法常与碘量法配合使用，即加入定量过量的 $KBrO_3$ 标准溶液与被测物反应，过量的 $KBrO_3$ 在酸性溶液中与 KI 作用，生成的 I_2 用 $Na_2S_2O_3$ 标准溶液滴定。这种间接溴酸钾法在有机物分析中应用较多。特别是利用 Br_2 的取代反应可测定许多芳香族化合物的含量。

例如，苯酚的测定就是利用苯酚与溴的反应，即

$$\text{OH} \quad +3Br_2 \longrightarrow \quad Br \overset{\text{OH}}{\diagdown} Br \downarrow +3HBr$$

测定时，是在苯酚试液中加入定量过量的 $KBrO_3$-KBr 标准溶液，用 HCl 溶液酸化后，$KBrO_3$ 与 KBr 反应产生一定量的游离 Br_2，Br_2 与苯酚进行上述反应。反应完成后，使过量的 Br_2 与 KI 作用生成定量的 I_2，再用 $Na_2S_2O_3$ 标准溶液滴定。根据各反应物间的定量关系，即可计算出试样中苯酚的含量。

应用这一方法还可测定甲酚、间苯二酚及苯胺等含量。

例 6—11 称取苯酚试样 0.500 5 g。用氢氧化钠溶液溶解后，定量转移并用水稀释至 250.0 mL。移取此溶液 25.00 mL 于碘瓶中，加入 25.00 mL $KBrO_3$-KBr 标准溶液及 HCl 溶液，使苯酚溴化为三溴苯酚。加入 KI 溶液，与过量的 Br_2 反应生成定量的 I_2，然后用 0.100 8 $mol \cdot L^{-1}$ $Na_2S_2O_3$ 标准溶液滴定生成的 I_2，用去 15.05 mL。另移取 25.00 mL $KBrO_3$-KBr 标准溶液，加入 HCl 及 KI 溶液，生成的 I_2 用 0.100 8 $mol \cdot L^{-1}$ $Na_2S_2O_3$ 标准溶液滴定，用去 40.20 mL。计算试样中的苯酚的质量分数。

解： 有关反应如下

$$KBrO_3 + 5KBr + 6HCl = 6KCl + 3Br_2 + 3H_2O$$
$$C_6H_5OH + 3Br_2 = C_6H_2Br_3OH + 3HBr$$
$$Br_2 + 2KI = I_2 + 2KBr$$
$$I_2 + 2Na_2S_2O_3 = 2NaI + Na_2S_4O_6$$

定量关系为
$$C_6H_5OH \sim 3Br_2 \sim 3I_2 \sim 6Na_2S_2O_3$$

即
$$\frac{1}{6}n_{Na_2S_2O_3} = n_{C_6H_5OH}$$

计算式

$$w_{苯酚} = \frac{\frac{1}{6} \times c_{Na_2S_2O_3} \times [V_{1(Na_2S_2O_3)} - V_{2(Na_2S_2O_3)}] \times M_{C_6H_5OH} \times 10^{-3}}{m_s \times \frac{25.00}{250.0}} \times 100\%$$

$$= \frac{\frac{1}{6} \times 0.100\,8 \times (40.20 - 15.05) \times 94.11 \times 10^{-3}}{0.500\,5 \times \frac{25.00}{250.0}} \times 100\%$$

$$= 79.45\%$$

例 6—12 称取含铝试样 1.000 g，溶解后定容为 250 mL。移取此试液 25.00 mL，调节 pH=9，加入 8-羟基喹啉（HOC_9H_6N），使 Al^{3+} 沉淀为 $Al(OC_9H_6N)_3$。沉淀过滤洗涤后，溶于 HCl 溶液中，加入 35.00 mL 0.040 00 $mol \cdot L^{-1}$ $KBrO_3$（含过量的 KBr），发生如下反应

$$HOC_9H_6N + 2Br_2 = HOC_9H_4NBr_2 + 2HBr$$

反应完全后，加入过量 KI，生成的 I_2 用去 0.100 0 $mol \cdot L^{-1}$ $Na_2S_2O_3$ 标准溶液 20.00 mL。计算试样中铝的质量分数。

解： 测定中的其他反应为

$$Al^{3+}+3HOC_9H_6N=\!=Al(OC_9H_6N)_3\downarrow+3H^+$$

$$BrO_3^-+5Br^-+6H^+=\!=3Br_2+3H_2O$$

$$Br_2+2I^-=\!=I_2+2Br^-$$

$$I_2+2S_2O_3^{2-}=\!=S_4O_6^{2-}+2I^-$$

定量关系为　　　　$Al^{3+}\sim3HOC_9H_6N\sim6Br_2\sim2KBrO_3\sim6I_2\sim12Na_2S_2O_3$

即　　　　　　　　$n_{KBrO_3}=2n_{Al}$　　　$n_{KBrO_3}=\dfrac{1}{6}n_{Na_2S_2O_3}$

计算式

$$w_{Al}=\dfrac{\dfrac{1}{2}\left[(cV)_{KBrO_3}-\dfrac{1}{6}(cV)_{Na_2S_2O_3}\right]\times A_{Al}\times10^{-3}}{m_s\times\dfrac{25.00}{250.0}}\times100\%$$

$$=\dfrac{\dfrac{1}{2}\times\left(0.040\,00\times35.00-\dfrac{1}{6}\times0.100\,0\times20.00\right)\times26.98\times10^{-3}}{1.000\times\dfrac{1}{10}}\times100\%$$

$$=14.39\%$$

3. 亚硝酸钠法

（1）基本原理。

亚硝酸钠法是以亚硝酸钠为标准溶液，利用亚硝酸钠与有机胺类物质发生重氮化反应或亚硝基化反应的氧化还原滴定法。

芳伯胺类化合物在酸性介质中与亚硝酸钠发生重氮化反应，生成芳伯胺的重氮盐，即

$$ArNH_2+NaNO_2+2HCl\rightleftharpoons[Ar-N^+\equiv N]Cl^-+NaCl+2H_2O$$

用亚硝酸钠标准溶液滴定芳伯胺类化合物的方法称为重氮化滴定法。

芳仲胺类化合物在酸性介质中与亚硝酸钠发生亚硝基化反应，即

$$ArNHR+HNO_2\rightleftharpoons ArN\!-\!R+H_2O$$
$$\qquad\qquad\qquad |$$
$$\qquad\qquad\qquad NO$$

用亚硝酸钠标准溶液滴定芳仲胺类化合物的方法称为亚硝基化滴定法。重氮化滴定法和亚硝基化滴定法都采用亚硝酸钠作为滴定剂，常统称为亚硝酸钠法。

重氮化反应速度与酸的种类和浓度、反应温度及苯环上取代基团的种类和位置有关。为使测定结果准确，重氮化滴定时，应注意以下条件：

① 酸的种类和浓度。重氮化反应速度在 HBr 中最快，在 HCl 中次之，在 H_2SO_4 或 HNO_3 中最慢。由于 HBr 价格较高，并且芳伯胺盐酸盐有较大的溶解度，便于观察终点，故常用盐酸，酸浓度为 $1\ mol\cdot L^{-1}$。酸度过高，不利于芳伯胺的游离，影响重氮化反应速度；酸度过低，生成的重氮盐与尚未反应的芳伯胺偶合，生成重氮氨基化合物，使测定结果偏低。

② 滴定速度与温度。重氮化反应速度随温度升高而加快，但温度高时，易使生成的重氮盐分解，还会使 HNO_2 分解和逸失，使测定结果偏高。而温度低时会影响反应速度。因此，通常在室温（10～30 ℃）下进行重氮化滴定。

$$[Ar-N^+\equiv N]Cl^-+H_2O\rightarrow Ar-OH+N_2\uparrow+HCl$$

$$3HNO_2 \rightarrow HNO_3 + H_2O + 2NO\uparrow$$

为了避免滴定过程中亚硝酸挥发和分解，本法的滴定速度采取先快后慢的方式。滴定时，将滴定管尖端插入液面下约 2/3 处，将大部分亚硝酸钠标准溶液在搅拌下迅速滴入。这样，在液面下生成的 HNO_2 迅速扩散并立即与被测物芳伯胺作用，可有效防止 HNO_2 损失，提高测定结果准确度。近终点时，将滴定管尖端提出液面，用少量水洗涤尖端，继续缓慢滴定至终点。由于近终点时被测物浓度较低，须在最后半滴加入后，搅拌 $1\sim5$ min，再确定是否到达终点。

③苯环上取代基的类型。在氨基的对位有吸电基团时，会加快反应速度；有斥电基团时，会减慢反应速度。加入适量的 KBr 可起催化作用，加速重氮化反应进行。

（2）指示剂。

亚硝酸钠滴定法常用的指示剂为含氯化锌的碘化钾-淀粉糊或碘化钾-淀粉试纸，其中氯化锌起防腐作用。达到化学计量点时，稍微过量的 $NaNO_2$ 标准溶液可将 KI 氧化生成 I_2。

$$2NO_2^- + 2I^- + 4H^+ \rightleftharpoons I_2 + 2NO\uparrow + 2H_2O$$

生成的 I_2 与淀粉作用呈蓝色而指示终点。需注意的是，在滴定时，该指示剂不能加到被测溶液中，否则滴入的 $NaNO_2$ 标准溶液将优先于 KI 反应而不能指示终点。常将该种指示剂滴加在另外的表面皿或瓷板上，也称为外指示剂。临近终点时，用玻璃棒蘸取少许被滴定溶液，滴在指示剂液滴上，如果呈现蓝色，则指示滴定终点的到达。

（3）$NaNO_2$ 标准溶液的配制与标定。

$NaNO_2$ 标准溶液采用间接法配制。其水溶液不稳定，放置过程中浓度会逐渐下降。在配制时，常加入少许 Na_2CO_3（稳定剂），并控制溶液 pH=10，可维持其浓度在 3 个月内稳定。配制后的溶液应存放在棕色瓶内，密闭保存。

$NaNO_2$ 标准溶液的标定常用的基准物为对氨基苯磺酸，其标定反应为

$$H_2N-\!\!\!\!\bigcirc\!\!\!\!-SO_3H + NaNO_2 + 2HCl \rightleftharpoons [N\equiv N-\!\!\!\!\bigcirc\!\!\!\!-SO_3H]^+Cl^- + NaCl + 2H_2O$$

思 考 题

1. 氧化还原反应的实质是什么？有什么特点？条件电极电位的含义及在氧化还原滴定中的意义如何？

2. 氧化还原滴定的主要依据是什么？它与酸碱滴定法、络合滴定法有什么异同点？应用氧化还原滴定法可以测定哪些物质？

3. 如何判断一个氧化还原反应能否进行完全？

4. 是否平衡常数大的氧化还原反应就能应用于氧化还原滴定中？为什么？

5. 能用于氧化还原滴定法的反应应具备哪些主要条件？

6. 影响氧化还原反应速度的主要因素有哪些？如何加速反应的完成？在分析中是否都能利用加热的办法来加速反应的进行？为什么？

7. 氧化还原滴定常用的指示剂有哪些类型？各用于哪种氧化还原滴定法中？如何判断滴定终点？

8. 氧化还原指示剂的变色原理及其选择原则与酸碱指示剂有何异同？

9. 常用的氧化还原滴定法有哪些？各种方法的原理及特点是什么？

10. 解释下列现象：

(1) $\varphi_{I_2/I^-}^{\ominus}$ (0.53 V) $> \varphi_{Cu^{2+}/Cu^+}^{\ominus}$ (0.159 V)，但是 Cu^{2+} 却能将 I^- 氧化为 I_2。

(2) Fe^{2+} 的存在加速 $KMnO_4$ 氧化 Cl^- 的反应。

(3) 以 $KMnO_4$ 滴定 $C_2O_4^{2-}$ 时，滴入 $KMnO_4$ 的红色消失速度由慢到快。

(4) 于 $K_2Cr_2O_7$ 标准溶液中加入过量 KI，以淀粉为指示剂，用 $Na_2S_2O_3$ 溶液滴定至终点时，溶液由蓝色变为绿色。

11. 配平下列各反应式，并指出反应中氧化剂和还原剂的基本单元。

(1) $I_2 + Na_2S_2O_3 \longrightarrow NaI + Na_2S_4O_6$

(2) $FeSO_4 + K_2Cr_2O_7 + H_2SO_4 \longrightarrow Fe_2(SO_4)_3 + Cr_2(SO_4)_3 + K_2SO_4 + H_2O$

(3) $Na_2C_2O_4 + KMnO_4 + H_2SO_4 \longrightarrow Na_2SO_4 + MnSO_4 + CO_2 \uparrow + K_2SO_4 + H_2O$

12. 指出下列反应中有机物的基本单元。

(1) 乙醛与 $NaHSO_3$ 定量反应，过量的 $NaHSO_3$ 用 I_2 溶液滴定。

$$CH_3CHO + NaHSO_3 = CH_3CH_2(OH)SO_3Na$$
$$NaHSO_3 + I_2 + H_2O = NaHSO_4 + 2HI$$

(2) 苯酚与 Br_2 发生溴代反应，过量的 Br_2 用碘量法测定。

习　　题

1. 用 KIO_3 作基准物标定 $Na_2S_2O_3$ 溶液。称取 0.1500 g KIO_3 与过量的 KI 作用，生成的碘用 $Na_2S_2O_3$ 溶液滴定，终点用去 24.00 mL。计算 $Na_2S_2O_3$ 溶液的浓度。

(0.175 2 mol·L^{-1})

2. 称取石灰石试样 0.1602 g，溶解在 HCl 溶液中，加入沉淀剂将钙沉淀为 CaC_2O_4，沉淀经过滤、洗涤后溶于稀 H_2SO_4 中，用 0.024 06 mol·L^{-1} 的 $KMnO_4$ 溶液滴定，终点用去 20.70 mL。计算石灰石中 $CaCO_3$ 的质量分数 (%)。

(77.80%)

3. 称取铜矿试样 0.6000 g，经处理后用 $Na_2S_2O_3$ 标准溶液滴定，终点用去 20.00 mL。已知 1 mL $Na_2S_2O_3$ 相当于 0.004 175 g $KBrO_3$。计算试样中 Cu 和 Cu_2O 的质量分数 (%)。

(31.71%；35.77%)

4. 称取铬铁矿样品 0.5000 g，用 Na_2O_2 熔融，将其中的 Cr^{3+} 氧化为 $Cr_2O_7^{2-}$，然后加入 10 mL 3 mol·L^{-1} H_2SO_4 及 50.00 mL 0.1200 mol·L^{-1} 硫酸亚铁铵溶液处理，过量 Fe^{2+} 需要 15.05 mL $K_2Cr_2O_7$ (1 mL $K_2Cr_2O_7$ 相当于 0.006 000 g Fe) 溶液进行氧化。计算试样以 Cr 和 Cr_2O_3 表示的质量分数 (%)。

(15.19%；22.21%)

5. 称取含 KI 试样 1.000 g，溶于水，加 10.00 mL 0.050 00 mol·L^{-1} KIO_3 溶液反应后，煮沸除去生成的 I_2。冷却后加入过量 KI 溶液，使之与剩余的 KIO_3 反应，生成的 I_2 用 0.100 8 mol·L^{-1} $Na_2S_2O_3$ 溶液滴定，终点用去 21.14 mL。计算试样中 KI 的质量分数 (%)。

(12.02%)

6. 某硅酸盐试样 1.000 g，用重量法测得 Fe_2O_3 和 Al_2O_3 的总量为 0.500 0 g，将沉淀溶

解在酸性溶液中，并将 Fe^{3+} 还原为 Fe^{2+}，然后用 $0.030\ 00\ mol \cdot L^{-1}$ $K_2Cr_2O_7$ 溶液滴定，终点去 25.00 mL。计算试样中 FeO 和 Al_2O_3 的质量分数（%）。

（32.33%；17.67%）

7. 测定血液中钙的浓度。将样品中的钙以 CaC_2O_4 的形式完全沉淀，将沉淀过滤、洗涤后溶于硫酸中，然后用 $0.002\ 000\ mol \cdot L^{-1}$ $KMnO_4$ 溶液滴定，终点用去 2.45 mL。计算血液中钙的浓度（$mol \cdot L^{-1}$）。

（$0.015\ 3\ mol \cdot L^{-1}$）

8. 称取苯酚试样 0.418 4 g，用 NaOH 溶液溶解后，定量转移至 250 mL 量瓶中并用水稀释至刻度。移取此溶液 25.00 mL 于碘瓶中，加 25.00 mL 溴液（$KBrO_3 + KBr$）及适量的盐酸和 KI。定量生成的 I_2 用 $0.110\ 0\ mol \cdot L^{-1}$ $Na_2S_2O_3$ 标准溶液滴定，终点用去20.02 mL。另移取溴液 25.00 mL 做空白实验，终点用去 $Na_2S_2O_3$ 标准溶液 40.20 mL。计算试样中苯酚的质量分数（%）。

（83.22%）

9. 精密量取乙醇样品 5.00 mL，置于 1 L 量瓶中，用水稀释至刻度。移取本稀释液 25.00 mL 于锥形瓶中，加入稀硫酸 10 mL，再加入 50.00 mL $0.020\ 00\ mol \cdot L^{-1}$ $K_2Cr_2O_7$ 标准溶液。反应完全后，加入 20.00 mL $0.125\ 3\ mol \cdot L^{-1}$ Fe^{2+} 溶液，剩余的 Fe^{2+} 用 $0.020\ 00\ mol \cdot L^{-1}$ $K_2Cr_2O_7$ 溶液返滴定，终点用去 7.46 mL。计算试样中 C_2H_5OH 的浓度（$g \cdot L^{-1}$）。

已知化学反应为

$$3C_2H_5OH + 2Cr_2O_7^{2-} + 16H^+ \rightleftharpoons 4Cr^{3+} + 3CH_3COOH + 11H_2O$$

（$404.4\ g \cdot L^{-1}$）

10. 用 $0.083\ 62\ mol \cdot L^{-1}$ 硫酸亚铁标准溶液测定 0.235 5 g 试样中 $KClO_3$ 的含量，终点用去 12.99 mL。计算试样中 $KClO_3$ 的质量分数（%）。

已知化学反应为

$$ClO_3^- + 6Fe^{2+} + 6H^+ \rightleftharpoons Cl^- + 3H_2O + 6Fe^{3+}$$

（9.42%）

11. 称取含维生素 C（$C_6H_8O_6$）的试样 0.216 8 g，加新煮沸放冷的蒸馏水 100 mL 和稀醋酸 10 mL，加淀粉指示剂后，用 $0.050\ 00\ mol \cdot L^{-1}$ I_2 标准溶液滴定，终点用去 24.31 mL。计算试样中维生素 C 的质量分数（%）。（$M_{C_6H_8O_6} = 176.1\ g \cdot mol^{-1}$）

（98.73%）

12. 称取含二氧化锰的试样 0.400 0 g，加酸使其溶解并转化为 Mn^{2+}，加入基准物 $Na_2C_2O_4$ 0.670 0 g，使 Mn^{2+} 沉淀为 MnC_2O_4。反应完全后，用 $0.020\ 00\ mol \cdot L^{-1}$ $KMnO_4$ 标准溶液返滴定过量的 $Na_2C_2O_4$，终点用去 40.00 mL。计算试样中 MnO_2 的质量分数（%）。

（65.20%）

13. 用氧化还原滴定法测定试样中钡的含量。称取试样 0.256 7 g，将试样中 Ba^{2+} 用过量 KIO_3 沉淀为 $Ba(IO_3)_2$，然后加入过量的 KI，生成的 I_2 用 $0.105\ 6\ mol \cdot L^{-1}$ $Na_2S_2O_3$ 标准溶液滴定，终点用去 8.56 mL。计算试样中钡的质量分数（%）。

（4.03%）

14. 称取 Pb_2O_3 试样 1.234 g，加入 20.00 mL $0.250\ 0\ mol \cdot L^{-1}$ $H_2C_2O_4$ 溶液，使

Pb(Ⅳ) 还原 Pb(Ⅱ)。将溶液用氨水中和后，使 Pb^{2+} 定量沉淀为 PbC_2O_4。过滤，将滤液酸化后，用 $0.040\ 00\ mol \cdot L^{-1}$ $KMnO_4$ 标准溶液滴定，终点用去 10.00 mL。沉淀用酸溶解后，用同一 $KMnO_4$ 标准溶液滴定，终点用去 30.00 mL。计算试样中 PbO 和 PbO_2 的质量分数（%）。

(36.18%，19.38%)

15. 称取丙酮试样 1.000 g，定容于 250 mL 容量瓶中。移取 25.00 mL 于含有 NaOH 溶液的碘量瓶中，加入 $50.00\ mL$ $0.050\ 00\ mol \cdot L^{-1}$ I_2 标准溶液，放置一定时间后，加 H_2SO_4 调节溶液呈弱酸性，立即用 $0.100\ 0\ mol \cdot L^{-1}$ $Na_2S_2O_3$ 标准溶液滴定过量的 I_2，终点用去 10.00 mL。计算试样中丙酮的质量分数（%）。

丙酮与碘的反应为

$$CH_3COCH_3 + 3I_2 + 4NaOH = CH_3COONa + 3NaI + 3H_2O + CHI_3$$

(38.71%)

16. 称取铁矿石试样 0.500 0 g，用酸溶解后加 $SnCl_2$，将 Fe^{3+} 还原为 Fe^{2+}，然后用 $KMnO_4$ 标准溶液滴定，终点用去 24.50 mL。已知 1 mL $KMnO_4$ 溶液相当于 0.012 60 g $H_2C_2O_4 \cdot 2H_2O$，计算试样中 Fe 的质量分数（%）。

(54.73%)

17. 已知在酸性溶液中，$KMnO_4$ 与 Fe^{2+} 反应时，1.00 mL $KMnO_4$ 溶液相当于 0.111 7 g Fe，而 10.00 mL $KHC_2O_4 \cdot H_2C_2O_4$ 溶液在酸性介质中恰好与 2.00 mL 上述 $KMnO_4$ 溶液完全反应。问需多少毫升 $0.200\ 0\ mol \cdot L^{-1}$ NaOH 溶液才能与 10.00 mL $KHC_2O_4 \cdot H_2C_2O_4$ 溶液完全中和？

(15.00 mL)

18. 用基准物重铬酸钾标定硫代硫酸钠溶液。称取重铬酸钾 0.501 2 g，用水溶解并稀释至 100.0 mL。移取 20.00 mL，加入硫酸溶液和碘化钾溶液后，用硫代硫酸钠溶液滴定，终点用去 20.05 mL。计算硫代硫酸钠溶液的浓度。

($0.102\ 0\ mol \cdot L^{-1}$)

19. 称取胆矾试样（含 $CuSO_4 \cdot 5H_2O$）0.558 0 g，用碘量法测定，终点用去 $0.102\ 0\ mol \cdot L^{-1}$ 硫代硫酸钠标准溶液 20.58 mL。计算试样中 $CuSO_4 \cdot 5H_2O$ 的质量分数。

(93.9%)

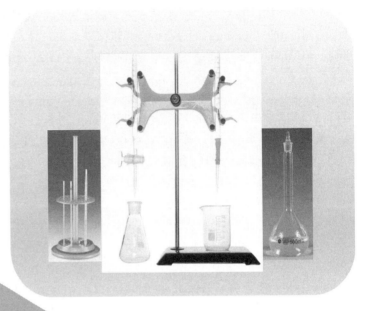

第7章 沉淀滴定法

第 7 章 沉淀滴定法

沉淀滴定法（precipitation titration）是以沉淀反应为基础的一种滴定分析方法。沉淀反应很多，但只有少数沉淀反应能用于沉淀滴定分析。多数沉淀反应由于沉淀组成不恒定、溶解度较大、沉淀不完全、共沉淀等原因，不能用于沉淀滴定。

能够用于滴定的沉淀反应必须满足以下条件：

（1）沉淀反应必须迅速、定量地进行；

（2）生成的沉淀应具有恒定的组成，并且溶解度小，不易形成过饱和溶液；

（3）能够用适当的方法确定滴定终点；

（4）沉淀吸附现象不影响终点的确定。

目前能够满足上述条件的沉淀滴定反应十分有限。实际应用的沉淀反应主要是生成难溶性银盐 AgX 的反应。以生成难溶银盐反应为基础的沉淀滴定法称为银量法（aregentometric method）。银量法主要用于测定 Cl^-、Br^-、I^-、Ag^+、CN^-、SCN^- 等离子。

银量法分为直接滴定法和返滴定法。直接滴定法是用 $AgNO_3$ 标准溶液滴定样品溶液中被测离子。返滴定法是先在样品溶液中加入定量、过量的 $AgNO_3$ 标准溶液，再用 NH_4SCN 标准溶液滴定反应剩余的 $AgNO_3$ 溶液。

7.1 银量法的基本原理

1. 滴定曲线

在沉淀滴定过程中，加入的标准溶液的体积或滴定百分数与被测离子浓度（或其负对数）的变化可以用滴定曲线表示。下面以 $0.100\ 0\ mol \cdot L^{-1}$ $AgNO_3$ 溶液滴定相同浓度 $20.00\ mL\ NaCl$ 溶液为例，说明沉淀滴定过程中的相关计算和滴定曲线。

（1）滴定开始前

$$[Cl^-] = 0.100\ 0\ mol \cdot L^{-1} \qquad pCl = -lg0.100\ 0 = 1.00$$

（2）滴定开始至化学计量点前，液中的 $[Cl^-]$ 取决于反应剩余的 NaCl。

例如，在化学计量点（sp）前，加入 $AgNO_3$ 溶液 19.98 mL（sp 前 -0.1%）时，溶液中 $[Cl^-]$ 为

$$[Cl^-] = \frac{0.1000 \times 0.02}{20.00 + 19.98} = 5.0 \times 10^{-5}\ (mol \cdot L^{-1})$$

则

$$pCl = 4.30$$

此时，也可利用溶度积计算溶液中的 $[Ag^+]$：

$$[Ag^+] = \frac{K_{sp}}{[Cl^-]} = \frac{1.8 \times 10^{-10}}{5.0 \times 10^{-5}} = 3.6 \times 10^{-6}\ (mol \cdot L^{-1})$$

则

$$pAg = 5.44$$

（3）化学计量点时，$[Ag^+]=[Cl^-]$，可采用溶度积计算 $[Ag^+]$ 和 $[Cl^-]$：

$$K_{sp}=[Ag^+][Cl^-]=1.8\times10^{-10}$$

$$[Ag^+]=[Cl^-]=1.3\times10^{-5}\ mol\cdot L^{-1}$$

则
$$pAg=pCl=4.89$$

（4）化学计量点后，溶液的 $[Ag^+]$ 取决于过量的 $AgNO_3$ 浓度。

例如，当加入 $AgNO_3$ 溶液 20.02 mL（sp 后 +0.1%）时，$[Ag^+]=5.0\times10^{-5}\ mol\cdot L^{-1}$。因此，$pAg=4.30$，$pCl=9.74-4.30=5.44$。

按照上述计算方法可以计算出在沉淀滴定过程中，加入任一体积或滴定百分数标准溶液后对应的 pCl 和 pAg。同样，也可得到滴定同浓度溴化钾 KBr 溶液时 pBr 和 pAg 的变化。计算得到的相应数据见表 7—1，滴定曲线如图 7—1 所示。

表 7—1　以 0.100 0 mol·L⁻¹ AgNO₃ 溶液滴定等浓度 20.00 mL NaCl 溶液
或 KBr 溶液时 pAg 和 pCl 或 pBr 的变化

加入 AgNO₃ 溶液量		滴定 Cl⁻		滴定 Br⁻	
mL	%	pCl	pAg	pBr	pAg
0	0	1.0		1.0	
18.00	90.0	2.3	7.5	2.3	10.0
19.80	99.0	3.3	6.5	3.3	9.0
19.98	99.9	4.3	5.5	4.3	8.0
20.00	100.0	4.9	4.9	6.2	6.2
20.02	100.1	5.5	4.3	8.0	4.3
20.20	101.0	6.5	3.3	9.0	3.3
22.00	110.0	7.5	2.3	10.0	2.3

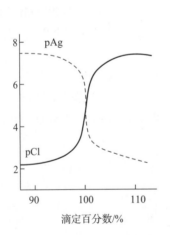
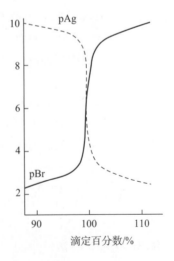

图 7—1　以 0.100 0 mol·L⁻¹ AgNO₃ 溶液分别滴定相同浓度的
NaCl 溶液和 KBr 溶液的滴定曲线

由图 7-1 所示的沉淀滴定曲线可以看到：

(1) pX 与 pAg 两条曲线在化学计量点处相交并呈对称状。这表示随着滴定的进行，溶液中 Ag^+ 浓度增加时，X^- 浓度以相同的比例减小；两条曲线在化学计量点相交，表明此时两种离子的浓度相等。

(2) 与酸碱滴定曲线相似，滴定开始时溶液中 X^- 浓度较高，滴入 Ag^+ 所引起的 X^- 浓度变化较小，曲线比较平坦；近化学计量点时，滴入少量 Ag^+ 即引起 X^- 浓度发生很大变化，出现明显的滴定突跃。

(3) 沉淀滴定突跃范围的大小取决于沉淀的溶度积常数 K_{sp} 和溶液的浓度。K_{sp} 越小，滴定突跃范围越大。例如，$K_{sp}(AgI) < K_{sp}(AgBr) < K_{sp}(AgCl)$，所以 $AgNO_3$ 溶液滴定相同浓度的 Cl^-、Br^- 和 I^- 时（图 7-2），滴定突跃范围大小依次为：$I^- > Br^- > Cl^-$。溶液浓度也会影响沉淀滴定突跃范围。溶液浓度增大，会使滴定突跃范围变大。

2. 分步滴定

当样品溶液中同时含有 Cl^-、Br^- 和 I^- 时，如果这些离子浓度相近，可以利用 AgI、AgBr 和 AgCl 沉淀溶度积的较大差异对这些离子进行分步滴定（图 7-2），即用 $AgNO_3$ 溶液连续滴定不同离子，测定这些离子的含量。当这些离子共存时，最先被滴定的是溶度积最小的 I^-，其次是 Br^-，最后是 Cl^-。需要注意的是，由于卤化银沉淀的吸附和生成混晶的作用，混合离子的分步滴定具有一定的测定误差。

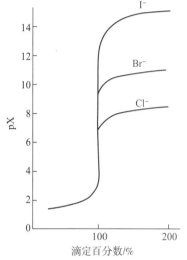

图 7-2　$AgNO_3$ 溶液滴定 Cl^-、Br^- 和 I^- 溶液的滴定曲线

7.2　银量法滴定终点的确定方法

沉淀滴定法中常用指示剂确定滴定终点。此外，也可以用电位滴定法确定终点。现以银量法为例，介绍三种指示剂确定终点的方法，分别称为铬酸钾指示剂法、铁铵矾指示剂法和吸附指示剂法。

一、铬酸钾指示剂法——莫尔（mohr）法

1. 原理

以铬酸钾为指示剂的银量法称为铬酸钾指示剂法或莫尔法。下面以测定 Cl^- 为例介绍铬酸钾指示剂法确定滴定终点的原理。在含有 Cl^- 的中性溶液中，加入 K_2CrO_4 指示剂，用 $AgNO_3$ 标准溶液滴定。在 $AgNO_3$ 溶液滴定过程中，AgCl 先生成沉淀。这是因为 AgCl 的溶解度小于 Ag_2CrO_4 的溶解度。待 AgCl 沉淀完全后，稍过量的 $AgNO_3$ 溶液即与 K_2CrO_4 反应生成砖红色的 Ag_2CrO_4 沉淀，指示滴定终点的到达。

滴定反应　　　　　　$Ag^+ + Cl^- \!=\! AgCl \downarrow$　　　$K_{sp} = 1.8 \times 10^{-10}$

滴定终点时　　　$2Ag^+ + CrO_4^{2-} \!=\! Ag_2CrO_4 \downarrow$　　$K_{sp} = 2.0 \times 10^{-12}$

2. 滴定注意事项

（1）滴定应在中性或弱碱性（pH＝6.5～10.5）溶液中进行。在酸性下，CrO_4^{2-} 将与 H^+ 作用生成 $HCrO_4^-$，使 CrO_4^{2-} 的浓度降低，影响 Ag_2CrO_4 沉淀的生成。

$$2H^+ + 2CrO_4^{2-} \rightleftharpoons 2HCrO_4^- \rightleftharpoons Cr_2O_7^{2-} + H_2O$$

在强碱性溶液中，会生成 Ag_2O 沉淀，影响沉淀滴定。对酸性或碱性较强的样品溶液，可先加入碱或酸调节溶液 pH 至所需范围。对酸性较强的样品溶液，可加入 $NaHCO_3$、$CaCO_3$、$Na_2B_4O_7$ 等试剂调节溶液 pH；对碱性较强的样品溶液，可加入稀 H_2SO_4 溶液使样品溶液中和至甲基红变橙色，再滴加稀 NaOH 至橙色变黄色，然后再进行滴定。

（2）指示剂 K_2CrO_4 的用量对指示终点有较大影响。CrO_4^{2-} 浓度过高或过低，Ag_2CrO_4 沉淀的析出就会过早或过迟，产生终点误差，因此，Ag_2CrO_4 沉淀应该最好在滴定反应至化学计量点时产生，减小滴定误差。从理论上可以计算出化学计量点时所需要的 CrO_4^{2-} 浓度，即

$$[Ag^+] = [Cl^-] = \sqrt{K_{sp,AgCl}} = \sqrt{1.8 \times 10^{-10}} = 1.3 \times 10^{-5} \ (mol \cdot L^{-1})$$

$$[CrO_4^{2-}] = \frac{K_{sp,Ag_2CrO_4}}{[Ag^+]^2} = \frac{2.0 \times 10^{-12}}{(1.3 \times 10^{-5})^2} = 1.2 \times 10^{-2} \ (mol \cdot L^{-1})$$

在滴定时，由于 K_2CrO_4 显黄色，当其浓度较高时，颜色较深，不易判断砖红色沉淀的出现，因此指示剂的浓度略低为好，一般 CrO_4^{2-} 浓度约为 5×10^{-3} mol·L^{-1}。当 K_2CrO_4 浓度较低时，为生成 Ag_2CrO_4 沉淀，终点时须加入稍过量的 $AgNO_3$ 溶液。只要滴定终点误差小于 0.1%，就不影响分析结果的准确度。但是，溶液浓度较低时，会影响分析结果的准确度。在这种情况下，常需采用指示剂的空白值对测定结果进行校正。

（3）莫尔法能测定 Cl^- 和 Br^-，但不适用于测定 I^- 和 SCN^-。这是由于 AgI 或 AgSCN 沉淀能强烈吸附 I^- 或 SCN^-，使终点提前且终点变化不明显。在测定 Cl^- 或 Br^- 时，也存在 AgCl 或 AgBr 沉淀吸附溶液中过量的 Cl^- 或 Br^- 的现象，故滴定时必须用力摇动，使被吸附的离子解吸出来。AgBr 吸附 Br^- 比 AgCl 吸附 Cl^- 严重，滴定时更要注意用力摇动，否则会引入较大误差。

（4）莫尔法不能在含有氨或其他能与 Ag^+ 生成络合物的物质存在下滴定，否则会增大 AgCl 和 Ag_2CrO_4 的溶解度，影响测定结果。

（5）莫尔法选择性较差。当溶液中存在能与 Ag^+ 产生沉淀的阴离子（例如 PO_4^{3-}、AsO_4^{3-}、CO_3^{2-}、S^{2-}、$Cr_2O_4^{2-}$ 等），或能与 CrO_4^{2-} 生成沉淀的阳离子（例如 Ba^{2+}、Pb^{2+}），以及在中性或弱碱性溶液中发生水解的离子（例如 Fe^{3+}、Al^{3+}、Sn^{4+} 等）时，均会对分析测定有干扰，应预先将这些干扰离子分离。

3. 应用范围

莫尔法主要用于 Cl^-、Br^- 和 CN^- 的测定，不适于测定 I^- 和 SCN^-，也不适于用 NaCl 标准溶液直接滴定 Ag^+。这是因为在 Ag^+ 试液中加入 K_2CrO_4 指示剂，将立即生成大量的 Ag_2CrO_4 沉淀。在用 NaCl 标准溶液滴定时，Ag_2CrO_4 沉淀转变为 AgCl 沉淀的速度极慢，使终点推迟。因此，若用铬酸钾指示剂法测定 Ag^+，必须采用返滴定方式，即先加入定量过量的 NaCl 标准溶液，然后加入指示剂，再用 $AgNO_3$ 标准溶液返滴定反应剩余的 Cl^-。

二、铁铵矾指示剂法——佛尔哈德（volhard）法

以铁铵矾 $[NH_4Fe(SO_4)_2 \cdot 12H_2O]$ 为指示剂的银量法称为铁铵矾指示剂法或佛尔哈

德法。本法可采用直接滴定和返滴定两种方式进行。

1. 原理

（1）直接滴定。在 HNO_3 介质中，以铁铵矾为指示剂，用 NH_4SCN 标准溶液滴定溶液中的 Ag^+，生成 AgSCN 白色沉淀。当 AgSCN 沉淀完全后，稍过量的 SCN^- 与铁铵矾中的 Fe^{3+} 反应生成红色的 $[Fe(SCN)]^{2+}$ 络合物而指示终点的到达。

滴定反应　　　　　　$Ag^+ + SCN^- = AgSCN\downarrow$（白色）　　　$K_{sp} = 1.0 \times 10^{-12}$

滴定终点反应　　　$Fe^{3+} + SCN^- = [Fe(SCN)]^{2+}$（红色）　$K = 200$

滴定时，溶液的酸浓度一般控制在 $0.1 \sim 1 \ mol \cdot L^{-1}$。酸度低时，$Fe^{3+}$ 易于水解。终点时，Fe^{3+} 的浓度一般控制为 $0.015 \ mol \cdot L^{-1}$。浓度高时，Fe^{3+} 的黄色会干扰终点的观察。由于 AgSCN 沉淀要吸附溶液中的 Ag^+，使得 Ag^+ 浓度降低，SCN^- 浓度增加，使终点提前，因此，滴定过程中需用力摇动，使被吸附的 Ag^+ 释出。

（2）返滴定。在含有卤素离子的 HNO_3 溶液中，加入定量过量的 $AgNO_3$ 标准溶液，以铁铵矾作指示剂，用 NH_4SCN 标准溶液返滴过量的 $AgNO_3$。

滴定前反应　　　　　　　　$Ag^+ + X^- = AgX\downarrow$

滴定反应　　　　　Ag^+（剩余）$+ SCN^- = AgSCN\downarrow$

滴定终点反应　　　　　　　$Fe^{3+} + SCN^- = [Fe(SCN)]^{2+}$（红色）

由于滴定在硝酸介质中进行，一些弱酸盐（例如 PO_4^{3-}、AsO_3^{3-}、S^{2-} 等）不会干扰卤素离子的测定，因此本法选择性高。

由于 AgSCN 的溶解度小于 AgCl 的溶解度，在临近终点时，加入的 SCN^- 可能会与 AgCl 作用，使 AgCl 转化为 AgSCN，即

$$AgCl + SCN^- = AgSCN\downarrow + Cl^-$$

如果用力摇动溶液，反应将不断向右进行，直至达到平衡。显然，到达终点时，可能会多消耗 NH_4SCN 标准溶液，带来滴定误差。

为了避免上述滴定误差，通常采取以下两种措施：

（1）试液中加入定量过量的 $AgNO_3$ 标准溶液之后，将溶液煮沸，使 AgCl 凝聚，以减少 AgCl 沉淀对 Ag^+ 的吸附。滤去沉淀，并用稀 HNO_3 充分洗涤沉淀，将洗涤液并入滤液中，然后用 NH_4SCN 标准溶液返滴滤液中过量的 Ag^+。

（2）试液中加入定量过量的 $AgNO_3$ 标准溶液之后，加入硝基苯 $1 \sim 2 \ mL$。在用力振摇后，AgCl 沉淀进入硝基苯层中，不再与滴定溶液接触，可以避免 SCN^- 与 AgCl 沉淀发生转化反应。需要注意：硝基苯具有毒性，使用时要注意使用安全。

（3）提高 Fe^{3+} 的浓度（约为 $0.2 \ mol \cdot L^{-1}$），可以降低终点时 SCN^- 的浓度，因而减小滴定误差。

2. 滴定条件

滴定应在 HNO_3 溶液中进行，一般控制酸浓度在 $0.1 \sim 1 \ mol \cdot L^{-1}$。酸度低时，因 Fe^{3+} 水解生成颜色较深的 $[Fe(H_2O)_5OH]^{2+}$ 络合物而影响终点的观察，甚至产生沉淀而失去指示剂的作用。

3. 应用范围

采用直接滴定可以测定 Ag^+ 等；采用返滴定可以测定 Cl^-、Br^-、I^-、SCN^- 等离子。

三、吸附指示剂法——法扬司（Fajans）法

用吸附指示剂指示终点的银量法称为吸附指示剂法或法扬司法。吸附指示剂种类较多，常用的吸附指示剂见表7-2。

表7-2　常用的吸附指示剂

指示剂名称	测定离子	滴定剂	适用的pH范围
荧光黄	Cl^-	Ag^+	7~10（一般为7~8）
二氯荧光黄	Cl^-	Ag^+	4~10（一般为5~8）
曙红	Br^-、I^-、SCN^-	Ag^+	2~10（一般为3~8）
甲基紫	SO_4^{2-}、Ag^+	Ba^{2+}、Cl^-	1.5~3.5
溴酚蓝	Hg_2^{2+}	Cl^-、Br^-	酸性溶液
罗丹明6G	Ag^+	Br^-	酸性溶液

1. 原理

吸附指示剂是一些有机染料，其阴离子在溶液中易被带正电荷的胶状沉淀所吸附，吸附后因结构的改变引起颜色的变化而指示滴定终点。

下面以荧光黄指示剂为例，说明其如何指示 $AgNO_3$ 滴定 Cl^- 的终点。荧光黄是一种有机弱酸（以 HFIn 表示），在溶液中可解离为荧光黄阴离子 FIn^-（呈黄绿色）。在化学计量点之前，溶液中 Cl^- 过量，这时 AgCl 沉淀胶粒吸附 Cl^- 而带负电荷，FIn^- 因受静电排斥不被吸附，溶液呈黄绿色。在化学计量点后，稍过量的 $AgNO_3$ 使得 AgCl 沉淀胶粒吸附 Ag^+ 而带正电荷。这时溶液中的 FIn^- 被静电吸附，颜色由黄绿色变成粉红色，指示终点的到达。其终点颜色变化可以表示为

$$\underset{\text{（黄绿色）}}{AgCl \cdot Ag^+ +\ FIn^-} \xrightarrow{\text{吸附}} \underset{\text{（粉红色）}}{AgCl \cdot Ag^+ FIn^-}$$

2. 滴定注意事项

（1）由于终点颜色变化发生在沉淀微粒表面，为使终点变色明显，应尽可能增大沉淀的比表面。为此，常加入糊精、淀粉等高分子化合物作为保护胶体，防止 AgCl 沉淀凝聚，使其保持胶体状态和较大的表面积。

（2）溶液的酸度要适度。常用的吸附指示剂大多是有机弱酸，为使指示剂呈阴离子状态，须控制适宜酸度。常用吸附指示剂的适宜 pH 范围见表7-2。例如，以荧光黄（$pK_a=7$）作用指示剂时，溶液的 pH 应为7~10。

（3）滴定中应避免强光照射。卤化银沉淀对光敏感，遇光易分解析出金属银，使沉淀很快转变为灰黑色，影响终点观察。

（4）胶体微粒对指示剂离子的吸附能力应略小于对被测离子的吸附能力，否则指示剂将在化学计量点前变色，但如果吸附能力差，终点会推迟。

卤化银对卤化物和吸附指示剂的吸附能力次序为

$$I^- > SCN^- > Br^- > 曙红 > Cl^- > 荧光黄$$

因此，滴定 Cl^- 时，应选荧光黄作指示剂，不能用曙红。

（5）溶液中被测离子的浓度不能过低。因为浓度太低时，沉淀很少，观察终点比较困难。例如，以荧光黄作指示剂，用 $AgNO_3$ 溶液滴定 Cl^- 时，Cl^- 浓度要求在 $0.005\ mol \cdot L^{-1}$ 以上；但滴定 Br^-、I^-、SCN^- 等的灵敏度稍高，浓度低至 $0.001\ mol \cdot L^{-1}$ 时仍可准确滴定。

3. 应用范围

吸附指示剂法可用于 Cl^-、Br^-、I^-、SCN^-、Ag^+ 及 SO_4^{2-} 等离子的测定。

综上所述，上述三种指示剂法的测定原理、条件和应用各有异同，方法比较见表 7－3。

表 7－3　银量法三种终点指示方法的比较

项目	铬酸钾指示剂法	铁铵矾指示剂法	吸附指示剂法
指示剂	K_2CrO_4	Fe^{3+}	吸附指示剂
滴定剂	$AgNO_3$	SCN^-	Cl^- 或 $AgNO_3$
滴定反应	$2Ag^+ + Cl^- = AgCl$	$SCN^- + Ag^+ = AgSCN$	$Cl^- + Ag^+ = AgCl$
终点指示	$2Ag^+ + CrO_4^{2-} = Ag_2CrO_4$ （砖红色）	$SCN^- + Fe^{3+} = [Fe(SCN)]^{2+}$ （红色）	$AgCl \cdot Ag^+ + FIn^- = AgCl \cdot Ag^+ \cdot FIn^-$（粉红色）
酸度	$pH = 6.5 \sim 10.5$	$0.1 \sim 1\ mol \cdot L^{-1}$ HNO_3 介质	与指示剂的 K_a 有关，控制适宜 pH 使其以 FIn^- 型体存在
测定对象	Cl^-、CN^-、Br^-	直接滴定测 Ag^+；返滴定测 Cl^-、Br^-、I^-、SCN^-	Cl^-、Br^-、SCN^-、SO_4^{2-} 和 Ag^+ 等

7.3　标准溶液的配制与标定

1. $AgNO_3$ 标准溶液

可采用基准物 $AgNO_3$ 直接配制标准溶液，也可配制后用基准物 NaCl 进行标定。配制 $AgNO_3$ 溶液所用的蒸馏水应不含 Cl^-。$AgNO_3$ 溶液见光容易分解，应保存于棕色瓶中。

NaCl 易吸潮，需在 $500 \sim 600\ ℃$ 下干燥后再使用。也可将 NaCl 置于瓷坩埚内，加热至不再有爆破声为止。

2. NH_4SCN 标准溶液

市售的 NH_4SCN 试剂含杂质较多，不符合基准物要求，不能用直接法配制。可用 $AgNO_3$ 标准溶液按佛尔哈德法中直接滴定的方式进行标定。

7.4　银量法的应用

1. 可溶性氯化物中氯的测定

测定可溶性氯化物中的氯，可按照用 NaCl 标定 $AgNO_3$ 溶液的方法进行。

采用莫尔法进行测定时，必须控制溶液的 $pH = 6.0 \sim 10.5$。

如果试样中含有 PO_4^{3-}、AsO_4^{3-} 等与 Ag^+ 生成沉淀的阴离子，则必须在酸性条件下用佛尔哈德法测定，这样可以避免这些离子的干扰。

2. 有机卤化物中卤素的测定

有机化合物所含卤素多是共价键结合，须经适当处理使其转化为卤离子后，才能用银量法测定。

以农药"666"为例，它是六氯环己烷（$C_6H_6Cl_6$）的简称。通常是将试样与 KOH 的乙醇溶液一起加热回流煮沸，使有机氯以 Cl^- 形式转入溶液，即

$$C_6H_6Cl_6 + 3OH^- = C_6H_3Cl_3 + 3Cl^- + 3H_2O$$

溶液冷却后，用 HNO_3 调至酸性，用佛尔哈德法测定释放出来的 Cl^-。

3. 银合金中银的测定

将试样溶于 HNO_3 制成溶液，反应式为

$$Ag + NO_3^- + 2H^+ = Ag^+ + NO_2 \uparrow + H_2O$$

试样溶解之后，必须煮沸，以除去氮的低价氧化物，避免其与 SCN^- 作用生成红色化合物，影响终点的观察，即

$$HNO_2 + SCN^- + H^+ = NOSCN + H_2O$$
$$（红色）$$

在制得的试液中加入铁铵矾指示剂，用 NH_4SCN 标准溶液滴定，测定试液中的银离子。

思 考 题

1. 试述银量法指示剂的作用原理，并与酸碱滴定法进行比较。

2. 用银量法测定下列试样中 Cl^- 的含量时，选用哪种指示剂指示终点较为合适？
(1) NH_4Cl；(2) $BaCl_2$；(3) $FeCl_2$；(4) $NaCl + Na_3PO_4$；(5) $NaCl + Na_2SO_4$

3. 说明用下述方法进行测定时是否会引入误差。如有误差，指出偏高还是偏低。
(1) 中性溶液中，用莫尔法测定 Br^-；
(2) 在 $pH = 8$ 时，用莫尔法测定 KI 溶液中的 I^-；
(3) 用莫尔法测定 Cl^-，配制的 K_2CrO_4 指示剂溶液浓度低；
(4) 用佛尔哈德法测定 Cl^-，不加硝基苯。

4. 试讨论莫尔法的局限性。

5. 为什么用佛尔哈德法测定 Cl^- 时引入的误差大于测定 Br^- 或 I^- 时的误差？

6. 为了使终点颜色变化明显，使用吸附指示剂应注意哪些问题？

7. 以荧光黄为指示剂标定 $AgNO_3$ 标准溶液时，为何需加入糊精溶液？

习 题

1. 称取基准物 NaCl 0.135 7 g，溶解后加入 30.00 mL $AgNO_3$ 溶液，过量的 $AgNO_3$ 用 NH_4SCN 溶液滴定至终点，用去 2.50 mL。已知滴定 20.00 mL $AgNO_3$ 溶液需要 19.85 mL NH_4SCN 溶液。计算 $AgNO_3$ 溶液和 NH_4SCN 溶液的浓度。

（0.084 49 mol · L^{-1}；0.085 13 mol · L^{-1}）

2. 称取含氯化物的试样 0.226 6 g，溶解后加入 30.00 mL 0.112 1 mol · L^{-1} $AgNO_3$ 溶液，然后用 0.115 8 mol · L^{-1} 的 NH_4SCN 溶液滴定过量的 $AgNO_3$，终点时用去 NH_4SCN

溶液6.50 mL。计算试样中 Cl 的质量分数（%）。

（40.84%）

3. 称取仅含有 NaCl 和 KCl 的试样 0.132 5 g，用 0.103 2 mol·L^{-1} 的 AgNO$_3$ 标准溶液滴定，终点时用去 21.84 mL。计算试样中 NaCl 和 KCl 的质量分数（%）。

（97.28%；2.72%）

4. 某约含 52% NaCl 和 44% KCl 的试样，将试样溶于水后，加入 0.112 8 mol·L^{-1} 的 AgNO$_3$ 溶液 30.00 mL，过量的 AgNO$_3$ 溶液用 NH$_4$SCN 标准溶液滴定，终点时用去 10.00 mL。已知 1.00 mL NH$_4$SCN 相当于 1.15 mL AgNO$_3$ 溶液。计算应称取试样的质量（g）。

（0.14 g）

5. 称取含有 NaCl 和 NaBr 的试样 0.628 0 g，溶解后用 AgNO$_3$ 溶液处理，得到干燥的 AgCl 和 AgBr 沉淀 0.506 4 g。另取同样质量的试样，用沉淀滴定法测定，终点时用去 0.105 0 mol·L^{-1} AgNO$_3$ 溶液 28.34 mL。计算试样中 NaCl 和 NaBr 的质量分数（%）。

（10.97%；29.49%）

6. 某试样为纯 AgCl 和 AgBr 的混合物。称取该试样 0.813 2 g，在 Cl$_2$ 气流中加热，使 AgBr 转化为 AgCl，之后试样质量减小了 0.145 0 g。计算原试样中 Cl 的质量分数（%）。

（6.13%）

7. 取水样 100.0 mL，以铬酸钾为指示剂，用 0.101 6 mol·L^{-1} AgNO$_3$ 溶液滴定，终点用去 8.08 mL；空白样品用去 1.05 mL。计算该水样中氯离子的浓度（mg·L^{-1}）。

（253.2 mg·L^{-1}）

8. 用铁铵矾指示剂法，在 pH＝0.5 下测定含磷酸工业废水中氯离子的浓度。取水样 100.0 mL，加入 20.00 mL 0.118 0 mol·L^{-1} AgNO$_3$ 溶液，加硝酸苯保护沉淀后，再用 0.101 7 mol·L^{-1} KSCN 溶液滴定，终点用去 6.53 mL。计算废水中氯离子浓度（mg·L^{-1}）。

（601.2 mg·L^{-1}）

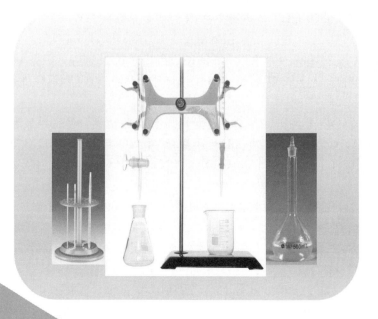

第8章　重量分析法

第 8 章　重量分析法

重量分析法（gravimetry）是用适当方法先将试样中的被测组分与其他组分分离，转化成一定的称量形式，然后称重，根据称量得到的物质的质量计算被测组分含量的方法，也常简称为重量法。重量分析法根据分析天平称得的物质的质量来计算试样中被测组分的含量，一般不需要基准物质。对于高含量组分的测定，重量分析法测定的相对误差在 $0.1\% \sim 0.2\%$，可以用于硅、硫、磷、镍及一些稀有元素的准确测定。但重量分析法操作烦琐、费时，对低含量组分测定的误差较大。

根据被测组分与其他组分分离方法的不同，重量分析法又分为沉淀重量法、电解法和挥发法，其中以沉淀重量法最常用。

沉淀重量法是使被测组分以难溶化合物的形式沉淀下来，然后测定沉淀的质量。根据沉淀的质量计算出被测组分的含量。例如，测定溶液中 SO_4^{2-} 含量时，在试液中加入过量 $BaCl_2$ 溶液，使 SO_4^{2-} 完全生成难溶的 $BaSO_4$ 沉淀，经过滤、洗涤、干燥后，称量 $BaSO_4$ 沉淀的质量，进而计算试液中硫酸根的含量。沉淀重量法的重要步骤之一是进行沉淀反应，其中沉淀剂的选择与用量、沉淀反应的条件、沉淀中杂质等都会影响测定结果的准确度。

8.1　沉淀重量法对沉淀的要求

沉淀重量法是利用沉淀反应将试样中被测组分转化成难溶物，以"沉淀形"（precipitation form）从溶液中分离出来，经过过滤、洗涤、干燥或灼烧后得到"称量形"（weighing form），根据称量得到的质量计算被测组分含量的方法。其过程可以表示如下：

$$试样溶液＋沉淀剂 \longrightarrow 沉淀形 \downarrow \xrightarrow{过滤、洗涤} \xrightarrow{干燥、灼烧} 称量形$$

重量分析中的沉淀在干燥或灼烧过程中可能会发生化学变化，因而称量形可能与沉淀形相同，也可能不同。例如，在试样中 SO_4^{2-} 的测定中，使其与沉淀剂 $BaCl_2$ 反应生成 $BaSO_4$ 沉淀。因为 $BaSO_4$ 在灼烧过程中不发生化学变化，所以沉淀形和称量形都是 $BaSO_4$。又如，在 Mg^{2+} 的测定中，沉淀形是 $MgNH_4PO_4 \cdot 6H_2O$，灼烧后所得的称量形是 $Mg_2P_2O_7$。

沉淀重量法对沉淀形和称量形分别有以下要求：

1. 对沉淀形的要求

（1）沉淀的溶解度小，沉淀反应完全。

例如，测定试样中 Ca^{2+} 时，不能用 H_2SO_4 作沉淀剂，因为 $CaSO_4$ 的溶解度较大（$K_{sp} = 9.1 \times 10^{-6}$），沉淀反应不完全；常采用草酸铵作为沉淀剂，生成溶解度更小的 CaC_2O_4 沉淀（$K_{sp} = 2.0 \times 10^{-9}$）。

（2）沉淀形易于过滤和洗涤。

颗粒较大的晶形沉淀，在过滤时不易堵塞滤纸孔隙，易于过滤、洗涤，例如 $MgNH_4PO_4 \cdot 6H_2O$。而颗粒细小的晶形沉淀，例如 CaC_2O_4、$BaSO_4$ 等，在过滤、洗涤过程中易出现损失、堵塞孔隙、过滤慢等问题。因此，进行沉淀反应时，必须选择适宜的实验条件，以得到颗粒较大的晶形沉淀，提高测定结果的准确度。

（3）沉淀的纯度高，以保证测定结果的准确性。

（4）沉淀形应易于转化为具有固定组成的称量形。

2. 对称量形的要求

（1）称量形有确定的化学组成，否则无法计算分析结果。

例如，磷钼酸铵虽然是一种溶解度很小的晶形沉淀，但由于它的组成不定，不能作为测定 PO_4^{3-} 的称量形，通常采取磷钼酸喹啉作为测定 PO_4^{3-} 的称量形。

（2）称量形性质稳定。

称量形不易受空气中的水分、CO_2 和 O_2 的影响，否则会影响测定结果。例如，由 $CaC_2O_4 \cdot H_2O$ 灼烧后得到的 CaO 就不宜作为称量形，因为它容易吸收空气中的水分和 CO_2。

（3）称量形的摩尔质量应尽可能大。有利于增大称量形的质量，减小称量误差。

8.2 沉淀的形成与沉淀条件

沉淀一般分为晶形沉淀和无定形沉淀，介于两者之间的为胶状沉淀（例如 AgCl）。沉淀形成的类型除与沉淀本身性质有关外，还与沉淀条件和沉淀的后处理方法有关。为了获得纯净且易于分离洗涤的沉淀，必须了解沉淀的形成过程和影响沉淀生成的条件。

一、沉淀的形成

沉淀的形成一般要经过晶核形成和晶核长大两个过程。将沉淀剂加入试液中，当形成沉淀的离子浓度的乘积超过该条件下沉淀的溶度积时，离子通过相互碰撞聚集成微小的晶核，溶液中的构晶离子向晶核表面扩散，并沉积在晶核上，晶核逐渐长大，生成沉淀微粒。这种由离子形成晶核，再进一步聚集成沉淀微粒的速度称为聚集速度。在聚集的同时，构晶离子在一定晶格中定向排列的速度称为定向速度。如果聚集速度大于定向速度，离子会很快地聚集生成沉淀微粒，不能进行晶格排列，得到的是非晶形沉淀；反之，如果定向速度大于聚集速度，离子较缓慢地聚集成沉淀，能够进行晶格排列，则得到晶形沉淀。

聚集速度（或称为形成沉淀的初始速度）主要由沉淀条件决定，其中最重要的是溶液中生成沉淀物质的过饱和度。聚集速度与溶液相对过饱和度成正比，可用冯韦曼（Von Weimarn）经验公式表示为

$$\nu = K(Q-S)/S \qquad (8-1)$$

式中，ν 为形成沉淀的初始速度（聚集速度）；Q 为加入沉淀剂瞬间生成沉淀物质的浓度；S 为沉淀的溶解度；$(Q-S)$ 为沉淀物质的过饱和度；$(Q-S)/S$ 为相对过饱和度；K 为比例常数，它与沉淀的性质、温度、溶液中存在的其他物质等因素有关。

从式（8-1）可见，相对过饱和度越大，则聚集速度越大。若需减小聚集速度，必须降低相对过饱和度，就是要求沉淀的溶解度（S）大，加入沉淀剂瞬间生成沉淀物质的浓度（Q）较小，这样就可能获得晶形沉淀；反之，若沉淀的溶解度很小，瞬间生成沉淀物质的浓度又很大，则形成非晶形沉淀，甚至形成胶体。例如，在稀溶液中沉淀 $BaSO_4$，通常能获得到细晶形沉淀；若在浓溶液（例如 $0.75\sim3\ mol\cdot L^{-1}$）中，则形成胶状沉淀。

定向速度主要取决于沉淀物质的性质。一般极性强的盐类，例如 $MgNH_4PO_4$、$BaSO_4$、CaC_2O_4 等，具有较大的定向速度，易形成晶形沉淀。而氢氧化物只有较小的定向速度，特别是高价金属离子的氢氧化物，例如 $Fe(OH)_3$、$Al(OH)_3$ 等，结合的 OH^- 越多，定向速度越小，易形成非晶形或胶状沉淀。二价金属离子（例如 Mg^{2+}、Zn^{2+}、Cd^{2+} 等）的氢氧化物含 OH^- 较少，如果条件适当，可能形成晶形沉淀。

二、沉淀条件的选择

为了满足重量分析法对沉淀形的要求，应当根据不同类型沉淀的特点，采用适宜的沉淀条件和相应的后处理。

1. 晶形沉淀

为了获得易于过滤、洗涤的大颗粒晶形沉淀，并减少杂质的包藏，在沉淀过程中必须控制较小的过饱和程度，沉淀后还需陈化。为了得到纯净而易于分离和洗涤的晶形沉淀，要求有较小的聚集速度，这就应选择适当的沉淀条件。

下面以 $BaSO_4$ 沉淀为例说明晶形沉淀条件的选择：

（1）晶形沉淀应在浓度较低的热溶液中进行，并应在不断的搅拌下，缓缓地滴加低浓度沉淀剂。目的是减小溶质的浓度以降低过饱和度，并防止沉淀剂的局部浓度过高。

（2）为了增大 $BaSO_4$ 的溶解度以减小过饱和度，应在沉淀前加入 HCl 溶液。因为 H^+ 能使 SO_4^{2-} 部分质子化，增加 $BaSO_4$ 的溶解度，并能防止钡的弱酸盐的沉淀。增加溶解度所造成的损失，可以在沉淀后期加入过量沉淀剂来补偿。

（3）沉淀完成以后，常将沉淀与母液一起放置一段时间（陈化），其作用是获得完整、颗粒较大、纯净的晶形沉淀。当溶液中不同大小的晶体同时存在时，由于小晶体的溶解度大于较大的晶体的溶解度，当溶液对较大晶体已经达到饱和时，对小晶体尚未达到饱和，因而小晶体会逐渐溶解。溶解到一定程度后，溶液对小晶体为饱和而对大晶体则为过饱和，于是溶液中的构晶离子就会沉积在较大的晶体上。当溶液浓度降低到对大晶体是饱和溶液时，对小晶体已不饱和，小晶体又要继续溶解。这样继续下去，小晶体逐渐消失，大晶体不断长大，最后获得较大颗粒的晶型沉淀。

陈化作用还能使沉淀变得更纯净。这是因为大晶体的比表面较小，吸附杂质量少；同时，由于小晶体溶解，原来吸附、吸留或包藏的杂质将重新进入溶液中，因而提高了沉淀的纯度。加热和搅拌可以增加沉淀的溶解速度和离子在溶液中的扩散速度，因此可以缩短陈化时间。

（4）洗涤 $BaSO_4$ 沉淀时，若测定的是 Ba^{2+}，可用稀硫酸为洗涤液，这样可利用同离子效应减少洗涤过程中沉淀溶解的损失，而硫酸可在灼烧时除去。若是测定 SO_4^{2-}，则选择水为洗涤液。

2. 无定形沉淀

无定形沉淀大多由于溶解度小而无法控制其过饱和度，以至生成微小胶粒沉淀。对于这种类型的沉淀，重要的是使其聚集紧密，便于过滤；同时尽量减少杂质的吸附，使沉淀纯净。

下面以 $Fe_2O_3 \cdot xH_2O$ 沉淀为例说明无定形沉淀条件的选择：

（1）无定形沉淀一般在浓度较大的近沸溶液中进行，沉淀剂加入的速度不必太慢。在浓、热溶液中，离子的水化程度较小，得到的沉淀结构紧密、含水量少，容易聚沉。热溶液还有利于防止胶体溶液的生成，减少杂质的吸附。但是，在浓溶液中也提高了杂质的浓度。为此，在沉淀完毕后，迅速加入大量热水稀释并搅拌，使吸附于沉淀上的过多的杂质解吸，达到稀溶液中的平衡，从而减少杂质的吸附。

（2）无定形沉淀应在大量电解质存在下进行，以使带电荷的胶体粒子相互凝聚、沉降。电解质常采用灼烧时易挥发的铵盐，例如氯化铵、硝酸铵等，这还有助于减少沉淀对其他杂质的吸附。

（3）无定形沉淀聚沉后，应立即趁热过滤，不需陈化。因为陈化不仅不能改善沉淀的形态，反而使沉淀更趋黏结，杂质难以去除。趁热过滤还能大大缩短过滤洗涤的时间。

无定形沉淀吸附杂质严重，一次沉淀很难保证纯净。当共存阳离子较多时，为使铁与其他离子分离，最好将过滤后的沉淀溶解于酸中进行第二次沉淀。

3. 均匀沉淀法（homogeneous precipitation）

在进行沉淀反应时，尽管沉淀剂是在搅拌下缓慢加入的，但仍难以避免沉淀剂在溶液中局部浓度过大的现象。均匀沉淀法是指通过溶液中发生的化学反应，使沉淀剂在溶液中缓慢、均匀地产生，从而缓慢、均匀地生成沉淀。采用均匀沉淀法可以得到颗粒较大、结构紧密、纯净而易过滤的沉淀。

例如，为使溶液中的 Ca^{2+} 与 $C_2O_4^{2-}$ 形成颗粒较大的晶形沉淀，一般是在酸性溶液中加入草酸铵，酸性下其主要型体为 $HC_2O_4^-$ 和 $H_2C_2O_4$；然后加入尿素，加热煮沸，使尿素水解产生 NH_3，即

$$CO(NH_2)_2 + H_2O \xrightarrow{90\ ℃} CO_2 + 2NH_3$$

生成的 NH_3 中和溶液中的 H^+，使溶液的酸度逐渐降低，并使 $[C_2O_4^{2-}]$ 逐渐增加，缓慢均匀地生成 CaC_2O_4 沉淀。在沉淀过程中，因溶液的相对饱和度较小，可以获得颗粒较大的 CaC_2O_4 沉淀。

三、沉淀剂的选择

应根据上述对沉淀的要求来考虑沉淀剂的选择。此外，沉淀剂应具有高选择性，即要求沉淀剂只能与被测组分反应生成沉淀，而与试液中的其他组分不发生反应。例如，丁二酮肟和 H_2S 都可沉淀 Ni^{2+}，但在测定 Ni^{2+} 时常选用丁二酮肟。此外，还应尽可能选用易挥发或易灼烧除去的沉淀剂。这样，沉淀中可能残留少许沉淀剂，也可以借烘干或灼烧而除去。例如，铵盐和有机沉淀剂等。

8.3　沉淀完全的程度与影响沉淀溶解度的因素

利用沉淀反应进行重量分析时，沉淀反应是否进行完全，可以根据反应达到平衡后，溶液中未被沉淀的被测组分的量来衡量。显然，难溶化合物的溶解度越小，沉淀越完全；否则，沉淀就不完全，因此，必须了解难溶化合物的溶解度及影响沉淀溶解度的因素。

一、沉淀平衡和溶度积

难溶化合物 MA 在饱和溶液中的平衡可表示为

$$MA(固) \rightleftharpoons M^+ + A^- \tag{8-2}$$
（溶液）

式中，MA（固）表示固态的 MA，在一定温度下它的活度积 K_{ap} 是常数，即

$$a_{M^+} a_{A^-} = K_{ap} \tag{8-3}$$

式中，a_{M^+} 和 a_{A^-} 是 M^+ 和 A^- 两种离子的活度。根据活度与浓度的关系，得

$$[M^+][A^-]\gamma_{M^+} \gamma_{A^-} = K_{ap} \tag{8-4}$$

式中，γ_{M^+} 和 γ_{A^-} 是两种离子的活度系数，它们与溶液的离子强度有关。

在纯水中，MA 的溶解度很小，设其为 S_o，则

$$[M^+]=[A^-]=S_o \tag{8-5}$$

因为溶解度小，又无其他电解质存在，离子的活度系数可视为 1，故

$$[M^+][A^-]=S_o^2=K_{sp} \tag{8-6}$$

式（8-6）中，K_{sp} 是 MA 的溶度积。由式（8-5）和式（8-6）可见，S_o 是在浓度很低的溶液中，没有其他离子存在时 MA 的溶解度。由 S_o 所得的溶度积 K_{sp} 非常接近于活度积 K_{ap}。一般溶度积表中所列的 K_{sp} 是在浓度很低的溶液中没有其他离子存在时的数值。实际上，溶解度随其他离子存在时的情况不同而变化。因此，溶度积 K_{sp} 只有在一定条件下才是常数。外界条件（例如酸度、络合剂等）发生变化，都会使金属离子浓度或沉淀剂浓度发生变化，因而影响沉淀的溶解度。

二、影响沉淀溶解度的因素

影响沉淀溶解度的因素很多，例如同离子效应、盐效应、酸效应及络合效应等。此外，温度、溶剂、沉淀的颗粒大小和结构也对溶解度有影响，下面分别讨论之。

1. 同离子效应

在沉淀重量法中，常加入过量的沉淀剂，利用同离子效应来降低沉淀的溶解度。例如，用 $BaCl_2$ 将 SO_4^{2-} 沉淀为 $BaSO_4$，$K_{sp,BaSO_4}=1.1\times10^{-10}$，当加入 $BaCl_2$ 的量与 SO_4^{2-} 的量符合化学计量关系时，在 200 mL 溶液中溶解的 $BaSO_4$ 质量为

$$\sqrt{1.1\times10^{-10}}\times233.4\times\frac{200}{1\,000}=0.48\ (\text{mg})$$

显然，此条件下溶解损失的量已超过重量分析的要求，即称量准确度 0.2 mg。

但是，如果加入过量的 $BaCl_2$，则可利用同离子效应来降低 $BaSO_4$ 的溶解度。沉淀达到平衡时，过量的 $[Ba^{2+}]=0.01\ \text{mol}\cdot\text{L}^{-1}$，可计算出 200 mL 中溶解的 $BaSO_4$ 的质量，即

$$\frac{1.1\times10^{-10}}{0.01}\times233.4\times\frac{200}{1\,000}=0.000\,51\ (\text{mg})$$

显然，此时溶解损失的质量已远小于允许量，可以认为沉淀已经完全。

因此，在重量分析中加入过量沉淀剂有利于沉淀完全。沉淀剂过量的程度，应根据沉淀剂的性质来确定。若沉淀剂不易挥发，可以过量 20%～50%；若沉淀剂易挥发除去，则可过量 50%～100%。必须指出，沉淀剂不能过量太多，否则可能引起盐效应、络合效应等副反应，反而使沉淀的溶解度增大。

2. 盐效应

在难溶电解质的饱和溶液中，加入其他强电解质会使难溶电解质的溶解度相比同温度下在纯水中的溶解度增大，这种现象称为盐效应。加入强电解质后，离子强度增大而使离子活

度系数明显减小。由于在一定温度下，K_{ap} 是常数，因而 $[M^+][A^-]$ 必然要增大，致使沉淀的溶解度增大。因此，在利用同离子效应降低沉淀溶解度时，应考虑到盐效应的影响，即沉淀剂不能过量太多。

3. 酸效应

溶液的酸度对沉淀溶解度的影响称为酸效应。酸效应主要是由于溶液中 H^+ 浓度对弱酸、多元酸或难溶酸解离平衡的影响。若沉淀为强酸盐，例如 $BaSO_4$、$AgCl$ 等，其溶解度受酸度影响不大。若沉淀为弱酸盐或多元酸盐，例如 CaC_2O_4、$Ca_3(PO_4)_2$ 等，或难溶酸，例如硅酸、钨酸，以及许多与有机沉淀剂形成的沉淀，则酸效应有明显影响。

现以草酸钙为例来说明酸效应对沉淀溶解度的影响。在草酸钙的饱和溶液中，有

$$[Ca^{2+}][C_2O_4^{2-}]=K_{sp,CaC_2O_4} \tag{8-7}$$

草酸是二元酸，在溶液中具有如下的平衡，即

$$H_2C_2O_4 \underset{+H^+}{\overset{-H^+}{\rightleftharpoons}} HC_2O_4^- \underset{+H^+}{\overset{-H^+}{\rightleftharpoons}} C_2O_4^{2-}$$
$$ (K_{a1}) (K_{a2})$$

在不同酸度下，溶液中存在的沉淀剂的总浓度为

$$[C_2O_4^{2-}]_{总}=[C_2O_4^{2-}]+[HC_2O_4^-]+[H_2C_2O_4]$$

能与 Ca^{2+} 形成沉淀的是 $C_2O_4^{2-}$，而

$$\frac{[C_2O_4^{2-}]_{总}}{[C_2O_4^{2-}]}=\alpha_{C_2O_4^{2-}(H)} \tag{8-8}$$

式中，$\alpha_{C_2O_4^{2-}(H)}$ 为草酸的酸效应系数，其意义与 EDTA 的酸效应系数相同。将式（8-8）代入式（8-7）即得

$$[Ca^{2+}][C_2O_4^{2-}]_{总}=K_{sp,CaC_2O_4}\alpha_{C_2O_4^{2-}(H)}=K'_{sp,CaC_2O_4}$$

通过计算可知，沉淀的溶解度随溶液酸度增大而增大。在 pH=2 时，CaC_2O_4 的溶解损失已超过重量分析要求。为减小测定误差，沉淀反应应在 pH=4～6 的溶液中进行。

例 8-1 $H_2C_2O_4$ 的 $K_{a1}=5.9\times10^{-2}$，$K_{a2}=6.4\times10^{-5}$，计算 pH 分别为 4.0 和 2.0 时，沉淀 CaC_2O_4 的溶解度，已知 $K_{sp}=2.0\times10^{-9}$。

解：当 pH=4.0 时，有

$$\alpha_{C_2O_4^{2-}(H)}=1+\frac{[H^+]}{K_{a2}}+\frac{[H^+]^2}{K_{a2}K_{a1}}=1+\frac{10^{-4}}{6.4\times10^{-5}}+\frac{10^{-8}}{6.4\times10^{-5}\times5.9\times10^{-2}}=2.6$$

此时 CaC_2O_4 的溶解度 S 为

$$S=\sqrt{2.0\times10^{-9}\times2.6}=7.2\times10^{-5} \quad (mol \cdot L^{-1})$$

同理，当 pH=2.0 时，有

$$\alpha_{C_2O_4^{2-}(H)}=1+\frac{[H^+]}{K_{a2}}+\frac{[H^+]^2}{K_{a2}K_{a1}}=1+\frac{10^{-2}}{6.4\times10^{-5}}+\frac{10^{-4}}{6.4\times10^{-5}\times5.9\times10^{-2}}=1.8\times10^2$$

$$S=\sqrt{2.0\times10^{-9}\times1.8\times10^2}=6.1\times10^{-4} \quad (mol \cdot L^{-1})$$

由例 8-1 可知，CaC_2O_4 在 pH=2.0 时的溶解度已超出重量分析要求；在 pH=4.0 时的溶解度是 pH=2.0 时的 1/10。为使测定误差在允许的范围内，沉淀反应应在 pH≥4 的溶液中进行。

4. 络合效应

如果溶液中存在的络合剂，能与生成沉淀的离子形成络合物，则会使沉淀溶解度增大，

甚至不产生沉淀，这种现象称为络合效应。例如，用 Cl^- 沉淀 Ag^+ 时，即

$$Ag^+ + Cl^- = AgCl\downarrow$$

若溶液中有氨水，则 NH_3 与 Ag^+ 络合形成 $[Ag(NH_3)_2]^+$，使 AgCl 在 $0.01\ mol\cdot L^{-1}$ 氨水中的溶解度比在纯水中的溶解度大（约 40 倍）。当氨水的浓度较高时，则不能生成 AgCl 沉淀。又如，在 Ag^+ 溶液中加入 Cl^- 生成 AgCl 沉淀，但若继续加入过量的 Cl^-，则 Cl^- 能与 AgCl 络合生成 $AgCl_2^-$ 和 $AgCl_3^{2-}$ 等离子而使 AgCl 沉淀逐渐溶解。AgCl 在 $0.01\ mol\cdot L^{-1}$ HCl 溶液中的溶解度比其在纯水中的溶解度小，这时同离子效应是主要的。若 $[Cl^-]$ 增加到 $0.5\ mol\cdot L^{-1}$，则 AgCl 的溶解度超过其纯水中的溶解度，此时络合效应的影响已超过同离子效应；若 $[Cl^-]$ 更大，则由于络合效应起主要作用，AgCl 沉淀可能不出现。因此，用 Cl^- 沉淀 Ag^+ 时，必须严格控制 Cl^- 浓度。应该指出，络合效应使沉淀溶解度增大的程度与沉淀的溶度积和形成络合物的稳定常数的相对大小有关。形成的络合物越稳定，络合效应越显著，沉淀的溶解度越大。

以上讨论了同离子效应、盐效应、酸效应和络合效应对沉淀溶解度的影响。在实际工作中，应该根据具体情况来考虑哪种效应是主要的。在进行沉淀反应时，对无络合反应的强酸盐沉淀，主要考虑同离子效应和盐效应；对弱酸盐或难溶酸盐，多数情况应主要考虑酸效应；当存在络合反应，尤其在能形成较稳定的络合物，而沉淀的溶解度又不太小时，则应主要考虑络合效应。

除上述因素外，温度、其他溶剂的存在及沉淀本身颗粒的大小和结构，都对沉淀的溶解度有影响。

5. 温度的影响

溶解一般是吸热过程，绝大多数沉淀的溶解度随温度升高而增大。

6. 溶剂的影响

大部分无机物沉淀是离子型晶体，在有机溶剂中的溶解度比在纯水中的要小。例如，在 $CaSO_4$ 溶液中加入适量乙醇，则 $CaSO_4$ 的溶解度就大大降低。

7. 沉淀颗粒大小及其结构的影响

同一种沉淀在相同质量时，颗粒越小，其总表面越大，则溶解度越大。在沉淀形成后，常将沉淀和母液一起放置一段时间陈化，使小晶体逐渐转变为大晶体，有利于沉淀的过滤和洗涤。陈化过程还可使沉淀结构发生转变，由初生成时的结构转变为另一种稳定的结构，溶解度就大大减小。例如，初生成的 CoS 是 α 型，$K_{sp,CoS(\alpha)} = 4\times10^{-21}$；放置后转变成 β 型，$K_{sp,CoS(\beta)} = 2\times10^{-25}$。

8.4　影响沉淀纯度的因素

沉淀重量法要求获得纯净的沉淀。但当沉淀从溶液中析出时，会或多或少地夹杂溶液中的其他成分而影响沉淀的纯度。因此，必须了解影响沉淀纯度的各种因素，找出减少杂质的方法，以获得符合沉淀重量分析要求的沉淀。

一、共沉淀

当一种难溶物质从溶液中沉淀析出时，溶液中的某些可溶性杂质会被沉淀夹带而混杂于

沉淀之中，这种现象称为共沉淀。例如，用沉淀剂 $BaCl_2$ 沉淀 SO_4^{2-} 时，当试液中存在 Fe^{3+} 时，由于共沉淀作用，在得到的 $BaSO_4$ 沉淀中常含有 $Fe_2(SO_4)_3$，因而沉淀经过滤、洗涤、干燥、灼烧后不呈 $BaSO_4$ 的纯白色，而略带灼烧后的 Fe_2O_3 的棕色。因共沉淀而影响沉淀纯度是沉淀重量分析中最重要的误差来源之一。产生共沉淀的原因有表面吸附、形成混晶、吸留或包藏等。

1. 表面吸附

由于沉淀表面离子电荷的作用力未完全平衡，因而在沉淀表面上产生了一种自由力场，在棱边和顶角的自由力场更显著，于是溶液中带相反电荷的离子被吸引到沉淀表面上形成第一吸附层。沉淀吸附离子是有选择性的，与沉淀构晶离子相同的，或大小相近、电荷相等的离子，或能与沉淀中的离子生成溶解度较小的物质的离子，优先被吸附。例如，加过量 $BaCl_2$ 到 H_2SO_4 的溶液中，生成 $BaSO_4$ 沉淀后，溶液中有 Ba^{2+}、H^+、Cl^- 存在，沉淀表面上的 SO_4^{2-} 因电场引力将强烈地吸引溶液中的 Ba^{2+}，形成第一吸附层，使晶体沉淀表面带正电荷。然后它又吸引溶液中带负电荷的离子，例如 Cl^-，构成电中性的双电层，如图 8—1 所示。如果在上述溶液中，除 Cl^- 外尚有 NO_3^-，则因 $Ba(NO_3)_2$ 的溶解度比 $BaCl_2$ 的小，第二层优先吸附的将是 NO_3^-，而不是 Cl^-。此外，高价离子因静电引力强而易被吸附。因此，对这些离子应设法除去或掩蔽。

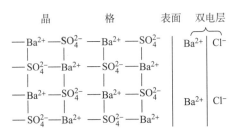

图 8—1　沉淀表面吸附示意图

沉淀表面吸附杂质的量还与沉淀的表面积、杂质离子的浓度和温度等有关。沉淀的表面积越大，吸附的杂质就越多。因此，应创造条件使晶形沉淀的颗粒增大或使非晶形沉淀的结构紧密些，以减小表面积，从而减小吸附杂质的量。溶液中杂质离子的浓度越大，吸附现象越严重。吸附是放热过程，提高溶液温度也有利于减少杂质吸附。

2. 混晶

如果试液中杂质与沉淀具有相同的晶格，或杂质离子与被测离子具有相同的电荷和相近的离子半径，杂质离子易于进入晶格排列中形成混晶，称为同形混晶。例如，钡的硫酸盐、溴化物、硝酸盐等都易形成混晶。只要溶液中存在符合上述条件的杂质离子，它们就可能在沉淀过程中取代形成沉淀的构晶离子而进入沉淀内部，不易通过洗涤或陈化的方法除去。为减免同形混晶的生成，最好事先将这类杂质分离除去。有时杂质离子并不位于正常晶格的离子的位置上，而是位于晶格空隙中，这种混晶称为异形混晶。在沉淀时减慢沉淀剂的加入速度，有利于减少异形混晶的生成。

3. 吸留或包藏

吸留是指杂质被吸附到沉淀内部；包藏常指母液被包藏在沉淀中。这些现象的发生是由于沉淀剂加入太快，使沉淀急速生长。沉淀表面吸附的杂质被随后生成的沉淀覆盖，使杂质或母液被吸留或包藏在沉淀内部。这类共沉淀不能用洗涤的方法将杂质除去，可以改变沉淀条件，通过陈化或重结晶的方法来减免。

从带入杂质方面来看，共沉淀现象会影响分析测定结果的准确性。但有时也会利用这一现象富集分离溶液中某些微量成分。

二、后沉淀

后沉淀是指由于沉淀速度的差异，在已形成的某沉淀表面又形成第二种沉淀物质的现象。后沉淀大多发生在特定组分形成的稳定的过饱和溶液中。例如，在 Mg^{2+} 存在下沉淀 CaC_2O_4 时，镁由于形成稳定的草酸盐过饱和溶液而不立即析出。如果将草酸钙沉淀立即过滤，则发现沉淀表面上吸附有少量镁。若将含有 Mg^{2+} 的母液与草酸钙沉淀一起放置一段时间，则草酸镁的后沉淀量将会增多。

后沉淀引入的杂质量比共沉淀要多，并且随着沉淀放置时间的延长而增多。因此，为防止后沉淀现象的发生，需适当控制某些沉淀的陈化时间。

三、获得纯净沉淀的措施

为获得纯净沉淀，可以采取以下措施：

（1）采用适当的分析程序和沉淀方法。

当溶液中同时存在含量相差很大的两种离子需要沉淀分离时，应先沉淀含量少的离子，以防止含量少的离子因共沉淀而损失。此外，对一些离子采用均匀沉淀法或选用适当的有机沉淀剂，也可以减免共沉淀。

（2）降低易被吸附离子的浓度。

对于易被吸附的杂质离子，必要时应先分离除去或加以掩蔽。为了减小杂质浓度，一般都是在稀溶液中进行沉淀。但对一些高价离子或含量较多的杂质，必须加以分离或掩蔽。例如，将 SO_4^{2-} 沉淀成 $BaSO_4$ 时，溶液中若有较多的 Fe^{3+}、Al^{3+} 等离子，就必须加以分离或掩蔽。

（3）针对不同类型的沉淀，选用适当的沉淀条件。

（4）在沉淀分离后，用适当的溶剂洗涤沉淀。

（5）必要时进行再沉淀（或称二次沉淀），即将沉淀过滤、洗涤、溶解后，再进行一次沉淀。再沉淀时，由于杂质浓度大为减小，共沉淀现象也可以减免。

8.5　沉淀的后处理

如何使沉淀完全、纯净、易于分离是沉淀重量分析中的首要问题。但沉淀以后的后处理操作如过滤、洗涤、干燥或灼烧等同样影响分析结果的准确度。

一、沉淀的过滤和洗涤

沉淀常用定量滤纸或玻璃砂芯滤器过滤。对于需要灼烧的沉淀，应根据沉淀的形态选用密度不同的滤纸。一般非晶形沉淀，例如 $Fe(OH)_3$、$Al(OH)_3$ 等，应用疏松的快速滤纸过滤。对于颗粒较大的晶形沉淀，例如 $MgNH_4PO_4 \cdot 6H_2O$ 等，可用较紧密的中速滤纸过滤；

较细粒的晶形沉淀，例如 $BaSO_4$ 等，应选用最紧密的慢速滤纸，以防沉淀透过滤纸。

洗涤沉淀是为了除去沉淀表面吸附的杂质和混杂在沉淀中的母液。洗涤时，应尽量减小沉淀的溶解损失，并避免胶体的形成。因此，选择合适的溶剂很重要。选择溶剂的原则是：对于溶解度很小并且不易形成胶体的沉淀，可用蒸馏水洗涤；对于溶解度较大的晶形沉淀，可用沉淀剂的稀溶液洗涤，但沉淀剂应能在烘干或灼烧时通过挥发或分解除去。例如，用 $(NH_4)_2C_2O_4$ 稀溶液洗涤 CaC_2O_4 沉淀。对于溶解度较小且可能分散成胶体的沉淀，应采用易挥发的电解质的稀溶液洗涤。例如，用 NH_4NO_3 稀溶液洗涤 $Al(OH)_3$ 沉淀。

用热溶剂洗涤时，过滤较快且能防止形成胶体。但溶解度随温度升高而增大较快的沉淀不能用热溶剂洗涤。洗涤必须连续进行，一次完成。沉淀不能久置，尤其是一些非晶形沉淀，连续洗涤可防止沉淀凝聚后不易洗净。

洗涤沉淀时，既要将沉淀洗净，又不能增加沉淀的溶解损失。通常采用适当少的溶剂，并分多次洗涤。每次加入溶剂前，应使前次洗液尽量流尽，可以提高洗涤效果。在沉淀的过滤和洗涤操作中，多采用倾泻法，以缩短分析时间和提高洗涤效率。

二、沉淀的干燥或灼烧

沉淀的干燥或灼烧是为了除去沉淀中的水分和可挥发物质，使沉淀形转化为组成确定的称量形。干燥或灼烧的温度和时间因沉淀的不同而不同。例如，丁二酮肟镍只需在 $110\sim120\ ℃$ 干燥 $40\sim60\ min$，然后置于保干器内放至室温后进行称量；磷钼酸喹啉则需在 $130\ ℃$ 干燥 $45\ min$。沉淀干燥时，所用的玻璃砂芯滤器都需干燥至恒重，沉淀也应干燥至恒重。

灼烧温度一般在 $800\ ℃$ 以上，常用瓷坩埚盛放沉淀。若需用氢氟酸处理沉淀，则应使用铂坩埚。灼烧用的瓷坩埚和盖，应预先在灼烧沉淀的高温下灼烧、冷却、称量，直至恒重。然后用滤纸包好沉淀，放入已灼烧至恒重的坩埚中，再加热烘干、焦化、灼烧至恒重。样品灼烧通常在马弗炉内进行，温度可达 $1\,000\ ℃$ 以上。

沉淀经干燥或灼烧至恒重后，即可根据其称量质量计算测定结果。

8.6 重量分析法的计算和应用实例

一、重量分析的称量形和结果计算

重量分析是根据称量形的质量来计算被测组分的含量。在重量分析中，多数情况下称量形与被测组分的化学组成不同，这就需要将称得的称量形的质量换算成被测组分的质量。被测组分的摩尔质量与称量形的摩尔质量之比是常数，称为换算因数（stoichiometric factor）或重量分析因数，常以 F 表示，即

$$F=\frac{a\times 被测组分的摩尔质量}{b\times 称量形的摩尔质量} \tag{8-9}$$

式（8-9）中，a 和 b 是为了使分子、分母中所含被测成分的原子数或分子数相等而乘的系数。一些组分的称量形和换算因数见表 8-1。

表 8-1　一些被测组分的称量形和换算因数

被测组分	称　量　形	换算因数
Fe	Fe_2O_3	$2M_{Fe}/M_{Fe_2O_3}$
Cl	AgCl	M_{Cl}/M_{AgCl}
Na_2SO_4	$BaSO_4$	$M_{Na_2SO_4}/M_{BaSO_4}$
MgO	$Mg_2P_2O_7$	$2M_{MgO}/M_{Mg_2P_2O_7}$
P_2O_5	$Mg_2P_2O_7$	$M_{P_2O_5}/M_{Mg_2P_2O_7}$
$K_2SO_4 \cdot Al_2(SO_4)_3 \cdot 24H_2O$	$BaSO_4$	$M_{K_2SO_4 \cdot Al_2(SO_4)_3 \cdot 24H_2O}/4M_{BaSO_4}$

根据称量得到的称量形的质量 m、试样的质量 m_s 及换算因数 F，即可计算出试样中被测组分的质量分数，即

$$w = \frac{mF}{m_s} \times 100\% \tag{8-10}$$

例 8-2　用沉淀重量法测定试样中草酸氢钾的含量。称取试样 0.517 2 g，以 Ca^{2+} 为沉淀剂，将得到的沉淀灼烧成 CaO 后称重，其质量为 0.226 5 g。计算试样中的 $KHC_2O_4 \cdot H_2C_2O_4 \cdot 2H_2O$ 的质量分数（%）。

解：$KHC_2O_4 \cdot H_2C_2O_4 \cdot 2H_2O \sim 2CaC_2O_4 \sim 2CaO$

$$F = \frac{M_{草酸氢钾}}{2M_{CaO}} = \frac{245.2}{2 \times 56.08} = 2.186$$

$$w_{草酸氢钾} = \frac{m_{CaO}F}{m_s} \times 100\% = \frac{0.226\ 5 \times 2.186}{0.517\ 2} \times 100\% = 95.7\%$$

例 8-3　测定试样中镁的含量时，先将 Mg^{2+} 沉淀为 $MgNH_4PO_4$，再灼烧成 $Mg_2P_2O_7$ 称量。已知 $Mg_2P_2O_7$ 质量为 0.351 5 g，计算试样中镁的质量。

解：每一个 $Mg_2P_2O_7$ 分子中含有两个 Mg 原子，得

$$m_{Mg} = m_{Mg_2P_2O_7} \times \frac{2M_{Mg}}{M_{Mg_2P_2O_7}} = 0.351\ 5 \times \frac{2 \times 24.32}{222.6} = 0.076\ 81\ (g)$$

例 8-4　分析某铬矿（不纯的 Cr_2O_3）含量时，将 Cr 转变为 $BaCrO_4$ 沉淀。称取试样 0.500 0 g，最后得到 $BaCrO_4$ 沉淀 0.253 0 g。计算此矿中 Cr_2O_3 的质量分数。

解：由 $BaCrO_4$ 质量换算为 Cr_2O_3 质量的换算因数 F 为

$$F = \frac{M_{Cr_2O_3}}{2 \times M_{BaCrO_4}}$$

$$w_{Cr_2O_3} = \frac{m_{BaCrO_4} \times F}{m_s} \times 100\%$$

$$= \frac{m_{BaCrO_4} \times \frac{M_{Cr_2O_3}}{2 \times M_{BaCrO_4}}}{m_s} \times 100\%$$

$$= \frac{0.253\ 0 \times \frac{152.0}{2 \times 253.2}}{0.500\ 0} \times 100\%$$

$$= 15.19\%$$

189

二、应用实例

1. 硫酸盐的测定

测定硫酸根时，一般用 $BaCl_2$ 将 SO_4^{2-} 沉淀为 $BaSO_4$，再灼烧、称量，但较费时。由于 $BaSO_4$ 沉淀颗粒较细，浓溶液中沉淀时可能形成胶体，$BaSO_4$ 不易被一般溶剂溶解，不能进行二次沉淀，因此沉淀作用应在稀盐酸溶液中进行。溶液中不允许有酸不溶物和易被吸附的离子（例如 Fe^{3+}、NO_3^- 等）存在。对于存在的 Fe^{3+}，常采用 EDTA 络合掩蔽。也可以采用玻璃砂芯坩埚抽滤 $BaSO_4$，烘干，称量。虽然其准确度比灼烧法稍差，但可缩短分析时间。

硫酸钡重量法可以用于测定磷肥、水泥中的硫酸根和其他可溶硫酸盐等。

2. 氯化物的测定

在硝酸酸性溶液中，加入 $AgNO_3$ 使试样中的 Cl^- 生成 $AgCl$ 沉淀，过滤洗涤后在 $110 \sim 200\ ℃$ 下干燥至恒重。

取含 Cl^- 的试样约 $0.1\ g$，精密称定。置于 $250\ mL$ 烧杯中，加 $100\ mL$ 水使溶解，加 $1\ mL\ HNO_3$ 溶液（1∶1）使酸化。搅拌下缓慢加入 $0.1\ mol \cdot L^{-1}\ AgNO_3$ 溶液并过量 $5 \sim 10\ mL$。加热至近沸，搅拌 $1 \sim 2\ min$ 使凝聚。放置沉淀，滴加少许 $AgNO_3$ 溶液于上清液中检查沉淀是否完全。暗处放置 $1 \sim 2\ h$，用 $0.01\ mol \cdot L^{-1}\ HNO_3$ 溶液采用倾斜法洗涤沉淀 $2 \sim 3$ 次后，移至已干燥恒重的玻砂坩埚内，再用 $0.01\ mol \cdot L^{-1}\ HNO_3$ 溶液少量多次洗涤沉淀，直至洗涤液与 $0.1\ mol \cdot L^{-1}\ HCl$ 溶液没有 Ag^+ 反应。最后用 $1 \sim 2$ 份少量水洗去大部分 HNO_3，在 $110 \sim 200\ ℃$ 下干燥至恒重。由于 $AgCl$ 见光易分解，全过程应注意避光，并采用玻砂坩埚或古式坩埚过滤。

思 考 题

1. 沉淀是怎样形成的？沉淀的形态主要与哪些因素有关？

2. 晶形沉淀与无定形沉淀的沉淀条件有什么不同？为什么？

3. 要获得纯净而易于过滤和洗涤的沉淀，须采取哪些措施？为什么？

4. 沉淀形和称量形有何区别？试举例说明。

5. 为了使沉淀定量完全，必须加入过量沉淀剂，为什么又不能过量太多？

6. 共沉淀和后沉淀有何区别？它们是怎样发生的？对重量分析有什么不良影响？在分析化学中，什么情况下需要利用共沉淀？

7. 重量分析的一般误差来源是什么？如何减小这些误差？

8. 什么是换算因数？如何计算？

9. 试说明重量分析和滴定分析两类分析方法的优缺点。

习 题

1. 计算下列各组的换算因数。

	称量形	被测组分
(1)	Al_2O_3	Al

(2)　　　　　　$BaSO_4$　　　　　　$(NH_4)_2Fe(SO_4)_2 \cdot 6H_2O$

(3)　　　　　　Fe_2O_3　　　　　　Fe_3O_4

(4)　　　　　　$PbCrO_4$　　　　　　Cr_2O_3

(0.529 2；0.840 1；0.966 6；0.235 1)

2. 称取 $BaCl_2 \cdot 2H_2O$ 试样 0.367 5 g，将钡沉淀为 $BaSO_4$，需用 0.5 mol·L^{-1} H_2SO_4 溶液多少 mL？

(4.5 mL)

3. 称取只含有 NaCl 与 KCl 的混合物 0.175 8 g，将氯沉淀为 AgCl 沉淀，过滤，洗涤，干燥至恒重，得 AgCl 0.410 4 g。计算试样中 NaCl 与 KCl 的质量分数（%）。

(77.65%；22.35%)

4. 称取风干（空气干燥）的石膏试样 1.202 3 g，经烘干后得吸附水分 0.020 8 g，再经灼烧又得结晶水 0.242 4 g。计算试样换算成干燥物质时的 $CaSO_4 \cdot 2H_2O$ 的质量分数（%）。

(98.2%)

5. 称取含 CaO 和 BaO 的试样 2.212 g，转化为混合硫酸盐后的质量为 5.023 g。计算试样中 CaO 和 BaO 的质量分数（%）。

(82.77%；17.28%)

6. 测定 1.023 9 g 某试样中 P_2O_5 的含量时，先将磷沉淀为 $MgNH_4PO_4$。沉淀经过滤、洗涤后灼烧成 $Mg_2P_2O_7$，称得质量为 0.283 6 g。计算试样中 P_2O_5 的质量分数（%）。

(17.66%)

7. 采用 $BaSO_4$ 重量法测定芒硝 $Na_2SO_4 \cdot 10H_2O$ 试样，估计纯度约为 90%。计算需称取试样的质量。

(0.8 g)

8. 称取黄铁矿（FeS_2）试样 0.508 0 g，分解处理后得到 1.561 g $BaSO_4$。若将溶液中的铁沉淀为 $Fe(OH)_3$，计算沉淀灼烧后可得到的 Fe_2O_3 的质量。

(0.267 1 g)

9. 在 100 mL 含 0.100 g Ba^{2+} 的溶液中，加入 50.0 mL 0.010 mol·L^{-1} H_2SO_4 溶液，此时溶液中剩余 Ba^{2+} 的质量是多少？若沉淀分别用 100 mL 水或 100 mL 0.010 mol·L^{-1} H_2SO_4 溶液洗涤，假设洗涤时达到了溶解平衡，损失的 $BaSO_4$ 的质量分别是多少？

(32.0 mg；0.24 mg；6.21×10^{-4} mg)

10. 在 pH=4.00 时，溶液中过量的草酸（乙二酸）的浓度为 0.10 mol·L^{-1}，计算此时 PbC_2O_4 的溶解度（mol·L^{-1}）。已知 PbC_2O_4 的 $K_{sp}=10^{-9.70}$，草酸的 $K_{a1}=5.9 \times 10^{-2}$，$K_{a2}=6.5 \times 10^{-5}$。

(5.7×10^{-9} mol·L^{-1})

11. 称取过磷酸钙肥料试样 0.489 1 g，经处理后得到 0.113 6 g $Mg_2P_2O_7$。计算试样中 P_2O_5 和 P 的质量分数（%）。

(14.81%；6.46%)

12. 称取只含有 CaC_2O_4 和 MgC_2O_4 的试样 0.624 0 g，在 500 ℃ 下加热，定量转化为 $CaCO_3$ 和 $MgCO_3$ 后的质量为 0.483 0 g。计算试样中 CaC_2O_4 和 MgC_2O_4 的质量分数（%）。

(76.54%；23.46%)

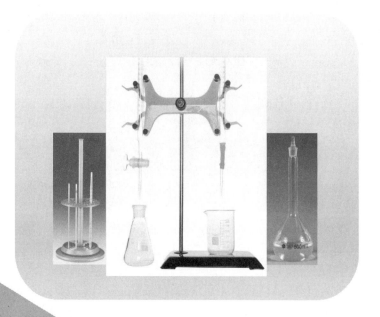

第 9 章　定量分析中常用的分离方法

第 9 章　定量分析中常用的分离方法

分析化学中，当试样组成比较简单时，试样处理制成溶液后一般可以直接测定。但在实际工作中常遇到组成比较复杂的试样或者是测定大量基质中的微量组分。在测定复杂试样中某一组分时，共存的其他组分或大量基质可能对测定发生干扰，此时必须选择适当的方法消除干扰。

消除干扰最简单的方法是寻找选择性好的测定方法，或者采用掩蔽的方法，或改变测定条件（例如改变体系的 pH）等。但当采用这些方法仍不能消除干扰时，就需采用分离的方法使被测组分与干扰组分分离。

当试样中被测组分含量低而测定方法的灵敏度低时，必须先将被测组分进行选择性富集，然后进行测定。例如。测定海水中的痕量铀时，通常 1 L 海水中只有 $1 \sim 2 \ \mu g \ U(Ⅵ)$，难以对其直接测定。如果将 1 L 海水经过某种分离手段最后处理成 10 mL 的溶液，即将 $U(Ⅵ)$ 的浓度提高了 100 倍，这样既达到了选择分离 $U(Ⅵ)$ 的目的，又解决了测定方法灵敏度低的问题。

需注意的是，被测组分在分离过程中不能有损失，一般可用回收率衡量。回收率表示被测组分在某分离过程中回收的完全程度，即

$$回收率 = \frac{分离后测得的质量}{原来所含质量} \times 100\%$$

在实际工作中，随着被测组分含量的不同，对回收率的要求也不同。在一般情况下，对于含量在 1% 以上的组分，回收率应在 99% 以上；对于微量组分，回收率达 95% 或更低一些也是允许的。例如，复杂生物介质中微量组分测定的回收率有时低至 60%，这种情况下，稳定的回收率很重要。

常用的分离方法有蒸馏法、溶剂萃取法、沉淀分离法、色谱分离法、离子交换分离法及其他分离新技术等。下面将简要介绍这些方法。

9.1　蒸馏法

将液体或固体试样中的组分以气体形式分离出去，称为气态分离法，包括蒸馏、挥发、升华等方法。在此简要介绍蒸馏法。

在分析化学中，有时通过蒸馏法使易挥发性被测组分与共存物质分离，去除干扰。蒸馏法基于气-液平衡，在一定温度下，将较易挥发的组分从固体或液体中以气体形式被分离富集。蒸馏技术有多种，常用的有减压蒸馏和水蒸气蒸馏等。

1. 减压蒸馏

液体的沸点是指它的蒸气压等于外界压力时的温度。因此，液体的沸点是随外界压力的变化而变化的。如果借助于真空泵降低系统内压力，就可以降低液体的沸点，这便是减压蒸

馏的理论依据。在蒸馏中，一些有机物加热到其正常沸点附近时，由于温度过高，易发生氧化、分解或聚合等反应，使其无法在常压下蒸馏。若将蒸馏装置连接在一套减压系统上，在蒸馏开始前，先使整个系统压力降低到只有常压的十几分之一至几十分之一，那么这类有机物就可以在较其正常沸点低得多的温度下进行蒸馏。减压蒸馏是分离提纯有机化合物的常用方法之一。它特别适用于那些在常压蒸馏时未达沸点即已受热分解、氧化或聚合的物质。

2. 水蒸气蒸馏法

水蒸气蒸馏法分为共水蒸馏法（直接加热法）、通水蒸气蒸馏法及水上蒸馏法三种。本法的基本原理是混合液液面上方的蒸气总压等于该温度下各组分饱和蒸气压（即分压）之和。因此，尽管各组分本身的沸点高于混合液的沸点，但当分压总和等于大气压时，液体混合物即开始沸腾并被蒸馏出来。

例如，中药挥发油提取的法定方法即为水蒸气蒸馏法。将含挥发性成分药材的粗粉浸泡湿润后，直接加热蒸馏或通入水蒸气蒸馏，药材中的挥发性成分随水蒸气蒸馏出来，经冷凝后收集馏出液。一般需再蒸馏1次，以提高馏出液的纯度和浓度，最后收集一定体积的蒸馏液。但蒸馏次数不宜过多，以免挥发油中某些成分氧化或分解。

9.2 溶剂萃取法

溶剂萃取（solvent extraction）法是利用与水不相溶的有机溶剂与样品溶液（一般为水相）一起振荡，由于不同物质在不同的溶剂中分配系数不同，使得一些组分进入有机相中，而另一些组分仍留在水相中，从而达到分离和富集的目的。由于溶剂萃取是在两种互不相溶的液相中进行的，所以也称为液－液萃取（liquid-liquid extraction，LLE）。萃取操作一般在梨形分液漏斗中振荡进行，如图9－1所示。对于分配系数较小的物质的萃取，可以在连续萃取器中进行。溶剂萃取法具有选择性好、回收率高、设备简单、操作简便、快速等特点，适用于微量组分的富集与分离，在分析中有着广泛的应用。

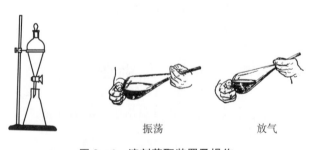

振荡　　　　放气

图9－1　溶剂萃取装置及操作

一、萃取分离法的基本原理

1. 分配系数

当用有机溶剂从水溶液中萃取溶质 A 时，A 在两相之间有一定的分配关系。如果溶质

在水相和有机相中的存在形式相同，都为 A，即

$$A_{水} \rightleftharpoons A_{有}$$

在一定温度和压力下，物质 A 在有机相与水相中分配达到平衡时，A 在两种溶剂中的活度比保持恒定。当浓度很低时，可忽略离子强度的影响，用浓度代替活度，可得到

$$K_d = \frac{[A]_{有}}{[A]_{水}} \tag{9-1}$$

K_d 为分配系数，在一定的温度下为常数。分配系数大的物质易于进入有机相中，分配系数小的物质则留在水相中。式（9-1）称为分配定律，是溶剂萃取分离的基本依据。

2. 分配比

由于溶质 A 在水相或有机相中常发生电离、聚合或与其他组分发生化学反应等作用，溶质 A 在溶液中可能会存在着多种化学形式，由于不同形式在两相中的分配行为不同，故总的浓度比不是常数，不能简单地用分配系数来说明整个萃取过程的平衡问题。因此，需引入分配比 D 这一参数。分配比 D 是存在于两相中的溶质的总浓度之比，即

$$D = \frac{c_{有}}{c_{水}} \tag{9-2}$$

式中，c 代表溶质以各种形式存在的总浓度。只有在最简单的萃取体系中，溶质在两相中的存在形式又完全相同时，$D = K_d$；在一般情况下，$D \neq K_d$。

3. 萃取率

对于某种物质 A 萃取的效果如何，可用萃取率 E 来衡量。E 与分配比 D_A 存在以下关系，即

$$E = \frac{A \text{ 在有机相中的总含量}}{A \text{ 在两相中的总含量}} \times 100\%$$

$$= \frac{c_{有}V_{有}}{c_{有}V_{有} + c_{水}V_{水}} \times 100\%$$

将分子分母同除以 $c_{水}$、$V_{有}$，得

$$E = \frac{D_A}{D_A + V_{水}/V_{有}} \times 100\% \tag{9-3}$$

式（9-3）中，$V_{有}$、$V_{水}$ 分别为有机相和水相的体积。可见，当 A 的分配比 D_A 越大而 $V_{水}/V_{有}$ 越小时，则萃取率 E 越高。当 $V_{有} = V_{水}$，即用等体积的溶剂进行萃取时，则有

$$E = \frac{D_A}{D_A + 1} \times 100\% \tag{9-4}$$

增加有机溶剂的用量可以减小 $V_{水}/V_{有}$ 体积比，从而提高萃取率。但在 D 不够大的情况下，如果希望一次萃取就能达到定量萃取的程度，则有机溶剂的体积将大大增加，此时被萃取物在有机相中的浓度降低，不利于进一步分离和测定，所以增加有机溶剂用量并不是行之有效的办法。在实际工作中常采取连续多次萃取的方法，以提高萃取率。

设 c_0 为萃取前被萃取物 A 在水相中的浓度，一次萃取后，剩余在水相中的被萃取物 A 的浓度为 c_1，则

$$c_1 = c_0(1 - E) = c_0\left(1 - \frac{D_A}{D_A + V_{水}/V_{有}}\right) = c_0\left(\frac{V_{水}/V_{有}}{D_A + V_{水}/V_{有}}\right)$$

若另取 $V_{有}$ 体积的有机溶剂再萃取一次，假设 D 不变，剩余在水相中的被萃取物的浓度为

c_2，则

$$c_2 = c_1 \left(\frac{V_{水}/V_{有}}{D_A + V_{水}/V_{有}} \right) = c_0 \left(\frac{V_{水}/V_{有}}{D_A + V_{水}/V_{有}} \right)^2$$

当用 $V_{有}$ 体积的有机溶剂萃取了 n 次，剩余在水相中被萃取物的浓度为 c_n，则

$$c_n = c_0 \left(\frac{V_{水}/V_{有}}{D_A + V_{水}/V_{有}} \right)^n$$

经过 n 次萃取后的总萃取率 E 可用下式计算，即

$$E_n = \left(1 - \frac{c_n V_{水}}{c_0 V_{水}} \right) \times 100\% = \left[1 - \left(\frac{V_{水}/V_{有}}{D_A + V_{水}/V_{有}} \right)^n \right] \times 100\% \tag{9-5}$$

只要分配比 D 适当，经过多次萃取，便可以达到定量萃取的目的。

例 9—1 已知某组分 $D=9$，萃取时，$V_{水}/V_{有}=1$。试计算萃取一次、两次和三次时的萃取率。

解：因为 $V_{水}/V_{有}=1$，所以

萃取一次 $\qquad\qquad E_1 = \left(1 - \frac{1}{9+1} \right) \times 100\% = 90.0\%$

萃取两次 $\qquad\qquad E_2 = \left[1 - \left(\frac{1}{9+1} \right)^2 \right] \times 100\% = 99.0\%$

萃取三次 $\qquad\qquad E_3 = \left[1 - \left(\frac{1}{9+1} \right)^3 \right] \times 100\% = 99.9\%$

从结果可见，该组分经三次萃取后已定量地转入有机相中。

例 9—2 若例 9—1 中水相为 20 mL，（1）用有机溶剂 100 mL 一次萃取；（2）用有机溶剂分两次萃取，每次用 20 mL 有机溶剂。哪种萃取方式的萃取率高？

解：用 100 mL 有机溶剂萃取一次，$D=9$，则

$$E = \left[1 - \left(\frac{20/100}{9 + 20/100} \right) \right] \times 100\% = 97.8\%$$

每次用 20 mL 有机溶剂，共萃取两次，则

$$E = \left[1 - \left(\frac{1}{9+1} \right)^2 \right] \times 100\% = 99.0\%$$

可见，第二种萃取方式所用有机溶剂的总体积虽少，但萃取率更高。

4. 分离系数

为了达到分离目的，不仅要求萃取效率高，还要求共存组分间的分离效果好。一般用分离系数 β 来表示分离效果。β 是两种不同组分 A 和 B 分配比的比值，即

$$\beta = \frac{D_A}{D_B} \tag{9-6}$$

两种物质的 D_A 和 D_B 相差越大，分离系数越大，易于被定量分离；如果 D_A 与 D_B 相近，则两种物质难以完全分离。

二、萃取体系的分类和萃取条件的选择

根据被分离组分与萃取剂所形成的可被萃取分子性质的不同，可将萃取体系分类如下。

1. 螯合物萃取体系

螯合物萃取所用的萃取剂为螯合剂，其在分析化学中有广泛的应用。螯合剂可以与一些金

属离子生成稳定的螯合物，可用于萃取浓度很低的金属离子，在分离的同时达到富集的效果。

例如，8-羟基喹啉可与 Pb^{2+}、Tl^{3+}、Fe^{3+}、Ga^{3+}、In^{3+}、Al^{3+}、Co^{2+}、Zn^{2+} 等离子生成螯合物。以 M^{n+} 代表金属离子，其螯合物为

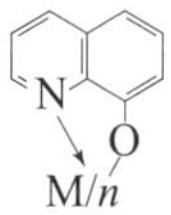

生成的螯合物难溶于水，可用有机溶剂氯仿萃取。

若萃取剂以 HR 表示，它们与金属离子螯合和萃取的过程可表示如下

$$HR \rightleftharpoons H^+ + R^-$$

如果萃取剂 HR 易解离，有利于其与金属离子形成螯合物 MR_n；螯合物的分配系数越大，而萃取剂的分配系数越小，则萃取越容易进行，萃取效率越高。不同的金属离子所生成螯合物的稳定性不同，螯合物在两相中分配系数不同，因而选择和控制适当的萃取条件，包括萃取剂的种类、溶剂的种类、溶液的酸度等，就可使不同的金属离子得以萃取分离。

2. 离子缔合物萃取体系

离子缔合物萃取是被萃取物和萃取剂的两种不同电荷离子缔合生成疏水性中性分子而被有机溶剂萃取的方法。

例如，在 HNO_3 溶液中，用磷酸三丁酯（TBP）萃取 UO_2^{2+}。UO_2^{2+} 在水溶液中生成水合离子 $[UO_2(H_2O)_6]^{2+}$，由于磷酸三丁酯中的氧原子具有较强的配位能力，它能取代水合离子中的水分子形成溶剂化离子，并与 NO_3^- 缔合成疏水性的溶剂化分子 $UO_2(TBP)_6(NO_3)_2$，而被磷酸三丁酯所萃取。

对于这类萃取体系，加入大量的与被萃取化合物具有相同阴离子的盐类，例如，在 HNO_3 溶液中用磷酸三丁酯萃取 UO_2^{2+} 时加入 NH_4NO_3，可显著地提高萃取效率，这种现象称为盐析作用，加入的盐类为盐析剂。

3. 协同萃取体系

当两种或两种以上溶剂的混合溶剂萃取某一金属离子或化合物时，如果其分配比明显大于在相同浓度下单一溶剂单独萃取时的分配比之和，则称这一体系为协同萃取体系。目前有关研究报道很多，详见相关书籍和文献。例如，三烷基胺与二（2-乙基己基）磷酸的混合溶剂体系对氨基苯酚具有明显的协同萃取效应；磷酸三丁酯与三烷基胺类萃取剂对锌离子的协同萃取等。

三、萃取溶剂的选择原则

在有机物的萃取分离中，溶剂选择的基本原则是"相似相溶"。根据相似相溶原则，只要选择适当的溶剂和条件，就可以从混合物中选择性地萃取某些组分，从而达到分离目的。通过选择那些对被分离物质溶解度大而对杂质溶解度小的溶剂，一般可以使被分离物质从混合组分中选择性地分离。

常见溶剂的极性大小顺序如下：

饱和烃类＜全氯代烃类＜不饱和烃类＜醚类＜未全氯代烃类＜酯类＜芳胺类＜酚类＜酮类＜醇类

例如，焦油废水中非极性组分与酚的分离测定。其分离的依据是非极性组分易溶于非极性的有机溶剂中，而酚在 pH 较高时以离子状态存在于水相，在 pH 较低时，则以分子形式存在而易溶于有机溶剂。因而，如果测定焦油废水中的含酚量，可先将试样 pH 调节到 12，再用 CCl_4 萃取分离非极性组分；然后再调节 pH＝5，以 CCl_4 萃取酚。

9.3 沉淀分离法

沉淀分离是一种经典的分离方法，是一种利用沉淀反应将被测组分与干扰组分分开的方法。沉淀分离法的主要依据是溶度积原理。常用的沉淀分离法有下列方法。

1. 氢氧化物沉淀分离法

本法常用的沉淀剂有 NaOH、$NH_3 \cdot H_2O$ 等。大多数金属离子都能生成氢氧化物沉淀，但沉淀的溶解度往往相差很大，据此有可能通过控制酸度的方法使某些金属离子彼此分离。从理论上讲，只要知道氢氧化物的溶度积和金属离子的原始浓度，就能计算出沉淀开始析出和沉淀完全时的酸度。但实际上，金属离子可能形成多种羟基络合物（包括多核络合物）及其他络合物，而沉淀的溶度积又受沉淀晶形的影响。

氢氧化物沉淀分离法的选择性较差，同时又由于氢氧化物是非晶形沉淀，共沉淀现象较为严重。为了改善沉淀性能，减少共沉淀现象，沉淀形成应在较浓的热溶液中进行，使生成的氢氧化物沉淀含水分较少，结构较紧密，体积较小，吸附杂质的机会减小。沉淀完成后加入适量热水稀释，使吸附的杂质离开沉淀表面转入溶液，从而获得较纯的沉淀。

2. 硫化物沉淀分离法

硫化物沉淀分离法常用的沉淀剂有硫化氢和硫代乙酰胺。在溶液中，H_2S 存在下列解离平衡，即

$$H_2S \underset{+H^+}{\overset{-H^+}{\rightleftharpoons}} HS^- \underset{+H^+}{\overset{-H^+}{\rightleftharpoons}} S^{2-}$$

溶液中的 S^{2-} 浓度与溶液的酸度有关。因不同金属离子硫化物的溶度积相差很大，因此可以通过控制溶液中〔S^{2-}〕的办法使不同金属离子得到分离。与氢氧化物沉淀法相似，硫化物沉淀法的选择性较差，硫化物是非晶形沉淀，吸附现象严重。如果改用硫代乙酰胺为沉淀剂，利用硫代乙酰胺在酸性或碱性溶液中水解产生 H_2S 或 S^{2-} 来进行均匀沉淀，可使沉淀性能和分离效果有所改善。硫代乙酰胺在酸性或碱性溶液中的反应如下，即

$$CH_3CSNH_2 + 2H_2O + H^+ = CH_3COOH + H_2S + NH_4^+$$

$$CH_3CSNH_2 + 3OH^- = CH_3COO^- + S^{2-} + NH_3 \uparrow + H_2O$$

3. 共沉淀分离法

在重量分析中，由于共沉淀的发生，使所得沉淀混有杂质，通常要设法消除共沉淀现象。但在分离方法中，有时可以利用共沉淀现象分离和富集痕量组分。当对微量组分与主要组分进行分离时，如果使主要组分形成沉淀，由于共沉淀现象，微量组分的损失严重，分离效果很差；如果使微量组分形成沉淀，则由于其浓度很小，也很难定量析出。在这种情况

下，可以加入某种其他离子与沉淀剂形成沉淀作为载体（也称共沉淀剂），将微量组分定量地共沉淀下来，再将沉淀溶解在少量溶剂中，就可以达到分离和富集的目的。这种方法称为共沉淀分离法。

共沉淀分离法又分为：

（1）利用表面吸附进行的共沉淀。

例如，微量的稀土离子用草酸难以使它沉淀完全。如果先加入 Ca^{2+}，再用草酸作沉淀剂，则利用生成的 CaC_2O_4 作载体，可将稀土离子的草酸盐吸附而共同沉淀下来。又如，铜中的微量铝不能用氨水使铝沉淀分离。若加入适量的 Fe^{3+}，则在加入氨水后，利用生成的 $Fe(OH)_3$ 作载体，可使微量的 $Al(OH)_3$ 共沉淀而分离。

在这些共沉淀分离中，常用的载体有 $Fe(OH)_3$、$Al(OH)_3$、$MnO(OH)_2$ 及硫化物等，都是表面积很大的非晶形沉淀。由于表面积大，与溶液中微量组分接触面大，容易吸附；又由于非晶型沉淀聚集速率快，吸附在沉淀表面的痕量组分容易被夹杂在沉淀中，因而富集效率高。硫化物沉淀还易发生后沉淀，更有利于痕量组分的富集。但利用吸附作用的共沉淀分离，一般来说选择性不高，并且引入较多的载体离子，对下一步分析有时会造成困难。

（2）利用生成混晶进行的共沉淀。

两种金属离子生成沉淀时，如果它们的晶格相同，就可能生成混晶而共同析出。利用生成混晶进行共沉淀的方法，其选择性高于吸附共沉淀法。例如，痕量 Ra^{2+} 可用 $BaSO_4$ 作载体，生成 $RaSO_4$ 和 $BaSO_4$ 的混晶共沉淀而得以富集。

9.4　色谱分离法

一、色谱法的基本概念

色谱法（chromatography）具有强大的分离性能，能将性质相近的各组分彼此分离后分别进行定性和定量测定。色谱法由俄国植物学家茨维特（Tswett）于 1903 年发明创立。为了分离植物色素，茨维特将植物绿叶的石油醚提取液加入装有碳酸钙粉末的玻璃管上端，并用石油醚自上而下淋洗。由于不同色素组分在碳酸钙颗粒表面的吸附力不同，随着淋洗的进行，不同色素向下移动的速度不同，形成不同颜色的色带，使各色素成分得到了分离。他将这种分离方法命名为色谱法。1931 年，Kuhn 等用同样的方法成功地分离了胡萝卜素和叶黄素，从此，色谱法开始为人们所重视，此后，相继出现了各种其他色谱方法。

早期的色谱技术只是一种分离技术，但相比萃取、蒸馏等分离技术，其分离效率很高。当这种高效的分离技术与各种灵敏的检测技术结合后，才使得色谱技术成为最重要的分析方法之一。目前色谱法已广泛用于各领域中复杂样品的分析测定。

色谱法对样品组分的分离程度受固定相、流动相和其他实验条件的影响。固定相可以是固体的吸附剂，也可以是固体支持剂（载体、担体）上载有液体（即固定液）组成的固定相。流动相可以是气体，也可以是液体。用气体为流动相的色谱法称为气相色谱法，用液体作为流动相的色谱法称为液相色谱法。液相色谱法又可分为柱色谱法（或称柱层析法）、纸色谱法、薄层色谱法和高效液相色谱法。有关气相色谱法和高效液相色谱法请参考相关书籍，本节只讨论纸色谱法、薄层色谱法、柱色谱法。

二、纸色谱法

纸色谱法（paper chromatography，PC），又称纸层析，它是在滤纸上进行的色谱分析法。滤纸被看作是一种惰性载体，滤纸纤维素中吸附着的水分或其他溶剂在层析过程中不流动，称为固定相；在层析过程中沿着滤纸流动的溶剂或混合溶剂是流动相，又称展开剂。将样品溶液点在滤纸上，样品中的各种组分因其在两相中的分配系数不同而得以分离。纸色谱法设备简单、操作方便。

纸层析经过一定时间后，流动相前沿接近滤纸条上端时即可停止。取出滤纸条，在溶剂前沿处做好标记后，在通风橱中挥散溶剂，然后在可见光下、紫外灯下或经显色后观察纸条上的组分的斑点并测量原点到各斑点中心的距离及原点到前沿的距离，如图 9－2 所示。组分斑点在滤纸上的位置一般用比移值 R_f 表示，即

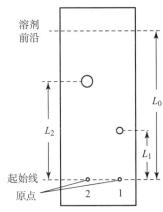

$$R_f = \frac{\text{原点到组分斑点中心的距离}}{\text{原点到溶剂前沿的距离}}$$

组分 R_f 值的大小与其在固定相和流动相间的分配系数有关。在一定层析条件下，即滤纸规格、固定相和流动相、温度等一定时，组分的 R_f 值一定。因此，可以根据 R_f 值对组分进行定性鉴定。

图 9－2　层析法比移值示意图

对于纸色谱法，多数情况下滤纸不必预先处理。滤纸纤维中吸附的水分作为固定相，用含水的有机溶剂作为展开剂，试样中的各种组分在纤维素中的吸附水和有机溶剂之间进行分配以达到分离的目的。

对于有色物质的色谱分离，分离后各个斑点可以清楚地看出来。如果色谱分离的是无色物质，则在色谱分离后需要用各种物理的或化学的方法处理滤纸，使各斑点呈色。由于很多有机化合物在紫外照射下常显现其特有的荧光，因此可在紫外光下观察，用铅笔圈出荧光斑点。也可采用化学显色法，例如用氨熏、用碘蒸气熏、喷以适当的显色剂等，使之与各组分反应后显色。常用的显色剂有 $FeCl_3$ 水溶液、茚三酮正丁醇溶液等。

三、薄层色谱法

薄层色谱法（thin layer chromatography，TLC），又称薄层层析法，与纸色谱法相比，它具有速度快、分离清晰、灵敏度高、可以采用更多种方法显色等特点。

1. 方法原理

在玻璃板上涂上薄薄一层的固体吸附剂（如纤维素、硅胶、活性氧化铝等），一般厚度为 0.25 mm 左右。为了能使吸附剂牢固地黏附在玻璃板上，需同时加入黏合剂，例如煅石膏、羧甲基纤维素钠等。有黏合剂的薄层板比较牢固，便于使用和保存。

与纸色谱法一样，将点好样品的薄层板放入已放有展开溶剂的层析缸中，使薄层板底部浸入展开溶剂中。其分离原理是基于固体吸附剂对不同溶质有不同的吸附能力。当展开剂流过时，由于溶剂分子也被吸附剂吸附，与被吸附物质竞争，使吸附能力弱的物质被解吸，吸附能力大的则难解吸，展开剂携带着解吸后的溶质向前移动，遇到新的一层吸附剂，溶质又

重新被吸附，因为不断有展开剂流动，所以解吸—吸附—解吸过程重复进行。最后，由于不同的物质对吸附剂的亲和力不同而达到分离。硅胶、活性氧化铝活性与含水量之间的关系见表 9－1。

表 9－1　氧化铝和硅胶含水量与活性的比较

硅胶含水量/%	活性级	氧化铝含水量/%
0	Ⅰ	0
5	Ⅱ	3
15	Ⅲ	6
25	Ⅳ	10
38	Ⅴ	15

2. 展开

薄层色谱分离展开操作一般采用上行法，如图 9－3 所示。由于毛细管作用，展开剂通过试样点不断上升，各种溶质以不同速度向上移动，直至需要的距离为止。然后从层析槽中取出色谱板（薄层板），用铅笔标记溶剂前沿位置，并同时确定各溶质斑点的位置。如果溶质是有色组分，就很容易观察。对于无色物质，与纸色谱法一样，可以用各种化学的或物理的方法使之显色。而且在薄层色

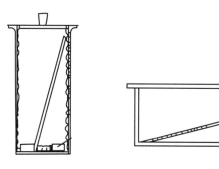

图 9－3　薄层层析法装置

谱法中，还可以喷洒强氧化剂（例如浓硝酸、浓硫酸、浓硫酸与重铬酸钾、浓硫酸与高锰酸钾以及高氯酸等），再将薄层板加热，使薄层碳化呈现色斑。这种用强氧化剂的显色法在纸色谱法中不能应用。

对于组成复杂而难以分离的试样，如果一次展开不能使各组分完全分离，还可以用双向展开法。为此，点试样于薄层板的一角，用一种展开剂朝一个方向展开，展开完后让溶剂挥发干，再用另一种展开剂，向与原来垂直的方向进行第二次展开。如果前后两种展开选择适当，可以使各种组分完全分离。氨基酸及其衍生物的分离采用双向展开法可获得满意的分离结果。

3. 测定方法

在薄层板上的被测组分，一般可通过测定斑点面积的大小和比较其颜色深浅，与在同样条件下标准物质的斑点面积和颜色对照，进行半定量分析。或将吸附剂上的斑点刮下，用适当溶剂将溶质溶解，再用适当方法测定其含量。此法结果比较准确，但操作较烦琐。也可以利用光度计、荧光计直接测定薄层板上斑点的吸光度或荧光强度，以确定被测物质的含量。还可以采用薄层扫描，直接扫描薄层板上各个斑点，进行定量测定。

4. 应用示例

薄层色谱法广泛用于有机物的分析，发展极为迅速。例如，薄层色谱法在研究中草药的有效成分、天然化合物的组成、药物分析、香精分析、氨基酸及其衍生物的分析等方面的应用十分广泛。

实例　中药延胡索的薄层层析[①]

延胡索为罂粟科植物延胡索的块茎，含有 20 多种生物碱，主要有延胡索甲素、乙素、丙素、丁素、戊素、己素等，是常用的镇痛中药。

供试液的制备：取本品粉末 1 g，加 80％乙醇 50 mL 回流 1 h，放冷，过滤，蒸干滤液，残渣加水 10 mL 使溶解，加氨试液使呈碱性，加乙醚提取 2 次，每次 20 mL，合并乙醚提取液，蒸干，残渣加乙醇溶解成 1 mL，作为供试品溶液。

对照液制备：取延胡索乙素对照品，加乙醇制成 1 mg·mL^{-1} 的溶液，作为对照品溶液。

薄层板：硅胶 G 加上 2‰氢氧化钠水溶液的自制板，厚度 0.5 mm。

点样：供试品溶液点样 3 μL，对照液点样 1 μL。

展开剂：正乙烷—氯仿—甲醇（7.5∶4∶1）

展开方式：层析缸用展开剂预平衡 1 h，上行展开，展距 80 mm。

显色：置于紫外光 365 nm 下检视，再依次喷以稀碘化铋钾试液和亚硝酸钠乙醇试液，置于日光下检视。

色谱识别：供试液色谱中，在与对照品色谱相应的位置上，显示相同颜色的棕色斑点。

注意事项：展开后，使展开剂挥散后再在紫外光下观察和喷显色剂。

中药延胡索的薄层层析经碘蒸气显色的色谱图如图 9—4 所示。

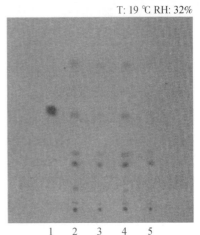

T: 19 ℃ RH: 32%

图 9—4　中药延胡索的薄层层析
（碘蒸气显色）（见本书封底内页彩插）
1—延胡索乙素；2～5—延胡索样品

四、柱色谱法

柱色谱法（column chromatography）是将固定相（硅胶、氧化铝、硅藻土、离子交换树脂、聚乙酰胺、活性炭等）装于不同规格的玻璃柱内，在柱顶端加入样品后，用适合的溶剂为洗脱剂（流动相）洗脱样品组分。当待分离的混合物溶液流过吸附柱时，各种成分同时被吸附在柱的上端。当洗脱剂流下时，由于不同化合物吸附能力不同，被洗脱的速度也不同，因此样品组分沿垂直方向由上而下移动而达到分离。本法主要用于样品组分的分离纯化和制备，有时也用于浓缩富集。

柱色谱通常在玻璃管中填入表面积大且经过活化的多孔性或粉状固体吸附剂（如图 9—5 所示）。用溶剂洗脱时，已经分开的溶质可以依次从柱下端流出并得到收集；也可以将柱吸干，推出后按色带分割开，再用溶剂将各色带中的溶质萃取出

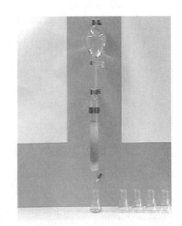

图 9—5　柱层析装置示意图
（见本书封底内页彩插）

①　中国卫生部药典委员会. 中华人民共和国药典中药薄层色谱彩色图集 [M]. 广州：广东科技出版社，1993：44—45.

来。柱层析的关键是装柱要紧密，要求无断层、无缝隙；在装柱、洗脱过程中，始终保持有溶剂覆盖吸附剂；一个色带与另一色带的洗脱液在收集时不要交叉。

本法广泛用于化工、有机合成、环境分析、天然药物、中药等样品的纯化或前处理。例如，在水和气溶胶的有机污染分析中，将萃取液转移到层析柱内，而后用环己烷洗脱烷烃部分，用苯洗脱多环芳烃类污染物，用乙醇洗脱极性组分；在天然药物成分研究中，因为其组成复杂，常常先对样品进行提取，然后利用柱层析采用不同的洗脱剂对提取物的组分进行分离。

9.5　离子交换分离法

离子交换（ion exchange）分离法是利用离子交换剂与溶液中离子发生交换反应而使离子分离的一种方法。它已广泛应用于无机离子的分离与富集。例如，微量分析中除去大量的基质；从大量溶液中富集某些痕量组分；分离性质相近的离子，例如碱金属离子、稀土离子和某些同位素；制备高纯水和高纯试剂等。离子交换法还可用于有机化合物和生化物质等的分离。高效离子色谱仪将分离与测定结合起来，大大提高了工作效率。

一、离子交换剂的类型、结构和性能

1. 离子交换树脂的类型

一般离子交换剂由骨架（R）和可交换基团（如—SO_3H、—COOH、—$N^+(CH_3)_3OH^-$、—$N^+(CH_3)_2(C_2H_4OH)OH^-$、—OH（酚羟基）、—$NH_2$ 等）组成。这些可交换基团是通过化学反应接到骨架上的。在水溶液中离子交换剂可离解出 H^+ 或 OH^-。

例如：

$$RSO_3^-H^+ + Na^+ \rightleftharpoons RSO_3^-Na^+ + H^+$$

$$RN^+(CH_3)_3OH^- + Cl^- \rightleftharpoons RN^+(CH_3)_3Cl^- + OH^-$$

其中 R 代表树脂骨架的一个单元。前一种类型树脂的 H^+ 可与溶液中的阳离子交换，称为阳离子交换树脂；后一种树脂的 OH^- 可与溶液中的阴离子交换，称为阴离子交换树脂。根据可交换基团的酸碱性的强弱，离子交换树脂的分类见表 9－2。此外，还有一种螯合树脂，树脂内含有可与某些金属离子形成螯合物的活性基团，在一定条件下，它能选择性地交换某种金属离子。

表 9－2　离子交换树脂的基本分类

离子交换树脂	类　　型	通常使用的可交换基团
阳离子交换树脂	强酸性阳离子交换树脂	—SO_3H（磺酸基）
	中等酸性阳离子交换树脂	—$PO(OH)_2$（膦酸基）
	弱酸性阳离子交换树脂	—COOH（羧酸基）
阴离子交换树脂	强碱性阴离子交换树脂	—$N^+(CH_3)_3OH^-$（季铵）
	中等碱性阴离子交换树脂	—$N^+(CH_3)_2(C_2H_4OH)OH^-$（季铵）
	弱碱性阴离子交换树脂	—NH_2（胺、多胺）

2. 离子交换树脂的结构

离子交换树脂是一类具有三维网状结构的高分子有机聚合物，具有一定的伸缩性。网状骨架上具有一定数量的可被交换的活性基团，骨架之间具有一定的孔隙，允许离子自由进出。当溶液中带有某特定电荷的离子扩散进入树脂内部时，可以与骨架上的活性基团发生离子交换，保留在离子交换树脂上。

例如，常用的聚苯乙烯树脂是由苯乙烯和二乙烯苯共聚生成的，反应式为

$$n\ \underset{}{\text{CH}=\text{CH}_2} \ +m\ \underset{}{\text{CH}=\text{CH}_2} \longrightarrow \cdots$$

聚苯乙烯树脂引入活性基团后才成为离子交换树脂。通过引入不同性质的活性基团，可以制备得到阳离子交换树脂和阴离子交换树脂。例如，聚苯乙烯树脂经磺化可在苯环上引入磺酸基，得到阳离子交换树脂，即

（结构式：含 SO_3H 基团的聚苯乙烯树脂）

阴离子交换树脂是在聚苯乙烯树脂中的苯环上先进行氯甲基化，再与三甲胺作用得到季铵盐树脂，即

（结构式：含 $CH_2N(CH_3)_3Cl$ 基团的聚苯乙烯树脂）

季铵盐树脂用碱处理后即可得到季铵盐阴离子交换树脂。

3. 离子交换树脂的性能

（1）交联度。聚苯乙烯树脂的本体是苯乙烯，常加入二乙烯苯作为交联剂，目的是使苯乙烯聚合时碳链之间发生交联，使形成立体网状结构。二乙烯苯的加入量增加会使碳链之间交联程度增加，网络间孔隙减小。所以，常用二乙烯苯的加入量来衡量树脂结构交联的程度。交联度的大小可用交换剂中含有交联剂的质量分数表示，即

$$交联度＝\frac{交联剂质量}{交换剂质量}×100\%$$

树脂的交联度是树脂的重要性质之一。交联度的大小直接影响树脂骨架的网状结构的紧密程度和孔径大小，它与交换反应速度和选择性有密切关系。交联度大，网络孔径小，可以限制离子半径比较大的离子，提高离子交换的选择性。此外，交联度大的树脂的机械强度高。常用树脂的交联度为 $4\%\sim14\%$。实际工作中，应根据分析对象选择适当交联度的树脂。

（2）交换容量。每种离子交换树脂都有一定量的可交换基团。可交换基团的含量用交换容量表示。交换容量表示在给定条件下，1 g 干树脂含有相当于多少 mmol 的可交换的 H^+ 或 OH^-。

（3）溶胀性。离子交换树脂带有极性的活性基团，具有亲水性。当干树脂浸入水中时，树脂吸水而膨胀。

通常树脂的溶胀与下列因素有关：

① 可交换基团易解离（例如强酸性、强碱性）、水合程度高，溶胀程度高；

② 与骨架有关，尤其是与交联度和孔结构有关，交联度大，溶胀性少；

③ 与外部溶液的性质有关，电解质浓度低，溶胀程度高。

二、离子交换的亲和力

离子交换树脂对离子的亲和力反映了离子在离子交换树脂上的交换能力。这种亲和力与水合离子的半径、电荷及离子的极化程度有关。水合离子的半径越小，电荷越高，极化度越大，其亲和力也越大。例如，Li^+、Na^+、K^+ 的水合离子的电荷数目相同，但水合离子半径依次减小，极化度依次增大，因此，树脂对它们的亲和力依次增强。

实验证明，在常温下，在离子浓度不大的水溶液中，离子交换树脂对不同离子的亲和力有下列顺序。

1. 强酸性阳离子交换树脂

（1）不同价态的离子，电荷越高，亲和力越大。例如
$$Na^+＜Ca^{2+}＜Al^{3+}＜Th(Ⅳ)$$

（2）一价阳离子的亲和力顺序为
$$Li^+＜H^+＜Na^+＜NH_4^+＜K^+＜Pb^+＜Cs^+＜Tl^+＜Ag^+$$

（3）二价阳离子的亲和力顺序为
$$UO_2^{2+}＜Mg^{2+}＜Zn^{2+}＜Co^{2+}＜Cu^{2+}＜Cd^{2+}＜Ni^{2+}＜Ca^{2+}＜Sr^{2+}＜Pb^{2+}＜Ba^{2+}$$

2. 弱酸性阳离子交换树脂

H^+ 的亲和力比其他阳离子的大，其他阳离子的亲和力顺序与上面所述相似。

3. 强碱性阴离子交换树脂

常见阴离子及其亲和力顺序为

$$F^-＜OH^-＜CH_3COO^-＜HCOO^-＜Cl^-＜NO_2^-＜CN^-＜Br^-＜C_2O_4^{2-}＜NO_3^-＜HSO_4^-＜$$
$$I^-＜CrO_4^{2-}＜SO_4^{2-}＜柠檬酸根离子$$

4. 弱碱性阴离子交换树脂

常见阴离子的亲和力顺序为

$$F^-<Cl^-<Br^-<I^-=CH_3COO^-<MoO_4^{2-}<PO_4^{3-}<AsO_4^{3-}<NO_3^-<酒石酸根离子<柠檬酸根离子<CrO_4^{2-}<SO_4^{2-}<OH^-$$

应该指出，以上顺序为一般规律。在温度较高、离子浓度较大及有络合剂存在的水溶液中，或在非水介质中，离子的亲和力顺序会发生改变。此外，不同厂家生产的树脂，对各种离子的亲和力的顺序也会存在一定差异。

三、离子交换分离的操作方法

1. 树脂的选择和预处理

首先根据分离对象选择合适的树脂和一定粒度的树脂。当分离性质相近的离子时，一般采用粒度较小的树脂。粒度小的树脂颗粒之间的空隙较小，溶液不易从空隙中流下，离子更容易扩散到树脂表面和树脂内部的交换基团，使整个交换速度加快，提高分离效果。但树脂粒度太小会使阻力增大，流速减慢。常用的离子交换树脂的粒度为 80～100 目或 100～120 目。

商品树脂中常含有少量的有机或无机杂质，使用前必须经过净化处理。先将树脂放在水中浸泡 12 h 左右，让其充分溶胀，多次漂洗。然后，对于强酸性阳离子交换树脂，用 3～5 mol · L^{-1} HCl 浸泡成 H$^+$ 式，同时使杂质交换出来，然后用水漂洗，可反复处理多次。对于 OH$^-$ 式的强碱性阴离子交换树脂，先后用 1 mol · L^{-1} HCl、水、0.5 mol · L^{-1} NaOH 溶液和水处理。如果需要的是 Cl$^-$ 式树脂，则最后用 HCl 和水处理。用水洗去残留在树脂中的酸或碱后，浸泡在水中备用。

2. 装柱

离子交换分离法通常都是在交换柱上进行的。交换柱装得均匀与否对分离效果有很大影响。一般先在柱内装入三分之一体积的蒸馏水，然后将处理好的树脂从柱顶缓缓加入，让树脂在柱内均匀、自由沉降，使树脂层均匀一致。树脂层上保持一定的液面，防止树脂干裂或树脂间隙中存有气泡。

3. 交换

将需要进行交换的溶液倾入交换柱，调节流速，使溶液中的离子能充分进行交换。然后用不含试样的空白溶液洗涤交换柱。

4. 洗脱

交换完毕后用蒸馏水进行洗涤，把留在交换柱中未被交换的溶液和交换后形成的酸（阳离子交换树脂）或碱（阴离子交换树脂）除去。洗涤至流出液呈中性。

5. 再生

经过洗脱后的交换柱或失去交换能力的树脂，必须进行再生才能继续使用。例如，阳离子交换树脂用 3 mol · L^{-1} HCl 处理，使转化成 H$^+$ 式；阴离子交换树脂用 1 mol · L^{-1} NaOH 处理，将其转化成 OH$^-$ 式备用。

四、离子交换分离法的应用

1. 去离子水的制备

天然水中含有各种电解质，利用离子交换法可对其进行净化，去除电解质，得到去离子水。去离子水的制备是采用 H$^+$ 式强酸阳离子交换树脂除去水中的阳离子，再用强碱阴离子交换树脂除去水中的阴离子。

例如，除去水中的 NaCl 的过程中发生的反应为

$$R—SO_3^- H^+ + Na^+ \rightleftharpoons R—SO_3^- Na^+ + H^+$$
$$R'—N^+(CH_3)_3OH^- + Cl^- \rightleftharpoons R'—N^+(CH_3)_3Cl^- + OH^-$$

交换出来的 H^+ 和 OH^- 结合生成水。去离子水的制备常采用复柱法，即将阴、阳离子交换柱串联起来，串联的级数增加，水的纯度提高。但仅增加串联级数不能制得超纯水，因为柱上的交换反应多少会发生一些逆反应，例如 H^+ 又将 Na^+ 交换下来，OH^- 又将 Cl^- 交换下来。因此，在串联柱后增加一级"混合柱"（阳离子树脂和阴离子树脂按 1：2 体积混合装柱），这样交换出来的 H^+ 及时与 OH^- 结合成水，可以得到超纯水。

离子交换树脂交换饱和后便失去净化作用，此时需要再生。再生是上述交换反应的逆过程，即以强酸（例如 HCl）处理阳离子交换柱，以强碱（例如 NaOH）处理阴离子交换柱，混合柱应先利用比重的差别将两种树脂分开，分别再生后混合装柱。

2. 痕量元素的预富集

用离子交换技术可将痕量元素从几升或几十升溶液中交换到小柱上，然后用少量淋洗液洗脱，这样痕量元素的富集倍数可达 $10^3 \sim 10^5$。例如，某方法原来可以测定到 10^{-6} mol·L^{-1}，经离子交换富集后则可以测定到 $10^{-9} \sim 10^{-11}$ mol·L^{-1}。为了富集痕量元素，必须选择合适的离子交换剂-溶剂体系，使被富集元素对离子交换剂有很高的亲和力，才能达到定量回收或有效分离的目的。

9.6　其他分离新技术

一、加速溶剂萃取

加速溶剂萃取（accelerated solvent extraction，ASE）是一种在较高温度（50～200 ℃）和较大压力（10.3～20.6 MPa）下用溶剂萃取固体或半固体的新型样品前处理方法。提高温度能增加被提取物的溶解度、增加扩散速度、降低溶质与基质活性位点间的相互作用、降低溶剂的黏度、降低溶剂与基质间的表面张力等。液体对溶质的溶解能力远大于气体对溶质的溶解能力。增加压力能提高溶剂的沸点，使溶剂在萃取过程中始终保持液态。例如，丙酮在常压下的沸点为 56.3 ℃，而在 5 个大气压下，其沸点高于 100 ℃。此外，增加压力还可提高溶剂对溶质的萃取速度，缩短分析时间。与传统的萃取法相比，ASE 具有萃取时间短、溶剂用量少、萃取效率高等突出优点。

二、微波辅助萃取

微波辅助萃取（microwave assisted extraction，MAE）是利用微波能提高萃取率的一种新技术。其原理是在微波场中，吸收微波能力的差异使得基质物质的某些区域或萃取体系中的某些组分被选择性加热，从而使被萃取物质从基质或体系中分离，进入介电常数较小、微波吸收能力相对小的萃取剂中。微波辅助萃取具有设备简单、适用范围广、萃取效率高、重现性好、节省时间和试剂、污染小等特点。目前，该技术已在环境、化工、生化、药物、食品、工业分析和天然产物提取等领域有广泛应用。

三、固相萃取

固相萃取（solid phase extraction，SPE）主要基于样品组分在固定相和流动相之间的分配系数的差异实现分离。SPE 保留或洗脱的机制取决于样品组分与固定相表面的活性基团，以及样品组分与液相之间的分子间作用力。SPE 方法常采用长 2～3 cm 的聚丙烯小柱，内装各种吸附剂填料。除柱管式 SPE 外，圆盘式 SPE 的使用也日渐广泛。圆盘式 SPE 采用一张扁平过滤膜，厚度<1 mm，直径 4～96 mm。与柱管式 SPE 比较，圆盘式 SPE 具有相对较大的横截面，固定相薄，这就使流速增大，萃取速度也增大，特别适合环境样品（例如水中痕量有机物的分析）、尿中药物代谢物的分析等，可以通过增大样品体积来提高检测灵敏度。

SPE 的填料种类繁多，其中吸附型的固定相有活性炭、硅胶、硅藻土、氧化铝等。化学键合相硅胶中，正相的有氨基、腈基、二醇基等；反相的有 C_1、C_2、C_6、C_8、C_{18}、腈基、环己基、苯基等；离子交换的有季铵、氨基、二氨基、苯磺酸基、羧基等。此外，还有聚合物，例如苯乙烯－二乙烯苯共聚物等。目前还有新型的填料，例如限入性介质、分子印迹吸附剂等。

四、固相微萃取

固相微萃取（solid-phase microextraction，SPME）是由加拿大 Waterloo 大学的 Pawliszyn 教授课题组于 1990 年发明的一种吸附/解吸技术，其装置如图 9－6 所示。SPME 是以涂渍在石英纤维（或其他材料纤维）上的固定相（高分子涂层或吸附剂）作为吸收（吸附）介质，对目标分析物进行萃取和浓缩，并在气相色谱进样口中直接热解吸（或用 HPLC 流动相冲洗到液相色谱柱中），进行分离检测。SPME 集萃取、浓缩、解吸、进样于一体，具有样品用量少、选择性高、使用方便、快捷等优点，目前已在环境、食品、医药、临床、法庭分析等众多领域得到广泛应用，已成功地应用于气态、液态、固态样品中的挥发性有机

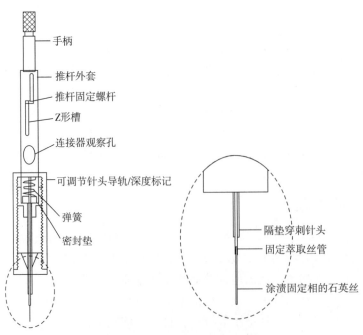

图 9－6　SPME 装置结构示意图

物、半挥发性有机物及无机物的分析。

在进行样品提取时，根据样品的状态，可以将萃取纤维直接插入样品溶液中对被测组分进行提取（直接 SPME 法），也可以将萃取纤维置于样品的上空进行提取（顶空 SPME 法）。在应用 SPME 进行样品提取时，需先考察萃取纤维涂层的类型、萃取温度、萃取时间、搅拌速度和时间、盐析效应、溶液酸度、解析温度和时间等因素对被测组分提取效率的影响，以确定最佳提取条件。

五、超临界流体萃取

超临界流体萃取法（supercritical fluid extraction，SFC）是一种物理分离和纯化方法。它是以 CO_2 为萃取剂，在超临界状态下，加压后使目标物溶解度增大使其溶解，然后通过减压又将其释放出来。在压力为 8～40 MPa 时，CO_2 足以溶解任何非极性、中极性化合物，在加入改性剂后，则可溶解极性化合物。萃取过程中 CO_2 循环使用。

所谓超临界流体，是指物体处于其临界温度和临界压力以上时的状态。这种流体兼有液体和气体的优点，密度大，黏度低，表面张力小，有极高的溶解能力，能深入到提取材料的基质中，具有高效的萃取性能。而且这种溶解能力随着压力的升高而急剧增大。这些特性使超临界流体成为一种良好的萃取剂。而超临界流体萃取，就是利用超临界流体的这一强溶解能力特性，从复杂基质样品中提取各种目标成分，再通过减压将其释放出来的过程。

该技术除可替代传统溶剂分离法外，还可以解决生物大分子、热敏性和化学不稳定性物质的分离，因而在食品、医药、香料、化工、生命科学等领域已有广泛应用。在传统的分离方法中，溶剂萃取是利用溶剂和各溶质间的亲和性（表现在溶解度）的差异来实现分离的；蒸馏是利用溶液中各组分的挥发性（蒸气压）的不同来实现分离的。而超临界 CO_2 萃取则是通过调节 CO_2 的压力和温度来控制溶解度和蒸气压这两个参数进行分离的，故超临界 CO_2 萃取综合了溶剂萃取和蒸馏的两种功能和特点，进而决定了超临界 CO_2 萃取具有传统普通流体萃取方法所不具有的优势：通过调节压力和温度而方便地改变溶剂的性质，调控其选择性；适当地选择提取条件和溶剂，能在接近常温下操作，对热敏性物质可适用；因黏度小、扩散系数大，提取速度较快；溶质和溶剂的分离完全。

六、膜分离技术

膜分离（membrane separation）是在 20 世纪 60 年代后发展起来的一种分离技术。膜是具有选择性分离功能的材料。利用膜的选择性分离实现样品溶液中不同组分的分离、纯化、浓缩的过程称作膜分离。膜分离是用半透膜作为选择障碍层、在膜的两侧存在一定的能量差作为驱动力，允许某些组分透过而保留混合物中其他组分。因各组分透过膜的迁移率不同，从而达到分离目的的技术。

膜分离与传统过滤不同处在于，膜可以在分子范围内进行分离，并且这过程是一种物理过程，不需发生相变和添加助剂。膜的孔径一般为微米级，依据其孔径的不同（或称为截留分子量），可将膜分为微滤膜、超滤膜、纳滤膜和反渗透膜；根据材料的不同，可分为无机膜和有机膜，无机膜有陶瓷膜和金属膜。有机膜有醋酸纤维素、芳香族聚酰胺、聚醚砜、聚氟聚合物等。

膜分离技术由于兼有分离、浓缩、纯化和精制的功能，又有高效、节能、环保、分子级

209

过滤及过滤过程简单、易于控制等特征，因此，目前已广泛应用于食品、医药、生物、环保、化工、冶金、石油、水处理等领域，已成为当今分离科学中最重要的手段之一。

思　考　题

1. 试述分离在定量分析中的重要性及分离时对组分的回收率要求。

2. 举例说明各种形式沉淀分离的作用原理，并比较它们的优缺点。

3. 分别说明分配系数和分配比的物理意义。在溶剂萃取分离中，为什么要引入分配比这一参数？

4. 在溶剂萃取分离中，萃取剂起什么作用？萃取剂选择的基本原则是什么？

5. 根据形成螯合物萃取体系的平衡过程，如何选择适宜的萃取条件？

6. 说明纸色谱法和薄层色谱法的分离原理。

7. 说明各种分离技术的原理和特点。

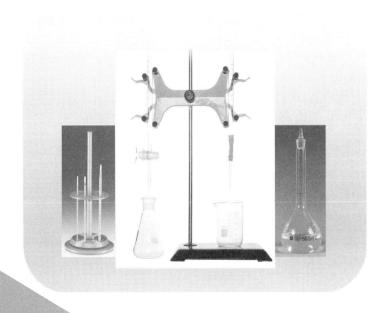

附　录

附录一　常用酸、碱在水中的解离常数（25 ℃）

化合物	英文名称	分子式	分步	K_a	pK_a
无机酸					
砷酸	Arsenic acid	H_3AsO_4	1	5.5×10^{-3}	2.26
			2	1.7×10^{-7}	6.76
			3	5.1×10^{-12}	11.29
亚砷酸	Arsenious acid	H_2AsO_3		5.1×10^{-10}	9.29
硼酸	Boric acid	H_3BO_3	1	5.4×10^{-10}	9.27(20 ℃)
			2		>14(20 ℃)
碳酸	Carbonic acid	H_2CO_3	1	4.5×10^{-7}	6.35
			2	4.7×10^{-11}	10.33
铬酸	Chromic acid	H_2CrO_4	1	0.18	0.74
			2	3.2×10^{-7}	6.49
氢氟酸	Hydrofluoric acid	HF		6.3×10^{-4}	3.20
氢氰酸	Hydrocyanic acid	HCN		6.2×10^{-10}	9.21
氢硫酸	Hydrogen sulfide	H_2S	1	8.9×10^{-8}	7.05
			2	1.0×10^{-19}	19
过氧化氢	Hydrogen peroxide	H_2O_2		2.4×10^{-12}	11.62
次溴酸	Hypobromic acid	HBrO		2.8×10^{-9}	8.55
次氯酸	Hypochlorous acid	HClO		4.0×10^{-8}	7.40
次碘酸	Hypoiodous acid	HIO		3.2×10^{-11}	10.50
碘酸	Iodic acid	HIO_3		0.17	0.78
亚硝酸	Nitrous acid	HNO_2		5.6×10^{-4}	3.25
高氯酸	Perchloric acid	$HClO_4$			−1.6(20 ℃)
高碘酸	Periodic acid	HIO_4		2.3×10^{-2}	1.64
磷酸	Phosphoric acid	H_3PO_4	1	6.9×10^{-3}	2.16
			2	6.2×10^{-8}	7.12
			3	4.8×10^{-13}	12.32
亚磷酸	Phosphorous acid	H_3PO_3	1	5.0×10^{-2}	1.30(20 ℃)
			2	2.0×10^{-7}	6.70(20 ℃)
焦磷酸	Pyrophosphoric acid	$H_4P_2O_7$	1	0.12	0.91
			2	7.9×10^{-3}	2.10
			3	2.0×10^{-7}	6.70

化合物	英文名称	分子式	分步	K_a	pK_a
			4	4.8×10^{-10}	9.32
硅酸	Silicic acid	H_4SiO_4	1	1.6×10^{-10}	9.9(30 ℃)
			2	1.6×10^{-12}	11.8(30 ℃)
			3	1.0×10^{-12}	12.0(30 ℃)
			4	1.0×10^{-12}	12.0(30 ℃)
硫酸	Sulfuric acid	H_2SO_4	2	1.0×10^{-2}	1.99
亚硫酸	Sulfurous acid	H_2SO_3	1	1.4×10^{-2}	1.85
			2	6.3×10^{-8}	7.20
水	Water	H_2O		1.01×10^{-14}	14.0
无机碱					
氨水	Ammonia	$NH_3 \cdot H_2O$		5.6×10^{-10}	9.25
羟胺	Hydroxylamine	NH_2OH		1.1×10^{-6}	5.94
钙	Calcium(Ⅱ)ion	Ca^{2+}		2.5×10^{-13}	12.6
铝	Aluminum(Ⅲ)ion	Al^{3+}		1.0×10^{-5}	5.0
钡	Barium(Ⅱ)ion	Ba^{2+}		4.0×10^{-14}	13.4
钠	Sodium ion	Na^+		1.6×10^{-15}	14.8
镁	Magnesium(Ⅱ)ion	Mg^{2+}		4.0×10^{-12}	11.4
有机酸					
甲酸	Formic acid	$HCOOH$		1.8×10^{-4}	3.75(20 ℃)
乙酸	Acetic acid	CH_3COOH		1.8×10^{-5}	4.76
丙烯酸	Acrylic acid	$H_2CCHCOOH$		5.6×10^{-5}	4.25
苯甲酸	Benzoic acid	C_6H_5COOH		6.5×10^{-5}	4.19
一氯乙酸	Chloroacetic acid	$CH_2ClCOOH$		1.4×10^{-3}	2.85
三氯乙酸	Trichloroacetic acid	CCl_3COOH		0.2	0.70
草酸	Oxalic acid	$H_2C_2O_4$	1	5.9×10^{-2}	1.23
（乙二酸）			2	6.5×10^{-5}	4.19
己二酸	Adipic acid	$(CH_2CH_2COOH)_2$	1	3.7×10^{-5}	4.43
			2	3.9×10^{-6}	5.41
丙二酸	Malonic acid	$CH_2(COOH)_2$	1	1.5×10^{-3}	2.83
			2	2.0×10^{-6}	5.69
丁二酸	Succinic acid	$(CH_2COOH)_2$	1	6.9×10^{-5}	4.16
（琥珀酸）			2	2.5×10^{-6}	5.61

化合物	英文名称	分子式	分步	K_a	pK_a
马来酸	Maleic acid	$C_2H_2(COOH)_2$	1	1.5×10^{-2}	1.83
（顺式丁烯二酸）			2	8.5×10^{-7}	6.07
富马酸	*trans*-Fumaric acid	$C_2H_2(COOH)_2$	1	9.3×10^{-4}	3.03(18 ℃)
（反式丁烯二酸）			2	3.6×10^{-5}	4.44(18 ℃)
邻苯二甲酸	*o*-Phthalic acid	$C_6H_4(COOH)_2$	1	1.3×10^{-3}	2.89
			2	3.1×10^{-6}	5.51
酒石酸	Tartaric acid	$(CHOHCOOH)_2$	1	1.0×10^{-3}	2.98
			2	4.6×10^{-5}	4.34
水杨酸	Salicylic acid	$C_6H_4OHCOOH$	1	1.1×10^{-3}	2.97(19 ℃)
（邻羟基苯甲酸）			2	4.0×10^{-14}	13.40(18 ℃)
苹果酸	Malic acid	$HOCHCH_2(COOH)_2$	1	4.0×10^{-4}	3.40
（羟基丁二酸）			2	7.8×10^{-6}	5.11
柠檬酸	Citric acid	$C_3H_4OH(COOH)_3$	1	7.2×10^{-4}	3.14(20 ℃)
			2	1.7×10^{-5}	4.77(20 ℃)
			3	4.1×10^{-7}	6.39(20 ℃)
抗坏血酸	Ascorbic acid	$C_6H_8O_6$	1	7.9×10^{-5}	4.10(24 ℃)
			2	1.6×10^{-12}	11.79(16 ℃)
苯酚	Phenol	C_6H_5OH		1.3×10^{-10}	9.89(20 ℃)
羟基乙酸	Glycolic acid	$HOCH_2COOH$		1.5×10^{-4}	3.83
对羟基苯甲酸	*p*-Hydroxy-benzoic acid	HOC_6H_5COOH	1	3.3×0^{-5}	4.48(19 ℃)
			2	4.8×10^{-10}	9.32(19 ℃)
甘氨酸	Glycine	H_2NCH_2COOH	1	4.6×10^{-3}	2.34(COOH)
（乙氨酸）			2	2.5×10^{-10}	9.69(NH_3)
丙氨酸	*L*-Alanine	H_3CCHNH_2COOH	1	4.6×10^{-3}	2.34(COOH)
			2	2.0×10^{-10}	9.69(NH_3)
丝氨酸	Serine	$HOCH_2CHNH_2COOH$	1	6.2×10^{-3}	2.21(COOH)
			2	7.1×10^{-10}	9.15(NH_3)
苏氨酸	Threonine	$H_3CCHOHCHNH_2COOH$	1	8.1×10^{-3}	2.09(COOH)
			2	7.9×10^{-10}	9.10(NH_3)
蛋氨酸	Methionine	$H_3CSC_3H_5NH_2COOH$	1	5.2×10^{-3}	2.28(COOH)
			2	6.2×10^{-10}	9.21(NH_3)
谷氨酸	*L*-Glutamic acid	$C_3H_5NH_2(COOH)_2$	1	6.5×10^{-3}	2.19(COOH)

续表

化合物	英文名称	分子式	分步	K_a	pK_a
			2	2.1×10^{-10}	$9.67(NH_3)$
苦味酸	Picric acid	$C_6H_2OH(NO_2)_3$		0.42	0.38
乙二胺四乙酸（EDTA）	Ethylenediamine-tetraacetic acid	$(HOOCCH_2)_2\overset{H}{N}CH_2—$	1	0.1	0.9
		$CH_2\overset{+}{\underset{H}{N}}(CH_2COOH)_2$	2	2.5×10^{-2}	1.6
			3	1.0×10^{-2}	2.0
			4	2.1×10^{-3}	2.67
			5	6.9×10^{-7}	6.16(NH)
			6	5.5×10^{-11}	10.26(NH)
有机碱					
甲胺	Methylamine	CH_3NH_2		2.3×10^{-11}	10.63
正丁胺	Butylamine	$CH_3(CH_2)_3NH_2$		1.7×10^{-11}	10.77(20 ℃)
二乙胺	Diethylamine	$(C_2H_5)_2NH$		9.5×10^{-12}	11.02(40 ℃)
二甲胺	Dimethylamine	$(CH_3)_2NH$		2.1×10^{-11}	10.68
乙胺	Ethylamine	$C_2H_5NH_2$		2.0×10^{-11}	10.70
乙二胺	Ethanediamine	$H_2NCH_2CH_2NH_2$	1	2.0×10^{-11}	10.71
			2	2.8×10^{-8}	7.56
三乙胺	Triethylamine	$(C_2H_5)_3N$		1.8×10^{-11}	10.75
*六次甲基四胺	Hexamethylenetetramine	$(CH_2)_6N_4$		7.1×10^{-6}	5.15
乙醇胺	Ethanolamine	$HOCH_2CH_2NH_2$		3.2×10^{-10}	9.50
苯胺	Aniline	$C_6H_5NH_2$		2.3×10^{-5}	4.63
联苯胺	p-Benzidine	$(C_6H_4NH_2)_2$	1	2.2×10^{-5}	4.66
			2	2.7×10^{-4}	3.57
α-萘胺	α-Naphthylamine	$C_{10}H_9N$		1.2×10^{-4}	3.92
β-萘胺	β-Naphthylamine	$C_{10}H_9N$		6.9×10^{-5}	4.16
对甲氧基苯胺	p-Anisidine	$CH_3OC_6H_4NH_2$		4.5×10^{-5}	4.35
尿素	Urea	NH_2CONH_2		0.79	0.10(21 ℃)
吡啶	Pyridine	C_5H_5N		5.6×10^{-6}	5.25
马钱子碱	Brucine	$C_{23}H_{26}N_2O_4$		5.2×10^{-9}	8.28
可待因	Codeine	$C_{18}H_{21}NO_3$		6.2×10^{-9}	8.21
吗啡	Morphine	$C_{17}H_{19}NO_3$		6.2×10^{-9}	8.21
烟碱	Nicotine	$C_{10}H_{14}N_2$	1	9.5×10^{-9}	8.02

化合物	英文名称	分子式	分步	K_a	pK_a
			2	7.6×10^{-4}	3.12
毛果芸香碱	Pilocarpine	$C_{11}H_{16}N_2O_2$		1.3×10^{-7}	6.87(30 ℃)
8-羟基喹啉	8-Quinolinol	$C_9H_6N(OH)$	1	9.6×10^{-6}	5.02(20 ℃)
			2	1.6×10^{-10}	9.81
奎宁	Quinine	$C_{20}H_{24}N_2O_2$	1	3.0×10^{-9}	8.52
			2	7.4×10^{-5}	4.13
番木鳖碱（士的宁）	Strychnine	$C_{21}H_{22}NO_3$		5.5×10^{-9}	8.26

数据录自：David R. Lide. Handbook of Chemistry and Physics [M]. 78th. Ed. CRC Press，1997.

＊ 数据录自：武汉大学．分析化学（第四版）[M]．北京：高等教育出版社，2000：32.

附录二　常用市售酸碱试剂的浓度

试剂名称	密度/(g·mL^{-1})	质量分数/%	浓度/(mol·L^{-1})
盐酸	1.18～1.19	36～38	11.6～12.4
硝酸	1.39～1.40	65.0～68.0	14.4～15.2
硫酸	1.83～1.84	95～98	17.8～18.4
磷酸	1.69	85	14.6
高氯酸	1.68	70.0～72.0	11.7～12.0
冰醋酸	1.05	99.8（优级纯），99.0（分析纯、化学纯）	17.4
氢氟酸	1.13	40	22.5
氢溴酸	1.49	47.0	8.6
氨水	0.88～0.90	25.0～28.0	13.3～14.8
三乙醇胺	1.124		7.5
浓氢氧化钠	1.44	40	14.4
饱和氢氧化钠	1.539		20.1

附录三　常用的缓冲溶液

缓冲溶液	酸的存在型体	碱的存在型体	pK_a	K_a
氨基乙酸- HCl	$^+NH_3CH_2COOH$	NH_2CH_2COOH	$2.35(pK_{a1})$	4.5×10^{-3}
一氯乙酸- NaOH	$CH_2ClCOOH$	CH_2ClCOO^-	2.85	1.4×10^{-3}
邻苯二甲酸氢钾- HCl	$C_6H_4(COOH)_2$	$C_6H_4(COO)_2H^-$	$2.96(pK_{a1})$	1.1×10^{-3}
甲酸- NaOH	$HCOOH$	$HCOO^-$	3.74	1.8×10^{-4}
HAc - NaAc	HAc	Ac^-	4.74	1.8×10^{-5}
六次甲基四胺	$(CH_2)_6N_4H^+$	$(CH_2)_6N_4$	5.15	7.1×10^{-6}
$NaH_2PO_4 - Na_2HPO_4$	$H_2PO_4^-$	HPO_4^{2-}	$7.17(pK_{a2})$	6.8×10^{-8}
三乙醇胺- HCl	$^+HN(CH_2CH_2OH)_3$	$N(CH_2CH_2OH)_3$	7.77	1.7×10^{-8}
三羟甲基甲胺- HCl	$^+NH_3C(CH_2OH)_3$	$NH_2C(CH_2OH)_3$	8.21	6.2×10^{-9}
$Na_2B_4O_7 - NaOH$	H_3BO_3	$H_2BO_3^-$	9.24	5.8×10^{-10}
$NH_3 - NH_4Cl$	NH_4^+	NH_3	9.26	5.6×10^{-10}
乙醇胺- HCl	$^+NH_3CH_2CH_2OH$	$NH_2CH_2CH_2OH$	9.50	3.2×10^{-10}
氨基乙酸- NaOH	NH_2CH_2COOH	$NH_2CH_2COO^-$	$9.60(pK_{a2})$	2.5×10^{-10}
$NaHCO_3 - Na_2CO_3$	HCO_3^-	CO_3^{2-}	$10.25(pK_{a2})$	5.6×10^{-11}
$Na_2HPO_4 - NaOH$	HPO_4^{2-}	PO_4^{3-}	$12.36(pK_{a3})$	4.4×10^{-13}

附录四　不同温度下标准缓冲溶液的 pH

温度 /℃	0.05 mol·L⁻¹ 草酸三氢钾	25 ℃饱和 酒石酸氢钾	0.05 mol·L⁻¹ 邻苯二甲酸氢钾	0.025 mol·L⁻¹KH₂PO₄＋ 0.025 mol·L⁻¹Na₂HPO₄	0.01 mol·L⁻¹ 硼砂	25 ℃饱和 氢氧化钙
0	1.668	—	4.003	6.984	9.464	13.423
5	1.668	—	3.999	6.951	9.395	13.207
10	1.670	—	3.998	6.923	9.332	13.003
15	1.672	—	3.999	6.900	9.276	12.810
20	1.675	—	4.002	6.881	9.225	12.627
25	1.679	3.557	4.008	6.865	9.180	12.454
30	1.683	3.552	4.015	6.853	9.139	12.289
35	1.688	3.549	4.024	6.844	9.102	12.133
38	1.691	3.548	4.030	6.840	9.081	12.043
40	1.694	3.547	4.035	6.838	9.068	11.984
45	1.700	3.547	4.047	6.834	9.038	11.841
50	1.707	3.549	4.060	6.833	9.011	11.705
55	1.715	3.554	4.075	6.834	8.985	11.574
60	1.723	3.560	4.091	6.836	8.962	11.449
70	1.743	3.580	4.126	6.845	8.921	—
80	1.766	3.609	4.164	6.859	8.885	—
90	1.792	3.650	4.205	6.877	8.850	—
95	1.806	3.674	4.227	6.886	8.833	—

附录五　金属离子络合物的累积常数

金属离子	离子强度	n	$\lg\beta_n$
氨络合物			
Ag^+	0.1	1, 2	3.40, 7.40
Cd^{2+}	0.1	1, …, 6	2.60, 4.65, 6.04, 6.92, 6.6, 4.9
Co^{2+}	0.1	1, …, 6	2.05, 3.62, 4.61, 5.31, 5.43, 4.75
Cu^{2+}	2	1, …, 4	4.13, 7.61, 10.48, 12.59
Ni^{2+}	0.1	1, …, 6	2.75, 4.95, 6.64, 7.79, 8.50, 8.49
Zn^{2+}	0.1	1, …, 4	2.27, 4.61, 7.01, 9.06
氟络合物			
Al^{3+}	0.53	1, …, 6	6.1, 11.15, 15.0, 17.7, 19.4, 19.7
Fe^{3+}	0.5	1, 2, 3	5.2, 9.2, 11.9
Th^{4+}	0.5	1, 2, 3	7.7, 13.5, 18.0
TiO^{2+}	3	1, …, 4	5.4, 9.8, 13.7, 17.4
Sn^{4+}	*	6	25
Zr^{4+}	2	1, 2, 3	8.8, 16.1, 21.9
氯络合物			
Ag^+	0.2	1, …, 4	2.9, 4.7, 5.0, 5.9
Hg^{2+}	0.5	1, …, 4	6.7, 13.2, 14.1, 15.1
碘络合物			
Cd^{2+}	0	1, …, 4	2.10, 3.43, 4.49, 5.41
Hg^{2+}	0.5	1, …, 4	12.9, 23.8, 27.6, 29.8
氰络合物			
Ag^+	0~0.3	1, …, 4	—, 21.1, 21.8, 20.7
Cd^{2+}	3	1, …, 4	5.5, 10.6, 15.3, 18.9
Cu^+	0	1, …, 4	—, 24.0, 28.6, 30.3
Fe^{2+}	0	6	35.4
Fe^{3+}	0	6	43.6
Hg^{2+}	0.1	1, …, 4	18.0, 34.7, 38.5, 41.5
Ni^{2+}	0.1	4	31.3
Zn^{2+}	0.1	4	16.7
硫氰酸络合物			
Fe^{3+}	*	1, …, 5	2.3, 4.2, 5.6, 6.4, 6.4
Hg^{2+}	1	1, …, 4	—, 16.1, 19.0, 20.9

金属离子	离子强度	n	$\lg\beta_n$
硫代硫酸络合物			
Ag^+	0	1，2	8.82，13.5
Hg^{2+}	0	1，2	29.86，32.26
柠檬酸络合物			
Al^{3+}	0.5	1	20.0
Cu^{2+}	0.5	1	18
Fe^{3+}	0.5	1	25
Ni^{2+}	0.5	1	14.3
Pb^{2+}	0.5	1	12.3
Zn^{2+}	0.5	1	11.4
磺基水杨酸络合物			
Al^{3+}	0.1	1，2，3	12.9，22.9，29.0
Fe^{3+}	3	1，2，3	14.4，25.2，32.2
乙酰丙酮络合物			
Al^{3+}	0.1	1，2，3	8.1，15.7，21.2
Cu^{2+}	0.1	1，2	7.8，14.3
Fe^{3+}	0.1	1，2，3	9.3，17.9，25.1
邻二氮菲络合物			
Ag^+	0.1	1，2	5.02，12.07
Cd^{2+}	0.1	1，2，3	6.4，11.6，15.8
邻二氮菲络合物			
Co^{2+}	0.1	1，2，3	7.0，13.7，20.1
Cu^{2+}	0.1	1，2，3	9.1，15.8，21.0
Fe^{2+}	0.1	1，2，3	5.9，11.1，21.3
Hg^{2+}	0.1	1，2，3	—，19.65，23.35
Ni^{2+}	0.1	1，2，3	8.8，17.1，24.8
Zn^{2+}	0.1	1，2，3	6.4，12.15，17.0
乙二胺络合物			
Ag^+	0.1	1，2	4.7，7.7
Cd^{2+}	0.1	1，2	5.47，10.02
Cu^{2+}	0.1	1，2	10.55，19.60
Co^{2+}	0.1	1，2，3	5.89，10.72，13.82

金属离子	离子强度	n	$\lg\beta_n$
Hg^{2+}	0.1	2	23.42
Ni^{2+}	0.1	1，2，3	7.66，14.06，18.59
Zn^{2+}	0.1	1，2，3	5.71，10.37，12.08
注：＊表示离子强度不定。			

附录六　金属离子－氨羧络合剂络合物的稳定常数

$(\lg K_{MY})$ $(20\sim25\ ^{\circ}\!C, I=0.1)$

金属离子	EDTA	EGTA	DCTA
Ag^+	7.3		
Al^{3+}	16.1		17.6
Ba^{2+}	7.76	8.4	8.0
Bi^{3+}	27.94		24.1
Ca^{2+}	10.69	11.0	12.5
Ce^{3+}	15.98		
Cd^{2+}	16.46	15.6	19.2
Co^{2+}	16.31	12.3	18.9
Cr^{3+}	23.0		
Cu^{2+}	18.80	17	21.3
Fe^{2+}	14.33		18.2
Fe^{3+}	25.1		29.3
Hg^{2+}	21.8	23.2	24.3
La^{3+}	15.4	15.6	
Mg^{2+}	8.69	5.2	10.3
Mn^{2+}	14.04	10.7	16.8
Na^+	1.66		
Ni^{2+}	18.67	17.0	19.4
Pb^{2+}	18.0	15.5	19.7
Sn^{2+}	22.1		
Sr^{2+}	8.63	6.8	10.0
Th^{4+}	23.2		23.2
Ti^{3+}	21.3		
TiO^{2+}	17.3		
UO_2^{2+}	10		
U^{4+}	25.5		
V^{3+}	25.9		
Y^{3+}	18.1		
Zn^{2+}	16.50	14.5	18.7

附录七　一些金属离子的 $\lg\alpha_{M(OH)}$ 值

金属离子	离子强度	pH													
		1	2	3	4	5	6	7	8	9	10	11	12	13	14
Al^{3+}	2					0.4	1.3	5.3	9.3	13.3	17.3	21.3	25.3	29.3	33.3
Bi^{3+}	3	0.1	0.5	1.4	2.4	3.4	4.4	5.4							
Ca^{2+}	0.1													0.3	1.0
Cd^{2+}	3									0.1	0.5	2.0	4.5	8.1	12.0
Co^{2+}	0.1								0.1	0.4	1.1	2.2	4.2	7.2	10.2
Cu^{2+}	0.1								0.2	0.8	1.7	2.7	3.7	4.7	5.7
Fe^{2+}	1									0.1	0.6	1.5	2.5	3.5	4.5
Fe^{3+}	3			0.4	1.8	3.7	5.7	7.7	9.7	11.7	13.7	15.7	17.7	19.7	21.7
Hg^{2+}	0.1			0.5	1.9	3.9	5.9	7.9	9.9	11.9	13.9	15.9	17.9	19.9	21.9
La^{3+}	3										0.3	1.0	1.9	2.9	3.9
Mg^{2+}	0.1											0.1	0.5	1.3	2.3
Mn^{2+}	0.1										0.1	0.5	1.4	2.4	3.4
Ni^{2+}	0.1									0.1	0.7	1.6			
Pb^{2+}	0.1						0.1	0.5	1.4	2.7	4.7	7.4	10.4	13.4	
Th^{4+}	1				0.2	0.8	1.7	2.7	3.7	4.7	5.7	6.7	7.7	8.7	9.7
Zn^{2+}	0.1									0.2	2.4	5.4	8.5	11.8	15.5

附录八　EDTA 的 lg$\alpha_{Y(H)}$ 值

pH	lg$\alpha_{Y(H)}$	pH	lg$\alpha_{Y(H)}$	pH	lg$\alpha_{Y(H)}$	pH	lg$\alpha_{Y(H)}$	pH	lg$\alpha_{Y(H)}$
0.0	23.64	2.5	11.90	5.0	6.45	7.5	2.78	10.0	0.45
0.1	23.06	2.6	11.62	5.1	6.26	7.6	2.68	10.1	0.39
0.2	22.47	2.7	11.35	5.2	6.07	7.7	2.57	10.2	0.33
0.3	21.89	2.8	11.09	5.3	5.88	7.8	2.47	10.3	0.28
0.4	21.32	2.9	10.84	5.4	5.69	7.9	2.37	10.4	0.24
0.5	20.75	3.0	10.60	5.5	5.51	8.0	2.27	10.5	0.20
0.6	20.18	3.1	10.37	5.6	5.33	8.1	2.17	10.6	0.16
0.7	19.62	3.2	10.14	5.7	5.15	8.2	2.07	10.7	0.13
0.8	19.08	3.3	9.92	5.8	4.98	8.3	1.97	10.8	0.11
0.9	18.54	3.4	9.70	5.9	4.81	8.4	1.87	10.9	0.09
1.0	18.01	3.5	9.48	6.0	4.65	8.5	1.77	11.0	0.07
1.1	17.49	3.6	9.27	6.1	4.49	8.6	1.67	11.1	0.06
1.2	16.98	3.7	9.06	6.2	4.34	8.7	1.57	11.2	0.05
1.3	16.49	3.8	8.85	6.3	4.20	8.8	1.48	11.3	0.04
1.4	16.02	3.9	8.65	6.4	4.06	8.9	1.38	11.4	0.03
1.5	15.55	4.0	8.44	6.5	3.92	9.0	1.28	11.5	0.02
1.6	15.11	4.1	8.24	6.6	3.79	9.1	1.19	11.6	0.02
1.7	14.68	4.2	8.04	6.7	3.67	9.2	1.10	11.7	0.02
1.8	14.27	4.3	7.84	6.8	3.55	9.3	1.01	11.8	0.01
1.9	13.38	4.4	7.64	6.9	3.43	9.4	0.92	11.9	0.01
2.0	13.51	4.5	7.44	7.0	3.32	9.5	0.83	12.0	0.01
2.1	13.16	4.6	7.24	7.1	3.21	9.6	0.75	12.1	0.01
2.2	12.82	4.7	7.04	7.2	3.10	9.7	0.67	12.2	0.005
2.3	12.50	4.8	6.84	7.3	2.99	9.8	0.59	13.0	0.000 8
2.4	12.19	4.9	6.65	7.4	2.88	9.9	0.52	13.9	0.000 1

附录九　铬黑 T 和二甲酚橙的 $\lg\alpha_{In(H)}$ 及有关常数

铬黑 T

pH	红	$pK_{a2}=6.3$		蓝	$pK_{a3}=11.6$		橙
	6.0	7.0	8.0	9.0	10.0	11.0
$\lg\alpha_{In(H)}$	6.0	4.6	3.6	2.6	1.6	0.7
pCa_{ep}（至红）			1.8	2.8	3.8	4.7
pMg_{ep}（至红）	1.0	2.4	3.4	4.4	5.4	6.3
pMn_{ep}（至红）	3.6	5.0	6.2	7.8	9.7	11.5
pZn_{ep}（至红）	6.9	8.3	9.3	10.5	12.2	13.9

对数常数：$\lg K_{CaIn}=5.4$，$\lg K_{MgIn}=7.0$，$\lg K_{MnIn}=9.6$，$\lg K_{ZnIn}=12.9$。
$c_{In}=10^{-5}\ mol\cdot L^{-1}$。

二甲酚橙

pH	黄			$pK_{a4}=6.3$		红			
	0	1.0	2.0	3.0	4.0	4.5	5.0	5.5	6.0
$\lg\alpha_{In(H)}$	35.0	30.0	25.1	20.7	17.3	15.7	14.2	12.8	11.3
pBi_{ep}（至红）		4.0	5.4	6.8					
pCd_{ep}（至红）						4.0	4.5	5.0	5.5
pHg_{ep}（至红）							7.4	8.2	9.0
pLa_{ep}（至红）						4.0	4.5	5.0	5.6
pPb_{ep}（至红）				4.2	4.8	6.2	7.0	7.6	8.2
pTh_{ep}（至红）		3.6	4.9	6.3					
pZn_{ep}（至红）						4.1	4.8	5.7	6.5
pZr_{ep}（至红）	7.5								

附录十　标准电极电位（18～25 ℃）

半　反　应	$\varphi^{\ominus}/V$
$Li^+ + e^- \rightleftharpoons Li$	-3.045
$K^+ + e^- \rightleftharpoons K$	-2.924
$Ba^{2+} + 2e^- \rightleftharpoons Ba$	-2.90
$Sr^{2+} + 2e^- \rightleftharpoons Sr$	-2.89
$Ca^{2+} + 2e^- \rightleftharpoons Ca$	-2.76
$Na^+ + e^- \rightleftharpoons Na$	-2.711
$Mg^{2+} + 2e^- \rightleftharpoons Mg$	-2.375
$Al^{3+} + 3e^- \rightleftharpoons Al$	-1.706
$ZnO_2^{2-} + 2H_2O + 2e^- \rightleftharpoons Zn + 4OH^-$	-1.216
$Mn^{2+} + 2e^- \rightleftharpoons Mn$	-1.18
$Sn(OH)_6^{2-} + 2e^- \rightleftharpoons HSnO_2^- + 3OH^- + H_2O$	-0.96
$SO_4^{2-} + H_2O + 2e^- \rightleftharpoons SO_3^{2-} + 2OH^-$	-0.92
$TiO_2 + 4H^+ + 4e^- \rightleftharpoons Ti + 2H_2O$	-0.89
$2H_2O + 2e^- \rightleftharpoons H_2 + 2OH^-$	-0.828
$HSnO_2^- + H_2O + 2e^- \rightleftharpoons Sn + 3OH^-$	-0.79
$Zn^{2+} + 2e^- \rightleftharpoons Zn$	-0.763
$Cr^{3+} + 3e^- \rightleftharpoons Cr$	-0.74
$AsO_4^{3+} + 2H_2O + 2e^- \rightleftharpoons AsO_2^- + 4OH^-$	-0.71
$S + 2e^- \rightleftharpoons S^{2-}$	-0.508
$2CO_2 + 2H^+ + 2e^- \rightleftharpoons H_2C_2O_4$	-0.49
$Cr^{3+} + e^- \rightleftharpoons Cr^{2+}$	-0.41
$Fe^{2+} + 2e^- \rightleftharpoons Fe$	-0.409
$Cd^{2+} + 2e^- \rightleftharpoons Cd$	-0.403
$Cu_2O + H_2O + 2e^- \rightleftharpoons 2Cu + 2OH^-$	-0.361
$Co^{2+} + 2e^- \rightleftharpoons Co$	-0.28
$Ni^{2+} + 2e^- \rightleftharpoons Ni$	-0.246
$AgI + e^- \rightleftharpoons Ag + I^-$	-0.15
$Sn^{2+} + 2e^- \rightleftharpoons Sn$	-0.136
$Pb^{2+} + 2e^- \rightleftharpoons Pb$	-0.126
$CrO_4^{2-} + 4H_2O + 3e^- \rightleftharpoons Cr(OH)_3 + 5OH^-$	-0.12
$Ag_2S + 2H^+ + 2e^- \rightleftharpoons 2Ag + H_2S$	-0.036

半 反 应	$\varphi^{\ominus}/V$
$Fe^{3+}+3e^-\rightleftharpoons Fe$	-0.036
$2H^++2e^-\rightleftharpoons H_2$	0.000
$NO_3^-+H_2O+2e^-\rightleftharpoons NO_2^-+2OH^-$	0.01
$TiO^{2+}+2H^++e^-\rightleftharpoons Ti^{3+}+H_2O$	0.10
$S_4O_6^{2-}+2e^-\rightleftharpoons 2S_2O_3^{2-}$	0.09
$AgBr+e^-\rightleftharpoons Ag+Br^-$	0.10
$S+2H^++2e^-\rightleftharpoons H_2S$（水溶液）	0.141
$Sn^{4+}+2e^-\rightleftharpoons Sn^{2+}$	0.15
$Cu^{2+}+e^-\rightleftharpoons Cu^+$	0.158
$BiOCl+2H^++3e^-\rightleftharpoons Bi+Cl^-+H_2O$	0.158
$SO_4^{2-}+4H^++2e^-\rightleftharpoons H_2SO_3+H_2O$	0.20
$AgCl+e^-\rightleftharpoons Ag+Cl^-$	0.22
$IO_3^-+3H_2O+6e^-\rightleftharpoons I^-+6OH^-$	0.26
$Hg_2Cl_2+2e^-\rightleftharpoons 2Hg+2Cl^-$（$0.1\ mol \cdot L^{-1}\ NaOH$）	0.268
$Cu^{2+}+2e^-\rightleftharpoons Cu$	0.340
$VO^{2+}+2H^++e^-\rightleftharpoons V^{3+}+H_2O$	0.36
$Fe(CN)_6^{3-}+e^-\rightleftharpoons Fe(CN)_6^{4-}$	0.36
$2H_2SO_3+2H^++4e^-\rightleftharpoons S_2O_3^{2-}+3H_2O$	0.40
$Cu^++e^-\rightleftharpoons Cu$	0.522
$I_3^-+2e^-\rightleftharpoons 3I^-$	0.534
$I_2+2e^-\rightleftharpoons 2I^-$	0.535
$IO_3^-+2H_2O+4e^-\rightleftharpoons IO^-+4OH^-$	0.56
$MnO_4^-+e^-\rightleftharpoons MnO_4^{2-}$	0.564
$H_3AsO_4+2H^++2e^-\rightleftharpoons HAsO_2+2H_2O$	0.56
$MnO_4^-+2H_2O+3e^-\rightleftharpoons MnO_2+4OH^-$	0.588
$O_2+2H^++2e^-\rightleftharpoons H_2O_2$	0.682
$Fe^{3+}+e^-\rightleftharpoons Fe^{2+}$	0.77
$Hg_2^{2+}+2e^-\rightleftharpoons 2Hg$	0.796
$Ag^++e^-\rightleftharpoons Ag$	0.799
$Hg^{2+}+2e^-\rightleftharpoons Hg$	0.851
$2Hg^{2+}+2e^-\rightleftharpoons Hg_2^{2+}$	0.907
$NO_3^-+3H^++2e^-\rightleftharpoons HNO_2+H_2O$	0.94

半　反　应	$\varphi^{\ominus}/V$
$NO_3^- + 4H^+ + 3e^- \rightleftharpoons NO + 2H_2O$	0.96
$HNO_2 + H^+ + e^- \rightleftharpoons NO + H_2O$	0.99
$VO_2^+ + 2H^+ + e^- \rightleftharpoons VO^{2+} + H_2O$	1.00
$N_2O_4 + 4H^+ + 4e^- \rightleftharpoons 2NO + 2H_2O$	1.03
$Br_2 + 2e^- \rightleftharpoons 2Br^-$	1.08
$IO_3^- + 6H^+ + 6e^- \rightleftharpoons I^- + 3H_2O$	1.085
$IO_3^- + 6H^+ + 5e^- \rightleftharpoons 1/2I_2 + 3H_2O$	1.195
$MnO_2 + 4H^+ + 4e^- \rightleftharpoons Mn^{2+} + 2H_2O$	1.23
$O_2 + 4H^+ + 4e^- \rightleftharpoons 2H_2O$	1.23
$Au^{3+} + 2e^- \rightleftharpoons Au^+$	1.29
$Cr_2O_7^{2-} + 14H^+ + 6e^- \rightleftharpoons 2Cr^{3+} + 7H_2O$	1.33
$Cl_2 + 2e^- \rightleftharpoons 2Cl^-$	1.358
$BrO_3^- + 6H^+ + 6e^- \rightleftharpoons Br^- + 3H_2O$	1.44
$Ce^{4+} + e^- \rightleftharpoons Ce^{3+}$	1.443
$ClO_3^- + 6H^+ + 6e^- \rightleftharpoons Cl^- + 3H_2O$	1.45
$PbO_2 + 4H^+ + 2e^- \rightleftharpoons Pb^{2+} + 2H_2O$	1.46
$MnO_4^- + 8H^+ + 5e^- \rightleftharpoons Mn^{2+} + 4H_2O$	1.491
$Mn^{3+} + e^- \rightleftharpoons Mn^{2+}$	1.51
$BrO_3^- + 6H^+ + 5e^- \rightleftharpoons 1/2Br_2 + 3H_2O$	1.52
$HClO + H^+ + e^- \rightleftharpoons 1/2Cl_2 + H_2O$	1.63
$MnO_4^- + 4H^+ + 3e^- \rightleftharpoons MnO_2 + 2H_2O$	1.679
$H_2O_2 + 2H^+ + 2e^- \rightleftharpoons 2H_2O$	1.776
$Co^{3+} + e^- \rightleftharpoons Co^{2+}$	1.842
$S_2O_3^{2-} + 2e^- \rightleftharpoons 2SO_4^{2-}$	2.00
$O_3 + 2H^+ + 2e^- \rightleftharpoons O_2 + H_2O$	2.07
$F_2 + 2e^- \rightleftharpoons 2F^-$	2.87

附录十一　条件电极电位

半　反　应	$\varphi^{\ominus\prime}/V$	介　质
$Ag(II)+e^-\rightleftharpoons Ag^+$	1.927	$4\ mol\cdot L^{-1}\ HNO_3$
$Ce(IV)+e^-\rightleftharpoons Ce(III)$	1.70	$1\ mol\cdot L^{-1}\ HClO_4$
	1.61	$1\ mol\cdot L^{-1}\ HNO_3$
	1.44	$0.5\ mol\cdot L^{-1}\ H_2SO_4$
	1.28	$1\ mol\cdot L^{-1}\ HCl$
$Co^{3+}+e^-\rightleftharpoons Co^{2+}$	1.85	$4\ mol\cdot L^{-1}\ HNO_3$
$Co(乙二胺)_3^{3+}+e^-\rightleftharpoons Co(乙二胺)_3^{2+}$	-0.2	$0.1\ mol\cdot L^{-1}\ KNO_3+$ $0.1\ mol\cdot L^{-1}\ 乙二胺$
$Cr(III)+e^-\rightleftharpoons Cr(II)$	-0.40	$5\ mol\cdot L^{-1}\ HCl$
$Cr_2O_7^{2-}+14H^++6e^-\rightleftharpoons 2Cr^{3+}+7H_2O$	1.00	$1\ mol\cdot L^{-1}\ HCl$
	1.025	$1\ mol\cdot L^{-1}\ HClO_4$
	1.08	$3\ mol\cdot L^{-1}\ HCl$
	1.05	$2\ mol\cdot L^{-1}\ HCl$
	1.15	$4\ mol\cdot L^{-1}\ H_2SO_4$
$CrO_4^{2-}+2H_2O+3e^-\rightleftharpoons CrO_2^-+4OH^-$	-0.12	$1\ mol\cdot L^{-1}\ NaOH$
$Fe(III)+e^-\rightleftharpoons Fe(II)$	0.73	$1\ mol\cdot L^{-1}\ HClO_4$
	0.71	$0.5\ mol\cdot L^{-1}\ HCl$
	0.68	$1\ mol\cdot L^{-1}\ H_2SO_4$
	0.68	$1\ mol\cdot L^{-1}\ HCl$
	0.46	$2\ mol\cdot L^{-1}\ H_3PO_4$
	0.51	$1\ mol\cdot L^{-1}\ HCl$
		$0.25\ mol\cdot L^{-1}\ H_3PO_4$
$H_3AsO_4+2H^++2e^-\rightleftharpoons H_3AsO_3+H_2O$	0.557	$1\ mol\cdot L^{-1}\ HCl$
	0.557	$1\ mol\cdot L^{-1}\ HClO_4$
$Fe(EDTA)^-+e^-\rightleftharpoons Fe(EDTA)^{2-}$	0.12	$0.1\ mol\cdot L^{-1}\ EDTA$ pH 4～6
$Fe(CN)_6^{3-}+e^-\rightleftharpoons Fe(CN)_6^{4-}$	0.48	$0.01\ mol\cdot L^{-1}\ HCl$
	0.56	$0.1\ mol\cdot L^{-1}\ HCl$
	0.71	$1\ mol\cdot L^{-1}\ HCl$
	0.72	$1\ mol\cdot L^{-1}\ HClO_4$
$I_2(水)+2e^-\rightleftharpoons 2I^-$	0.628	$0.5\ mol\cdot L^{-1}\ H_2SO_4$
$I_3^-+2e^-\rightleftharpoons 3I^-$	0.545	$0.5\ mol\cdot L^{-1}\ H_2SO_4$
$MnO_4^-+8H^++5e^-\rightleftharpoons Mn^{2+}+4H_2O$	1.45	$1\ mol\cdot L^{-1}\ HClO_4$

半　反　应	$\varphi^{\ominus\prime}/V$	介　质
	1.27	8 mol $\cdot$ L^{-1} H$_3$PO$_4$
Os(Ⅷ)$+$4e$^-\rightleftharpoons$Os(Ⅳ)	0.79	5 mol $\cdot$ L^{-1} HCl
SnCl$_6^{2-}+$2e$^-\rightleftharpoons$SnCl$_4^{2-}+$2Cl$^-$	0.14	1 mol $\cdot$ L^{-1} HCl
Sn$^{2+}+$2e$^-\rightleftharpoons$Sn	$-$0.16	1 mol $\cdot$ L^{-1} HClO$_4$
Sb(Ⅴ)$+$2e$^-\rightleftharpoons$Sb(Ⅲ)	$-$0.75	3.5 mol $\cdot$ L^{-1} HCl
Sb(OH)$_6^-+$2e$^-\rightleftharpoons$SbO$_2^-+$2OH$^-+$2H$_2$O	$-$0.428	3 mol $\cdot$ L^{-1} NaOH
SbO$_2^-+$2H$_2$O$+$3e$^-\rightleftharpoons$Sb$+$4OH$^-$	$-$0.675	10 mol $\cdot$ L^{-1} KOH
Ti(Ⅳ)$+$e$^-\rightleftharpoons$Ti(Ⅲ)	$-$0.01	0.2 mol $\cdot$ L^{-1} H$_2$SO$_4$
	0.12	2 mol $\cdot$ L^{-1} H$_2$SO$_4$
	$-$0.04	1 mol $\cdot$ L^{-1} HCl
	$-$0.05	1 mol $\cdot$ L^{-1} H$_3$PO$_4$
Pb(Ⅱ)$+$2e$\rightleftharpoons$Pb	$-$0.32	1 mol $\cdot$ L^{-1} NaOAc
	$-$0.14	1 mol $\cdot$ L^{-1} HClO$_4$
UO$_2^{2+}+$4H$^++$2e$^-\rightleftharpoons$U(Ⅳ)$+$2H$_2$O	0.41	0.5 mol $\cdot$ L^{-1} H$_2$SO$_4$

附录十二　微溶化合物的溶度积（18～25 ℃，$I=0$）

微溶化合物	K_{sp}	pK_{sp}	微溶化合物	K_{sp}	pK_{sp}
Ag_3AsO_4	1×10^{-22}	22.0	$Ca_3(PO_4)_2$	2.0×10^{-29}	28.70
$AgBr$	5.0×10^{-13}	12.30	$CaSO_4$	9.1×10^{-6}	5.04
Ag_2CO_3	8.1×10^{-12}	11.09	$CaWO_4$	8.7×10^{-9}	8.06
$AgCl$	1.8×10^{-10}	9.75	$CdCO_3$	5.2×10^{-12}	11.28
Ag_2CrO_4	2.0×10^{-12}	11.71	$Cd_2[Fe(CN)_6]$	3.2×10^{-17}	16.49
$AgCN$	1.2×10^{-16}	15.92	$Cd(OH)_2$ 新析出	2.5×10^{-14}	13.60
$AgOH$	2.0×10^{-8}	7.71	$CdC_2O_4\cdot3H_2O$	9.1×10^{-8}	7.04
AgI	9.3×10^{-17}	16.03	CdS	8×10^{-27}	26.1
$Ag_2C_2O_4$	3.5×10^{-11}	10.46	$CoCO_3$	1.4×10^{-13}	12.84
Ag_3PO_4	1.4×10^{-16}	15.84	$Co_2[Fe(CN)_6]$	1.8×10^{-15}	14.74
Ag_2SO_4	1.4×10^{-5}	4.84	$Co(OH)_2$ 新析出	2×10^{-15}	14.7
Ag_2S	2×10^{-49}	48.7	$Co(OH)_3$	2×10^{-44}	43.7
$AgSCN$	1.0×10^{-12}	12.00	$Co[Hg(SCN)_4]$	1.5×10^{-8}	7.82
$Al(OH)_3$ 无定形	1.3×10^{-33}	32.9	$\alpha\text{-}CoS$	4×10^{-21}	20.4
$As_2S_3$①	2.1×10^{-22}	21.68	$\beta\text{-}Cos$	2×10^{-25}	24.7
$BaCO_3$	5.1×10^{-9}	8.29	$Co_3(PO_4)_2$	2×10^{-35}	34.7
$BaCrO_4$	1.2×10^{-10}	9.93	$Cr(OH)_3$	6×10^{-31}	30.2
BaF_2	1×10^{-6}	6.0	$CuBr$	5.2×10^{-9}	8.28
$BaC_2O_4\cdot H_2O$	2.3×10^{-8}	7.64	$CuCl$	1.2×10^{-8}	7.92
$BaSO_4$	1.1×10^{-10}	9.96	$CuCN$	3.2×10^{-20}	19.49
$Bi(OH)_3$	4×10^{-31}	30.4	CuI	1.1×10^{-12}	11.96
$BiOOH$②	4×10^{-10}	9.4	$CuOH$	1×10^{-14}	14.0
BiI_3	8.1×10^{-19}	18.09	Cu_2S	2×10^{-48}	47.7
$BiOCl$	1.8×10^{-31}	30.75	$CuSCN$	4.8×10^{-15}	14.32
$BiPO_4$	1.3×10^{-23}	22.89	$CuCO_3$	1.4×10^{-10}	9.86
Bi_2S_3	1×10^{-97}	97.0	$Cu(OH)_2$	2.2×10^{-20}	19.66
$CaCO_3$	2.9×10^{-9}	8.54	CuS	6×10^{-36}	35.2
CaF_2	2.7×10^{-11}	10.57	$FeCO_3$	3.2×10^{-11}	10.50
$CaC_2O_4\cdot H_2O$	2.0×10^{-9}	8.70	$Fe(OH)_2$	8×10^{-16}	15.1
FeS	6×10^{-18}	17.2	$PbClF$	2.4×10^{-9}	8.62
$Fe(OH)_3$	4×10^{-38}	37.4	$PbCrO_4$	2.8×10^{-13}	12.55

微溶化合物	K_{sp}	pK_{sp}	微溶化合物	K_{sp}	pK_{sp}
$FePO_4$	1.3×10^{-22}	21.89	PbF_2	2.7×10^{-8}	7.57
Hg_2Br_2 ③	5.8×10^{-23}	22.24	$Pb(OH)_2$	1.2×10^{-15}	14.93
Hg_2CO_3	8.9×10^{-17}	16.05	PbI_2	7.1×10^{-9}	8.15
Hg_2Cl_2	1.3×10^{-18}	17.88	$PbMoO_4$	1×10^{-13}	13.0
$Hg_2(OH)_2$	2×10^{-24}	23.7	$Pb_3(PO_4)_2$	8.0×10^{-43}	42.10
Hg_2I_2	4.5×10^{-29}	28.35	$PbSO_4$	1.6×10^{-8}	7.79
Hg_2SO_4	7.4×10^{-7}	6.13	PbS	8×10^{-28}	27.9
Hg_2S	1×10^{-47}	47.0	$Pb(OH)_4$	3×10^{-66}	65.5
$Hg(OH)_2$	3×10^{-26}	25.52	$Sb(OH)_3$	4×10^{-42}	41.4
HgS 红色	4×10^{-53}	52.4	Sb_2S_3	2×10^{-93}	92.8
黑色	2×10^{-52}	51.7	$Sn(OH)_2$	1.4×10^{-23}	27.85
$MgNH_4PO_4$	2×10^{-13}	12.7	SnS	1×10^{-25}	25.0
$MgCO_3$	3.5×10^{-8}	7.46	$Sn(OH)_4$	1×10^{-56}	56.0
MgF_2	6.4×10^{-9}	8.19	SnS_2	2×10^{-27}	26.7
$Mg(OH)_2$	1.8×10^{-11}	10.74	$SrCO_3$	1.1×10^{-10}	9.96
$MnCO_3$	1.8×10^{-11}	10.74	$SrCrO_4$	2.2×10^{-5}	4.65
$Mn(OH)_2$	1.9×10^{-13}	12.72	SrF_2	2.4×10^{-9}	8.61
MnS 无定形	2×10^{-10}	9.7	$SrC_2O_4 \cdot H_2O$	1.6×10^{-7}	6.80
MnS 晶形	2×10^{-13}	12.7	$Sr_2(PO_4)_2$	4.1×10^{-28}	27.39
$NiCO_3$	6.6×10^{-9}	8.18	Sr_3SO_4	3.2×10^{-7}	6.49
$Ni(OH)_2$ 新析出	2×10^{-15}	14.7	$Ti(OH)_3$	1×10^{-40}	40.0
$Ni_3(PO_4)_2$	5×10^{-31}	30.3	$Ti(OH)_4$ ④	1×10^{-29}	29.0
α-NiS	3×10^{-19}	18.5	$ZnCO_3$	1.4×10^{-11}	10.84
β-NiS	1×10^{-24}	24.0	$Zn_2[Fe(CN)_6]$	4.1×10^{-16}	15.39
γ-NiS	2×10^{-26}	25.7	$Zn(OH)_2$	1.2×10^{-17}	16.92
$PbCO_3$	7.4×10^{-14}	13.13	$Zn_3(PO_4)_2$	9.1×10^{-33}	32.04
$PbCl_2$	1.6×10^{-5}	4.79	ZnS	2×10^{-22}	21.7

注：① 为下列平衡的平衡常数 $As_2S_3 + 4H_2O \rightleftharpoons 2HAsO_2 + 3H_2S$；
　　② $BiOOH$　$K_{sp} = [BiO^+][OH^-]$；
　　③ $(Hg_2)_mX_n$　$K_{sp} = [Hg_2^{2+}]^m[X^{-2m/n}]^n$；
　　④ $TiO(OH)_2$　$K_{sp} = [TiO^{2+}][OH^-]^2$。

233

附录十三 一些化合物的相对分子质量

化合物	相对分子质量	化合物	相对分子质量	化合物	相对分子质量
Ag_3AsO_4	462.52	CH_3COOH	60.052	H_3AsO_3	125.94
$AgBr$	187.77	$C_6H_4COOHCOOK$	204.23	H_3AsO_4	141.94
$AgCl$	143.32	CO_2	44.01	H_3BO_3	61.88
$AgCN$	133.89	$CoCl_2$	129.84	HBr	80.912
$AgSCN$	165.95	$CoCl_2 \cdot 6H_2O$	237.93	HCN	27.026
Ag_2CrO_4	331.73	$Co(NO_3)_2$	182.94	$HCOOH$	46.026
AgI	234.77	$Co(NO_3)_2 \cdot 6H_2O$	291.03	H_2CO_3	62.025
$AgNO_3$	169.87	CoS	90.99	$H_2C_2O_4$	90.035
$AlCl_3$	133.34	$CoSO_4$	154.99	$H_2C_2O_4 \cdot 2H_2O$	126.07
$AlCl_3 \cdot 6H_2O$	241.43	$CoSO_4 \cdot 7H_2O$	281.10	HCl	36.461
$Al(NO_3)_3$	213.00	$CO(NH_2)_2$	60.06	$HClO_4$	100.46
$Al(NO_3)_3 \cdot 9H_2O$	375.13	$CrCl_3$	158.35	HF	20.006
Al_2O_3	101.96	$CrCl_3 \cdot 6H_2O$	266.45	HI	127.91
$Al(OH)_3$	78.00	$Cr(NO_3)_3$	238.01	HIO_3	175.91
$Al_2(SO_4)_3$	342.14	Cr_2O_3	151.99	HNO_3	63.013
$Al_2(SO_4)_3 \cdot 18H_2O$	666.41	$CuCl$	98.999	HNO_2	47.013
As_2O_3	197.84	$CuCl_2$	134.45	H_2O	18.015
As_2O_5	229.84	$CuCl_2 \cdot 2H_2O$	170.48	H_2O_2	34.015
As_2S_3	246.02	$CuSCN$	121.62	H_3PO_4	97.995
		CuI	190.45	H_2S	34.08
$BaCO_3$	197.34	$Cu(NO_3)_2$	187.56	H_2SO_3	82.07
BaC_2O_4	225.35	$Cu(NO_3)_2 \cdot 3H_2O$	241.60	H_2SO_4	98.07
$BaCl_2$	208.24	CuO	79.545	$Hg(CN)_2$	252.63
$BaCl_2 \cdot 2H_2O$	244.27	Cu_2O	143.09	$HgCl_2$	271.50
$BaCrO_4$	253.32	CuS	95.61	Hg_2Cl_2	472.09
BaO	153.33	$CuSO_4$	159.60	HgI_2	454.40
$Ba(OH)_2$	171.34	$CuSO_4 \cdot 5H_2O$	249.68	$Hg_2(NO_3)_2$	525.19
$BaSO_4$	233.39			$Hg_2(NO_3)_2 \cdot 2H_2O$	561.22
$BiCl_3$	315.34	$FeCl_2$	126.75	$Hg(NO_3)_2$	324.60
$BiOCl$	260.43	$FeCl_2 \cdot 4H_2O$	198.81	HgO	216.59

234

续表

化合物	相对分子质量	化合物	相对分子质量	化合物	相对分子质量
		$FeCl_3$	162.21	HgS	232.65
CaO	56.08	$FeCl_3 \cdot 6H_2O$	270.30	$HgSO_4$	296.65
$CaCO_3$	100.09	$FeNH_4(SO_4)_2 \cdot 12H_2O$	482.18	Hg_2SO_4	497.24
CaC_2O_4	128.10	$Fe(NO_3)_3$	241.86		
$CaCl_2$	110.99	$Fe(NO_3)_3 \cdot 9H_2O$	404.00	$KAl(SO_4)_2 \cdot 12H_2O$	474.38
$CaCl_2 \cdot 6H_2O$	219.08	FeO	71.846	KBr	119.00
$Ca(NO_3)_2 \cdot 4H_2O$	236.15	Fe_2O_3	159.69	$KBrO_3$	167.00
$Ca(OH)_2$	74.09	Fe_3O_4	231.54	KCl	74.551
$Ca_3(PO_4)_2$	310.18	$Fe(OH)_2$	106.87	$KClO_3$	122.55
$CaSO_4$	136.14	FeS	87.91	$KClO_4$	138.55
$CdCO_3$	172.42	Fe_2S_3	207.87	KCN	65.116
$CdCl_2$	183.32	$FeSO_4$	151.90	$KSCN$	97.18
CdS	144.47	$FeSO_4 \cdot 7H_2O$	278.01	K_2CO_3	138.21
$Ce(SO_4)_2$	332.24	$FeSO_4 \cdot (NH_4)_2SO_4 \cdot 6H_2O$	392.13	K_2CrO_4	194.19
$Ce(SO_4)_2 \cdot 4H_2O$	404.30			$K_2Cr_2O_7$	294.18
$K_3Fe(CN)_6$	329.25	NH_4HCO_3	79.055	$PbCrO_4$	323.20
$K_4Fe(CN)_6$	368.35	$(NH_4)_2MoO_4$	196.01	$Pb(CH_3COO)_2$	325.30
$KFe(SO_4)_2 \cdot 12H_2O$	503.24	NH_4NO_3	80.043	$Pb(CH_3COO)_2 \cdot 3H_2O$	379.30
$KHC_2O_4 \cdot H_2O$	146.14	$(NH_4)_2HPO_4$	132.06	PbI_2	461.00
$KHC_2O_4 \cdot H_2C_2O_4 \cdot 2H_2O$	245.19	$(NH_4)_2S$	68.14	$Pb(NO_3)_2$	331.20
$KHC_4H_4O_6$	188.18	$(NH_4)_2SO_4$	132.13	PbO	223.20
$KHSO_4$	136.16	NH_4VO_3	116.98	PbO_2	239.20
KI	166.00	Na_3AsO_3	191.89	$Pb_3(PO_4)_2$	811.54
KIO_3	214.00	$Na_2B_4O_7$	201.22	PbS	239.30
$KIO_3 \cdot HIO_3$	389.91	$Na_2B_4O_7 \cdot 10H_2O$	381.37	$PbSO_4$	303.30
$KMnO_4$	158.03	$NaBiO_3$	279.97		
$KNaC_4H_4O_6 \cdot 4H_2O$	282.22	$NaCN$	49.007	SO_3	80.06
KNO_3	101.10	$NaSCN$	81.07	SO_2	64.06
KNO_2	85.104	Na_2CO_3	105.99	$SbCl_3$	228.11
K_2O	94.196	$Na_2CO_3 \cdot 10H_2O$	286.14	$SbCl_5$	299.02
KOH	56.106	$Na_2C_2O_4$	134.00	Sb_2O_3	291.50

续表

化合物	相对分子质量	化合物	相对分子质量	化合物	相对分子质量
K_2SO_4	174.25			Sb_2S_3	339.68
		CH_3COONa	82.034	SiF_4	104.08
$MgCO_3$	84.314	$CH_3COONa \cdot 3H_2O$	136.08	SiO_2	60.084
$MgCl_2$	95.211	$NaCl$	58.443	$SnCl_2$	189.60
$MgCl_2 \cdot 6H_2O$	203.30	$NaClO$	74.442	$SnCl_2 \cdot 2H_2O$	225.63
MgC_2O_4	112.33	$NaHCO_3$	84.007	$SnCl_4$	260.50
$Mg(NO_3)_2 \cdot 6H_2O$	256.41	$Na_2HPO_4 \cdot 12H_2O$	358.14	$SnCl_4 \cdot 5H_2O$	350.58
$MgNH_4PO_4$	137.32	$Na_2H_2Y \cdot 2H_2O$	372.24	SnO_2	150.69
MgO	40.304	$NaNO_2$	68.995	SnS	150.75
$Mg(OH)_2$	58.32	$NaNO_3$	84.995	$SrCO_3$	147.63
$Mg_2P_2O_7$	222.55	Na_2O	61.979	SrC_2O_4	175.64
$MgSO_4 \cdot 7H_2O$	246.47	Na_2O_2	77.978	$SrCrO_4$	203.61
$MnCO_3$	114.95	$NaOH$	39.997	$Sr(NO_3)_2$	211.63
$MnCl_2 \cdot 4H_2O$	197.91	Na_3PO_4	163.94	$Sr(NO_3)_2 \cdot 4H_2O$	283.69
$Mn(NO_3)_2 \cdot 6H_2O$	287.04	Na_2S	78.04	$SrSO_4$	183.69
MnO	70.937	$Na_2S \cdot 9H_2O$	240.18		
MnO_2	86.937	Na_2SO_3	126.04	$UO_2(CH_2COO)_2 \cdot 2H_2O$	424.15
MnS	87.00	Na_2SO_4	142.04		
$MnSO_4$	151.00	$Na_2S_2O_3$	158.10	$ZnCO_3$	125.39
$MnSO_4 \cdot 4H_2O$	223.06	$Na_2S_2O_3 \cdot 5H_2O$	248.17	ZnC_2O_4	153.40
		$NiCl_2 \cdot 6H_2O$	237.69	$ZnCl_2$	136.29
NO	30.006	NiO	74.69	$Zn(CH_3COO)_2$	183.47
NO_2	46.006	$Ni(NO_3)_2 \cdot 6H_2O$	290.79	$Zn(CH_3COO)_2 \cdot 2H_2O$	219.50
NH_3	17.03	NiS	90.75	$Zn(NO_3)_2$	189.39
CH_3COONH_4	77.083	$NiSO_4 \cdot 7H_2O$	280.85	$Zn(NO_3)_2 \cdot 6H_2O$	297.48
NH_4Cl	53.491			ZnO	81.38
$(NH_4)_2CO_3$	96.086	P_2O_5	141.94	ZnS	97.44
$(NH_4)_2C_2O_4$	124.10	$PbCO_3$	267.20	$ZnSO_4 \cdot 7H_2O$	287.54
$(NH_4)_2C_2O_4 \cdot H_2O$	142.11	PbC_2O_4	295.22		
NH_4SCN	76.12	$PbCl_2$	278.10		

附录十四　相对原子质量表

元素	符号	相对原子质量	元素	符号	相对原子质量	元素	符号	相对原子质量
银	Ag	107.868 2	铪	Hf	178.49	铷	Rb	85.467 8
铝	Al	26.981 539	汞	Hg	200.59	铼	Re	186.207
氩	Ar	39.948	钬	Fo	164.930 32	铑	Rh	102.905 5
砷	As	74.921 59	碘	I	126.904 47	钌	Ru	101.07
金	Au	196.966 54	铟	In	114.82	硫	S	32.066
硼	B	10.811	铱	Ir	192.22	锑	Sb	121.75
钡	Ba	137.327	钾	K	39.098 3	钪	Sc	44.955 91
铍	Be	9.012 182	氪	Kr	83.80	硒	Se	78.96
铋	Bi	208.980 37	镧	La	138.905 5	硅	Si	28.085 5
溴	Br	79.904	锂	Li	6.941	钐	Sm	150.36
碳	C	12.011	镥	Lu	174.967	锡	Sn	118.71
钙	Ca	40.078	镁	Mg	24.305	锶	Sr	87.62
镉	Cd	112.411	锰	Mn	54.938 05	钽	Ta	180.947 9
铈	Ce	140.115	钼	Mo	95.94	铽	Tb	158.925 34
氯	Cl	35.452 7	氮	N	14.006 747	碲	Te	127.60
钴	Co	58.933 2	钠	Na	22.989 768	钍	Th	232.038 1
铬	Cr	51.996	铌	Nb	92.906 384	钛	Ti	47.88
铯	Cs	132.905 43	钕	Nd	144.24	铊	Tl	204.383 3
铜	Cu	63.546	氖	Ne	20.179 7	铥	Tm	168.934 21
镝	Dy	162.50	镍	Ni	58.69	铀	U	238.028 9
铒	Er	167.26	镎	Np	(237)	钒	V	50.941 5
铕	Eu	151.965	氧	O	15.999 4	钨	W	183.85
氟	F	18.998 403	锇	Os	190.2	氙	Xe	131.29
铁	Fe	55.847	磷	P	30.973 762	钇	Y	88.905 85
镓	Ga	69.723	铅	Pb	207.2	镱	Yb	173.04
钆	Gd	157.25	钯	Pd	106.42	锌	Zn	65.39
锗	Ge	72.61	镨	Pr	140.907 65	锆	Zr	91.224
氢	H	1.007 94	铂	Pt	195.08			
氦	He	4.002 602	镭	Ra	(226)			

注：天然放射性元素列最重要的同位素的相对原子质量用括号表示。

237

附录十五　分析化学常用英文术语

分析化学	analytical chemistry
定性分析	qualitative analysis
定量分析	quantitative analysis
化学分析	chemical analysis
结构分析	structural analysis
仪器分析	instrumental analysis
常量分析	macro analysis
微量分析	micro analysis
半微量分析	semimicro analysis
痕量分析	trace analysis
超痕量分析	ultra-trace analysis
常规分析	routine analysis
仲裁分析	referee analysis
重量分析	gravimetry
滴定分析	titrimetry
容量分析	volumetry
滴定	titration
滴定剂	titrant
被滴物	titrand
化学计量点	stoichiometric point
终点	end point
标定	standardization
标准溶液	standard solution
基准物质	primary standard
优级纯试剂	guaranteed reagent（GR）
分析纯试剂	analytical reagent（AR）
化学纯	chemical pure（CP）
标准物质	reference material
误差	error
偏差	deviation
系统误差	systematic error
可测误差	determinate error
随机误差	random error
偶然误差	accidental error
绝对误差	absolute error
相对误差	relative error
准确度	accuracy

精密度	precision
批内精密度	within-run precision
日内精密度	within-day precision
批间精密度	between-run precision
日间精密度	day to day precision
定量限	limit of quantitation（LOQ）
检测限	limit of detection（LOD）
选择性	selectivity
专属性	specificity
线性与范围	linearity and range
重现性	reproducibility
参比溶液	reference solution
试剂空白	reagent blank
标准曲线	standard curve
校正曲线	calibration curve
工作曲线	working curve
耐用性	robustness，ruggedness
散布图	scatter diagram
质量保证	quality assurance（QA）
质量控制	quality control（QC）
置信水平	confidence level
置信区间	confidence interval
频率	frequency
频率密度	frequency density
总体	population
样本，样品	sample
直方图	histogram
频率分布	frequency distribution
正态分布	normal distribution
概率	probability
测量值	measured value
真值	true value
平均值	mean，average
中位数	median
全距（极差）	range
标准偏差	standard deviation
平均偏差	deviation average
变异系数	coefficient of variation
相对标准偏差	relative standard deviation（RSD）

自由度	degree of freedom
离群值	outlier
显著性检验	significance test
显著性水平	level of significance
合并标准偏差	pooled standard deviation
舍弃商	rejection quotient
有效数字	significant figure
修约规则	rules for rounding off
线性回归	linear regression
相关系数	correlation coefficient
平行测定	parallel determination
空白	blank
校正	correction
校准	calibration
换算因素法	method of conversion factor
等物质的量规则	rule of equal amount of subatance
酸碱滴定	acid-base titration
共轭酸碱对	conjugate acid-base pair
离解常数	dissociation constant
酸度常数	acidity constant
中和	neutralization
质子	proton
质子化	protonation
溶剂合质子	solvated proton
溶剂化	solvation
质子化常数	protonation constant
质子自递反应	autoprotolysis reaction
质子自递常数	autoprotolysis constant
质子条件式	proton balance equation
酸碱指示剂	acid-base indicator
滴定常数	titration constant
活度	activity
活度系数	activity coefficient
离子强度	ionic strength
浓度常数	concentration constant
混合常数	mixed constant
分析浓度	analytical concentration
平衡浓度	equilibrium concentration
分布图	distribution diagram

参考水平	reference level
零水平	zero level
物料平衡	material balance
质量平衡	mass balance
电荷平衡	charge balance
质子条件	proton condition
一元酸	monoacid
二元酸	dibasic acid
三元酸	triacid
多元酸	polyprotic acid
两性物	amphoteric substance
缓冲溶液	buffer solution
缓冲容量	buffer capacity
滴定曲线	titration curve
滴定突跃	titration jump
指示剂	indicator
颜色转变点	color transition point
滴定指数	titration index
指示剂常数	indicator constant
变色范围	colour change interval
双指示剂滴定法	double indicator titration
甲基橙	methyl orange（MO）
甲基红	methyl red（MR）
酚酞	phenolphthalein（PP）
邻苯二甲酸氢钾	potassium hydrogen phthalate
混合指示剂	mixed indicator
分步滴定	stepwise titration
终点误差	end point error
滴定误差	titration error
非水滴定	non-aqueous titration
质子溶剂	protonic solvent
酸性溶剂	acidic solvent
碱性溶剂	basic solvent
无质子溶剂	aprotic solvent
极性溶剂	polar solvent
中性溶剂	neutral solvent
两性溶剂	amphiprotic solvent, amphoteric solvent
惰性溶剂	inert solvent
固有酸度	intrinsic acidity

固有碱度	intrinsic basicity
质子自递常数	autoprotolysis constant
区分效应	differentiating effect
拉平效应	leveling effect
介电常数	dielectric constant
离子化	ionization
解离	dissociation
结晶紫	crystal violet
萘酚苯甲醇	α-naphthalphenol benzyl alcohol
奎哪啶红	quinadine red
百里酚蓝	thymol blue
偶氮紫	azo violet
溴酚蓝	bromophenol blue
络合滴定法	complexometry，compleximetry，complexometric titration
络合物	complex
络合作用	complexation
络合剂	complexing agent
配位体	ligand
螯合物	chelate
氨羧络合剂	complexone（＝complexon）
乙二胺四乙酸	ethylenediamine tetraacetic acid（EDTA）
乙二胺四乙酸盐	complexonate
稳定常数	stability constant
形成常数	formation constant
不稳定常数	instability constant
逐级稳定常数	stepwise stability constant
累积常数	cumulative constant（＝gross constant）
副反应系数	side reaction coefficient
酸效应系数	acidic effective coefficient
酸效应曲线	acidic effective curve
条件形成常数	conditional formation constant
表观形成常数	apparent formation constant
金属指示剂	metallochromic indicator
二甲酚橙	xylenol orange（XO）
PAN	1-(2-pyridylazo)-2-naphthol
铬黑 T	eriochrome black T（EBT）
钙指示剂	calconcarboxylic acid
指示剂的封闭	blocking of indicator
指示剂的僵化	ossification of indicator

掩蔽	masking
解蔽	demasking
掩蔽指数	masking index
氧化还原滴定	redox titration
标准电位	standard potential
条件电位	conditional potential
催化反应	catalyzed reaction
诱导反应	induced reaction
氧化还原指示剂	redox indicator
二苯胺磺酸钠	sodium diphenylamine sulfonate
邻二氮菲亚铁离子	ferroin
自身指示剂	self indicator
淀粉	starch
重铬酸钾法	potassium dichromate titration
高锰酸钾法	potassium permanganate titration
碘量法	iodimetry
滴定碘法	iodometry
铈量法	cerimetry
溴量法	bromometry
卡尔·费歇尔法	Karl Fisher titration
沉淀滴定法	precipitation titration
银量法	argentimetry
莫尔法	Mohr method
佛尔哈德法	Volhard method
法扬司法	Fajans method
吸附指示剂	adsorption indicator
荧光黄	fluorescein
二氯荧光黄	dichloro fluorescein
曙红	eosin
重量分析法	gravimetric analysis
挥发法	volatilization method
引湿水	water of hydroscopicity
包埋（藏）水	occluded water
结晶水	water of crystallization
组成水	water of composition
固有溶解度	intrinsic solubility
沉淀形	precipitation form
称量形	weighing form
换算因数	conversion factor

243

沉淀剂	precipitant
溶度积	solubility product
条件溶度积	conditional solubility product
过饱和	supersaturation
无定形沉淀	amorphous precipitate
晶形沉淀	crystalline precipitate
凝乳状沉淀	curdy precipitate
污染	contamination
纯度	purity
共沉淀	coprecipitation
混晶	mixed crystal
吸附	adsorption
包藏	occlusion
后沉淀	postprecipitation
均相沉淀	homogeneous precipitation
陈化	aging
过滤	filtration
定量滤纸	quantitative filter paper
滤液	filtrate
灰化	ashing
灼烧	ignition
恒重	constant weight
分离	separation
富集	enrichment
富集因子	enrichment factor
预富集	preconcentration
分离因数	separation factor
回收率	recovery
蒸馏	distillation
挥发	volatilization
取样	sampling
［筛］目	mesh
四分法	quartering
试液	test solution
熔融	fusion
溶剂萃取	solvent extraction
液—液萃取	liquid-liquid extraction
分配系数	distribution coefficient
分配比	distribution ratio

萃取率	extraction ratio
相比	phase ratio
水相	aqueous phase
有机相	organic phase
反萃取	back extraction
连续萃取	continuous extraction
螯合物萃取	chelate extraction
离子缔合物萃取	ion association extraction
萃取常数	extraction constant
条件萃取常数	conditional extraction constant
色谱法	chromatography
气相色谱	gas chromatography（GC）
高效液相色谱	high performance liquid chromatography（HPLC）
柱色谱	column chromatography
纸色谱	paper chromatography（PC）
薄层色谱	thin layer chromatography（TLC）
上行展开	ascending development
下行展开	descending development
双向展开	two dimensional development
流动相	mobile phase
固定相	stationary phase
吸附剂	absorbent
淋洗剂	eluant
离子交换	ion exchange
离子交换树脂	ion exchange resin
交联度	extent of cross-linking
交换容量	exchange capacity
亲和力	affinity
加速溶剂萃取	accelereated solvent extraction（ASE）
微波辅助萃取	microwave assisted extraction
固相微萃取	solid-phase microextraction（SPME）
超临界流体萃取	supercritical fluid extraction（SFE）
膜分离	membrane separation
分析天平	analytical balance
单盘天平	single-pan balance
双盘天平	dual-pan balance
电子天平	electronic balance
托盘天平	platform balance
指针刻度表	pointer and scale

245

砝码	weight
游码	rider
称量瓶	weighing bottle
保干器	desiccator
干燥剂	desiccant
玻璃漏斗	glass funnel
漏斗架	funnel support，filtration stand
滤纸	filter paper
蒸发皿	evaporating dish
水浴	water bath
坩埚	crucible
烘箱	oven
容量瓶	volumetric flask
移液管	pipette
滴定管	burette
玻璃活塞	stopcock
吸量管	measuring pipette
移液管	one-mark pipette
刻度移液管	graduated pipette
量筒	measuring cylinder
锥形瓶	Erelenmeyer flask
试剂瓶	reagent bottle
洗瓶	wash bottle
洗液	washings
试管	test tube
烧杯	beaker
分液漏斗	separatory funnel
搅拌棒	stirring bar
磁力搅拌棒	magnetic stirrer
冷凝器	condenser
圆颈烧瓶	round-bottom flask
洗耳球	rubber suction bulb
玻棒	glass rod

参 考 文 献

[1] 齐美玲．定量化学分析（第 2 版）[M]．北京：北京理工大学出版社，2018．

[2] 华东理工大学分析化学教研组，等．分析化学（第 4 版）[M]．北京：高等教育出版社，1995．

[3] 薛华，等．分析化学（第 2 版）[M]．北京：清华大学出版社，1994．

[4] 武汉大学，等．分析化学（第 6 版）[M]．北京：高等教育出版社，2016．

[5] 武汉大学，等．分析化学（第 5 版）[M]．北京：高等教育出版社，2006．

[6] 华中师范大学，等．分析化学（第 2 版）[M]．北京：高等教育出版社，1986．

[7] 张锡瑜，等．分析化学原理 [M]．北京：科学出版社，1991．

[8] 彭崇慧．酸碱平衡的处理 [M]．北京：北京大学出版社，1980．

[9] 彭崇慧，张锡瑜．络合滴定原理 [M]．北京：北京大学出版社，1981．

[10] Kolthoff I M, Sandell E B, Meehan E J，等．定量化学分析（上册）[M]．南京化工学院分析化学教研组，译．北京：人民教育出版社，1983．

[11] Day R A, Underwood A L．定量分析 [M]．何葆善，译．上海：上海科技出版社，1980．

[12] 宋清．定量分析中的误差和数据评价 [M]．北京：高等教育出版社，1982．

[13] 浙江大学分析化学教研组．分析化学习题集 [M]．北京：人民教育出版社，1980．

[14] 张铁垣．分析化学中的法定计量单位 [M]．北京：水利电力出版社，1982．

[15] 周群英．分析化验中法定计量单位实用指南 [M]．北京：中国计量出版社，1993．

[16] 张铁垣．分析化学中的量和单位（第 2 版）[M]．北京：中国标准出版社，2002．

[17] 彭崇慧，等．定量化学分析简明教程（第 2 版）[M]．北京：北京大学出版社，1997．

[18] 肖新亮，等．实用分析化学（修订版）[M]．天津：天津大学出版社，2000．

[19] 柴逸峰，等．分析化学（第 8 版）[M]．北京：人民卫生出版社，2016．

[20] 孙毓庆．分析化学 [M]．北京：科学出版社，2003．

[21] 华东理工大学化学系，四川大学化工学院．分析化学（第 5 版）[M]．北京：高等教育出版社，2003．

[22] 李龙泉，等．定量化学分析（第 2 版）[M]．合肥：中国科技大学出版社，2005．

[23] 周光明，等．分析化学习题精解 [M]．北京：科学出版社，2001．

[24] 孙毓庆，等．分析化学习题集 [M]．北京：科学出版社，2004．

[25] 李发美，等．分析化学学习指导 [M]．北京：人民卫生出版社，2004．

[26] 胡育筑，等．分析化学习题集（第 3 版）[M]．北京：科学出版社，2014．

[27] 周同惠，等．英汉汉英分析化学词汇（第 2 版）[M]．北京：化学工业出版社，2000．